高等学校风景园林与环境设计专业系列教材

基于文化的环境设计

Culture-based Environmental Design

胡剑忠 著

中国建筑工业出版社

LA

+

EA

前言 Foreword

本教材以大量的环境设计实践与教学实践为基础，围绕设计实践的直接体会进行总结与论述，是一本指导设计实践教学用书。

在文化自信与中华民族伟大复兴为主旋律的新时代，环境设计教育被赋予了更崇高的使命与任务。习近平总书记曾深刻指出："一个国家、一个民族的强盛，总是以文化兴盛为支撑的，中华民族伟大复兴需要以中华文化发展繁荣为条件。"① 习近平总书记在庆祝中国共产党成立95周年大会上的重要讲话中提出："文化自信，是更基础、更广泛、更深厚的自信。在5000多年文明发展中孕育的中华优秀传统文化，在党和人民伟大斗争中孕育的革命文化和社会主义先进文化，积淀着中华民族最深层的精神追求，代表着中华民族独特的精神标识。我们要弘扬社会主义核心价值观，弘扬以爱国主义为核心的民族精神和以改革创新为核心的时代精神，不断增强全党全国各族人民的精神力量。"

中华优秀传统文化的传承与创新成为环境设计教育的核心理念。在今天新文科建设背景下，环境设计专业也呈现出新时代的特征。环境设计从"美术+设计"的初级形态逐步进化，从艺术到技术、从美学到科学，构建成为一个多学科交叉的综合体，环境设计=设计+艺术+科学+工程+文化，呈现出新型的交叉学科特色。环境设计是一种高层次的意识活动，依据生活方式、生产方式的条件，以价值观为导向，其目的在于不断改善人类生活，致力于创造更加美好的人居环境。环境设计从本质上说是人类改造自然的精神与物质活动，它根植于民族文化，同时又是人民在新时代创造的文化现象的组成部分。

中华文明博大精深、源远流长，历经数千年，一脉相承延续并继续发展。我国56个民族的文化地域性与民族性在中华大地上繁衍出异常丰富的文化给养，中国优秀传统文化为新时代的环境设计创作提供着取之不尽、用之不竭的创意源泉。

本教材系统地阐述了环境设计与文化的关系、基于文化的环境设计思维、应用文化进行设计创作的方法和路径。主要内容包括：基于文化的环境设计思维模型构建、文化生态系统与乡村文化景观设计、文化符号与工业遗产设计创意、乡村文化与村镇商业街区景观设计、中国传统建筑文化的后现代表现方法、传统建筑材料的当代语境表达、传统工艺在环境设计中的重构等。讨论范畴涉及城乡环境、乡村振兴、传统文化复兴等国家重大发展需要，注重中国传统文化与艺术的继承与创新，强化教材的思政建设，使学生在学习过程中增强文化自信。

教材的应用范围较广，涵盖环境设计专业"本一硕"完整的培养体系。对本科低年级的"设计思维""设计基础"课程，可起到知识拓展的作用；对本科高年级的设计思维与能力进阶的专业课程，如"室内设计""景观设计"等，学生能从中直接获取思维方式、设计流程、技巧能力的指导；对本科"毕业设计"等课程，从书中能得到案例的帮助和设计成果品质的参考；对本科科创训练、学科竞赛具有设计指南的引导作用。在研究生教育阶段，本教材对新时代国家发展重点与热点需求的案例指引、方法解析等，能够使研究生在研究选题、设计实证方面得到启发。

教材紧扣课程思政目标，对全面贯彻立德树人，致力于培养复合型高素质环境设计人才将起到积极的作用。

本教材经由西南交通大学徐伯初教授审阅，徐教授指出了写作中的错漏与不足，并提出宝贵的修改意见，作者已作出相应的修改和优化提升，在此表达诚挚的尊敬与衷心的感谢！

---

① 2013 年习近平总书记在山东考察时发表讲话。

目 录 Contents

01

Environmental Design Thinking Based on Culture

第1章

基于文化的环境设计思维

1.1 环境的概念

环境是人类赖以生存的空间。从宏观的视野看，环境包括我们所处的太阳系及其浩瀚的宇宙；从与人类生存关系最为紧密的角度看，环境指我们居住、生产、生活的地球地表空间。这是人类生存的基础，也是人类利用自然、改造自然、生存发展的主要场地。环境设计研究的对象包括自然环境、人工环境与社会环境三个方面。

吴良镛先生在《人居环境科学导论》中指出，“人居环境的核心是‘人’”“大自然是人居环境的基础，人的生产生活以及具体的人居环境建设活动都离不开更为广阔的自然背景”“人在人居环境中结成社会，进行各种各样的社会活动，……人创造人居环境，人居环境又对人的行为产生影响”。吴良镛先生的论断为我们指明了环境设计研究的主要对象，是围绕“人”这个核心的自然环境、人工环境与社会环境的相互作用与影响。

1.1.1 自然环境

根据《辞海》的解释：“自然界指统一的客观物质世界，是在意识之外，不依赖于意识而存在的客观实在。自然界的统一性就在于它的物质性。它处于永恒运动、变化和发展之中，在时间和空间上是无限的。人和人的意识是自然界发展的最高产物。人类社会是统一的自然界的一个特殊部分。从狭义上讲，自然界是指科学所研究的无机界和有机界”。

按照吴良镛先生的观点，从人类的视角出发，自然环境主要指我们所居住的地球表面、以人为核心的环境系统。包括“气候、水土地、植物、动物、地理、地形、环境分析、资源、土地利用等”。自然环境与生态环境是人类生存的基础，是我们生产生活的家园。从这个意义上看，我们的自然资源、生态环境是有限的。比如地球岩石圈中储存的矿物，如铁、铜、金、银等，其分布不均并有探明储量的限定，但却是我们重要的生产、生活资源。我们的工具制造、建筑构造均离不开这些矿产资源。又如生物化石能源——石油，是目前人类生存的主要能源，其全球的储量随着人类的开采消耗日渐枯竭，使我们面临紧迫的能源危机。水资源也是这样，当今世界约有35%的人口面临严重的缺水。中国人均水资源占有量居世界第110位，被联合国列入13个贫水国之一。我国600多个城市中就有300个城市缺水，其中严重缺水城市高达

114个[1]。

可见自然资源，特别是不可再生的资源是有限的、不可逆的。人与自然环境的和谐共生对当今的环境设计提出了更高的要求，生态系统与人居环境系统的协同发展、土地资源的利用与保护、生物多样性的保护、水资源的利用与保护等，都是当今自然环境面临的重大挑战。

自然环境中的各种要素，如气候、地理、地质、地貌、生物、水体等，相互作用、相互影响，形成了千姿百态的自然环境景观。地球地表由海洋与陆地构成，形成海洋景观与陆地景观两大类。

一望无际的海洋有时呈现水天一色的辽阔景观，有时也会是惊涛骇浪的混沌世界。陆地上的水体又分别造就江河、湖泊景观等。江河时而曲折蜿蜒，时而劈山奔流，时而汇聚成湖，塑造了峡谷、溪流、瀑布、江河、港湾等水体景观。

陆地景观由于不同的地理、地形、气候而形成平原、高山、森林、沙漠等自然景观。生物的多样性也产生诸如茂密的热带原始森林、风吹草低的辽阔草原、难掩生机的高山草甸等生态景观。

地球的水循环与热循环在天空中上演着各种气象景观。日月交替、斗转星移，时而风起云涌、时而碧空如洗，时而产生海市蜃楼的幻象、时而在极地上空上演缤纷的极光。

综上所述，人与自然环境紧密联系。人类利用并改造自然，自然又作用于人类，提供人类赖以生存的物质与空间基础。自然环境呈现出丰富多彩的景观形态，同时自然资源又是一个平衡的系统。人类无休止的消耗必将给自然环境造成不可逆的破坏，最终将受到自然界的报复（图1-1）。

图1-1 自然景观

1.1.2 人工环境

《辞海》对人的解释是："具有高度智慧和灵性，能用语言进行思维，且能制造并使用工具以从事劳动的高等动物。"人是自然界发展的最高产物，达尔文在《人类的由来》中指出"人是上升到最高峰的而不是原来就处于最高峰的，这个事实给人提出了希望，即在遥远的未来，人类可能达到更高等的命运"。人的总称叫作"人类"，《庄子·知北游》

① 资料来源：http://stats.gov.cn/tjsj/ndsj/2021/indexch.htm

提到“生物哀之，人类悲之”。《隋书·卷八四·北狄传·突厥传》提到“圆首方足，皆人类也”。

人类从一开始就为了生存而不断地利用自然并改造自然，从捕鱼到狩猎，从刀耕火种到营造住所。人类经历了从采集到人为选择并种植，从狩猎到驯化饲养，从石制工具到火的掌握，经历漫长的演变，不断地积累知识与技术。

在走过原始社会、农耕社会到工业社会的历程中，人类不断地发明创造，发展出更为强大的改造自然的能力，造就了我们今天的人工环境。从简单村落、聚落到复杂庞大的城市，人类建造了各式各样的房屋、道路、桥梁。这些不是自然产生的，而是依靠人的智慧与力量，在自然环境中建造的物质空间与实体构成了人工环境。

人类改造自然、利用自然具有代表性的是两千多年前我国战国时期修建的都江堰水利工程。战国时期秦国蜀郡太守李冰父子率众修建了都江堰水利工程，科学地解决了岷江江水自动分流、自动排沙、控制进水流量等问题，彻底解决了岷江的水患，至今发挥着巨大的作用，灌溉了整个成都平原千里沃土，造就了名满天下的“天府之国”（图1-2）。

人工环境的主体是建筑，包括建筑内部空间、建筑外部空间等，围绕人的各种需求构筑的人工环境。根据美国著名的人本主义心理学家马斯洛的论述，人类的基本需求分为五种层次：生理需求：包括生存必需的衣食住行，水和空气、休息与睡眠等；安全需求：包括生理上的安全与心理上的安全；归属与爱的需求：包括被认同与接纳、集体的温暖与爱等；尊重需求：包括自我尊重与被他人的尊重等；自我实现的需求，包括自我的提升与发展、能力的发挥与完善等。他认为当人们在追求这五种需求时，一般最低层次的需求得到满足以后才会出现更高层次的需求。这些不同层次的需求与环境密切相关。

从环境设计学科的视角出发，当代人工环境中

图1-2 都江堰水利工程

基于日益变化和发展的需求而产生了各种各样的空间环境，人类需求大多依托于建筑空间而呈现。如餐饮娱乐空间、商业零售空间、酒店综合空间、办公空间、居住空间、文化文教空间、展示陈设空间等。这些空间大多处于建筑的内部空间，提供人类满足生理需求、安全需求乃至自我实现等不同层次需求的场所。在人类需求驱动下的建筑内部空间发展出专门的研究领域和方向——室内设计。

人工环境与建筑外部空间结合，则呈现出邻里社区空间、开放休憩空间、广场绿地空间、商业街区空间，其中并存有环境设施、公共艺术等。人类需求在建筑外部空间同样发展出专门的方向——景观设计。

世界人口呈现持续并加速的增长，从1830年的10亿增长到1930年的20亿，跨越了100年时间；而从1987年世界总人口数50亿增长到1999年的60亿，只用了短短的12年。截至2020年3月29日，全球230个国家人口总数已接近76亿。联合国人口基金会将每年的7月11日定为“世界人口日”，以提示人口增长为世界带来的诸多问题。

人工环境也必然随着人口的增长而不断地发展，人工环境与自然环境的协调、共生的问题日益突出。人工环境可持续发展已是当今环境设计需要重点思考的方向，绿色建筑、生态建筑应运而生。

生态文明的建设在新时代的中国已经成为引领发展的重要抓手。2018年2月，习近平总书记视察四川，在成都，也是在全球首次提出“公园城市”的理念。“公园城市”是新时代的发展理念，其中包含着“天人合一”的哲学思想、“以人为本”的人本理念和“共建共享”的发展逻辑。“公园城市”理念充分体现了习近平总书记“以人民为中心”的核心思想，是习近平生态文明思想的最新论述。国内外众多知名规划专家也给出当前的答案，“在原来田园城市、花园城市、园林城市的基础上升级的新版本，在当今的城市规划设计中，一大进步正是在城市中融入公园，这一理念将会引领城市未来发展”。

以人为本的发展诉求，赋予了人工环境、城市发展更高的标准，把城市建设成为人与人、人与环境、人工环境与自然环境和谐共处的美丽家园。

1.1.3　社会环境

人是群居动物，“人”与“人”共同相处的环境可以称之为社会环境。吴良镛先生从人居环境中的社会系统角度论述了社会环境的概念：“社会就是人们在相互交往和共同劳动的过程中形成的相互关系。人居环境的社会系统主要是指公共管理与法律、社会关系、人口趋势、文化特征、社会分化、经济发展、健康和福利等。涉及由人群组成的社会团体相互交往的体系，包括由不同的地方性、阶层、社会关系等的人群组成的关系及有关的机制、原理、理论和分析。”

马克思指出“人是名副其实的社会动物，不仅是一种合群的动物，而且是只有在社会中才能独立的动物”。因此，人具有社会性。

人类以群居的方式生活与劳动，人的社会性使不同的人群具有不同的需求。通过合理的组织，人们相互协作、进行不同的分工，完成不同的劳动和活动。由此而产生的空间与环境也是被合理组织，强调人与人的共处，满足不同需求而呈现多样性。

家庭是社会最基本的构成单位，是组成社会的细胞。人与人共处，首先体现在家庭内部的关系，再到家庭与其他家庭的关系，不同年龄、不同阶层的关系，乃至本家族与外族的关系、民族与民族的关系、不同国家之间的关系等。可见，人类社会从最小的家庭形式逐步扩展为更为复杂的宗族、社区、村镇、城市、民族到最高级的形式——国家。这种种关系最终促进整个社会的和谐、稳定。在社会环境中，既有被组织后的“空间”与“环境”物质化的实体存在，也有其中生活、生产的人所具有的行为。

在社会环境中，由于不同的自然条件，如地理、地质、地貌、气候等因素的影响，以及不同地域或不同族群而产生不同的风俗习惯。通过长期的发展，逐步形成不同的民族文化、宗教信仰、历史变迁，乃至不同的政治理想。从世界范围来看，社会环境造就了丰富多彩的各种文化现象和各种不同的观念及行为。人类在不同的地域、不同民族都根据不同的需求结成特定的社会群体，形成不同的社会圈层，构成特定的人文社会环境。

人文社会环境受到社会发展的影响并由此产生不同的形态，正如日常所说的宗教信仰不同、地域文化相异、历史文化影响等等。不同的社会环境对人工环境产生了深刻的影响，例如东西方建筑体系就呈现出截然不同的发展方向，甚至不同时期建筑风格也演化出特定的时代特征。如古典建筑风格与工业革命后的现代主义风格截然相反，当代的后现代主义建筑风格又彻底地批判了现代主义的冷漠。由此我们可以看出，研究环境设计与文化的关系，并以文化为基础，探索环境设计的创新与可持续发展，其驱动力也正是在此。

中国古代建筑发展出木结构的建筑体系就深受社会环境影响，与西方建筑产生巨大的区别而屹立于世界建筑之林。李允鉌先生在《华夏意匠：中国古典建筑设计原理分析》中指出“不同的历史和社会条件产生不同的价值观念，由此产生不同的建筑态度、不同的对技术方案选择的标准”。

不同于西方的砖石建筑，木结构建筑的寿命有限，我国年代久远的遗存建筑很少。根本的原因在于中西方对永恒或短暂的价值观不同，其背后就是“人本”或“神本”的文化概念的区别。以“人”为本、以“人”为中心的事实就是“人”是短暂的，这种价值观决定了选择建筑方式的态度。

在“奢靡”与“节俭”的价值取向上，我国人民总会选择“节俭”，这成为我们的传统美德。因此，中国古代建筑很少有个性的表现，只有通过装饰装修，从不同的家具陈设来表现不同的功能与个性。这种灵活性与可变性使中国古代建筑呈现出非凡的“通用设计”思想，“中庸”思想在建筑空间中生动的反映出来（图1-3）。

图1-3　成都杜甫草堂

“礼制”与“玄学”是影响中国古代建筑的重要文化基因，支配着建筑的规划与内容、形态与规模。自古以来，“礼”对房屋、车辆、礼器、服饰、用品等都有一定的制式、等级的规定，反映出内外、上下、尊卑、宾主有别的精神。“礼”在建筑上发展出“门堂之制”，成为中国古代建筑主要的特征。门与堂的分立，其目的就是产生“内”“外”之别，门堂分立后自然形成了两者之间的空间——院落，构建出中国古代建筑最具代表性的空间形态。

1.2 文化的概念

人生活在自然环境、人工环境与社会环境之中，社会环境由于不同的地区、民族、发展历史呈现出不同的形态，并深刻地影响着人工环境。社会环境是非自然的，由人的主观意识决定，是通过人的思想和实践呈现出来的现象。社会环境表现为价值观、风俗习惯、宗教信仰、政治理想等，因此也可以说，人是生活在自然环境与文化环境之中。

人创造了文化，是文化的主体，同时，人又受到文化的影响与制约。“尊老爱幼”是中国传统文化中对家庭和人际交往中长幼关系制定的行为准则，“老吾老，以及人之老；幼吾幼，以及人之幼”成为中华民族恪守至今的美德，在中国人的家庭中代代相传。

文化是自然的人类化，经过人化的现象都称之为文化。如产自我国新疆地区的和田玉，从自然的角度看，就是一种镁质大理岩与中酸性岩浆岩交代形成的变质岩，主要成分由透闪石、角闪石、阳起石等多种矿物构成。通过人的打磨、雕琢，赋予其人的审美观和价值观，则人化为中国四大名玉之首“和田玉”，自然的矿石这时候就被人化为“玉石文化”。

1.2.1 文化的定义

在中国汉语言中，“文”表示交错的图案、花纹，等同于今日常用的“纹”。纹理、花纹遍布于自然界，如水纹、木纹、山纹、云纹，都表达了自然界各种现象在视觉上的图形纹理。《易 · 系辞》记载：“物相杂，故曰文。”反映了客观事物相互交错，构成复杂的现象，并暗示“文”是可以认识并掌握的一种规律。

“化”表示改变，如“千变万化”“潜移默化”。《淮南子 · 泛论》记载：“故圣人法与时变，礼与俗化”。“化”引申为“教化”之意，在中国传统社会中有重要的意义。《说文》：“化，教行也。”《孟子 · 尽心上》：“夫君子所过者化，所存者神。”（图1-4）。

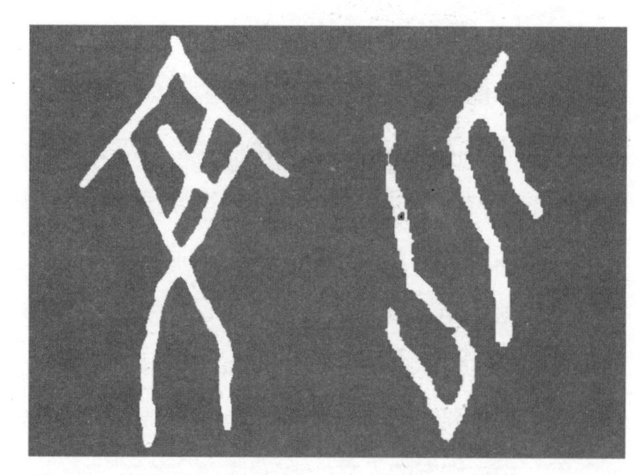

图1-4 甲骨文中的“文化”

文化一词最早见于《周易》：“关乎天文，以察时变；关乎人文，化成天下。”在这里，天文指自然规律，通过观察四时变迁、斗转星移，掌握地球围绕太阳运转规律，寻求人与自然和谐，所谓“天人合一”。《千字文》开篇就说：“天地玄黄，宇宙洪荒。日月盈仄，辰宿列张。寒来暑往，秋收冬藏。”人文，在这里指的是人伦道德与社会规律，即人与人的关系：君臣、父子、兄弟、夫妻、朋友。人与人在群居社会中依据一定的关系组织生产、生活，如家庭、宗族、民族与外族之间的关系等。按照一定的人伦关系、生产关系进而结成社会。

《辞海》对文化的解释是：“广义指人类在社会历史实践中所创造的物质财富和精神财富的总和。狭义指社会的意识形态以及与之相适应的制度和组织机构。作为意识形态的文化，是一定社会的政治和经济的反映，又作用于一定社会的政治和经济。

随着民族的产生和发展，文化具有民族性。每一种社会形态都有与其相适应的文化，每一种文化都随着社会物质生产的发展而发展。社会物质生产发展的连续性，决定文化的发展也具有连续性和历史继承性。”

我国著名的思想家、哲学家、教育家、国学大师梁漱溟先生在著作《东西方文化及其哲学》中对文化作出这样的定义：“所谓文化，不过是一个民族生活的种种方面。可以概括为三个方面：精神生活方面，如宗教、哲学、艺术等；社会生活方面，如社会组织、伦理习惯、政治制度、经济关系等；物质生活方面，如饮食起居等。文化在这里被定义为人类对于自然界求生存的各种是。”

对文化的定义，目前学术界公认的最具影响力的是称之为人类学之父的英国人类学家泰勒的阐述：“文化或文明，就其广泛的民族学意义来讲，是一复合整体，包括知识、信仰、艺术、道德、法律、习俗以及作为一个社会成员的人所习得的其他一切能力和习惯。”

美国人类学家克莱德和克拉克洪收集归纳西方文化学概念后提出：“文化由外显的和内隐的行为模式构成，这种行为模式通过象征符号而传递；文化代表了人类群体的显著成就，包括它们在人造器物中的体现；文化的核心部分是传统（即历史地获得和选择的）观念，尤其是它们所具有的价值；文化体系一方面可以看作是活动的产物，另一方面则是进一步活动的决定因素。”

古今中外，对文化的定义多种多样，反映了文化的多义性与丰富的内容。总的来说，文化是指人类创造的物质财富与精神财富的总和，正如美国人类学家拉尔夫林顿在《文化树——世界文化简史》中所说：“一个社会的文化是其成员的生活方式，是他们习得、共享，并代代相传的观念和习惯的总汇。”

1.2.2 文化的特征

1）文化的自然性与超自然性

自然界是人类生存的物质基础，人类的社会环境依托于自然环境，并在利用自然、改造自然的过程中发展出文化。从这个意义上来看，文化具有自然性与超自然性的统一。

以希腊的亚里士多德、法国的孟德斯鸠、德国的黑格尔与拉采尔为代表的地理决定论认为：地理环境、自然条件对社会变化起决定因素。支持者认为民族特性、社会组织、文化发展等人文现象受自然环境直接或间接的影响。

如以希腊为代表的地中海地区的建筑文化，就受制于地理环境的影响而发展出独特的形态。冬季温暖湿润、夏季炎热干燥的地中海气候条件下，建筑为了通风降温，造成了在建筑围合上不断地开门、开窗，并通过券拱形成连续的蔽日连廊；而这种连廊又使海天连绵的景观如同宽荧幕般被引入建筑视域中。地中海沿岸不同的自然界色彩，如大海、蓝天、植物、大地等色彩又构建了地中海不同地区的建筑色彩。取决于地理环境的就地取材也反映在建筑材料中，如贝壳、白沙等。更何况地中海地处欧亚大陆的连接处，东西方文化渗透、交融之下产生的多元化人文环境，对建筑风格也产生重大的影响（图1-5）。

然而，自然并不是文化，文化是自然的人类化。“山”是自然地形、地貌，它不是文化，而人化后“一览众山小”的泰山是文化；同样，“水”从物质性来说它不是文化，而“都江堰水利工程”却是享誉中外的文化。通过人的活动，借自然表达人的情感与主观意识，或是把自然改造成为精神产品、器物产品，在人与自然关系下产生的这些产物和现象才是文化。因此，文化具有超自然的属性。

图1-5　希腊圣托里尼建筑风格

2）文化的民族性

"随着民族的产生和发展，文化具有民族性。"人类发展进入民族阶段后，不同的民族在不同的地域、不同的历史阶段发展出各自不同的文化。文化的民族性体现在本民族区别于其他民族的文化特殊性，包括物质文化、精神文化、制度文化、行为文化等。影响到民族的习俗、语言、文字、礼仪、制度、宗教、艺术等，形成各自不同的风格。

在中国古代，人们很早就认识到人与自然的关系，理想的人类环境是人与自然的和谐统一，"天人合一"的思想成为我国传统文化中至高的追求。老子《道德经》指出："人法地，地法天，天法道，道法自然。"中国古代建筑艺术以此为法则，注重建筑"坐北朝南"，就是对我国所处北半球自然现象的正确认识，顺应自然条件，使建筑能避西、北之寒，纳东、南之暖。

耕地是人类赖以生存的基本资源。我国幅员辽阔，但适应种植的耕地资源紧缺并分布不均，主要分布于东北、华北、长江中下游、珠江三角洲等平原地区。因此，中国先民很早就注重"节俭"的美德。汉代自武帝以后，儒家崇尚节俭的风气逐渐成为"正统"，因此在中国古代建筑上坚持简单、朴素的原则。反对奢侈浪费的传统文化至今在中国仍然是被坚持的美德与价值观。

文化的民族性也体现在多样性与丰富性上。据联合国经济社会信息和政策分析部人口处的资料显示，全世界共有2070多个民族分布在230个国家和地区。就中国来看，我国拥有56个民族，每一个民族都创造了自己独特的民族文化，大多拥有独特的语言、文字、风俗、习惯及丰富多彩的艺术形式。文化从民族的角度产生的丰富性正是环境设计创作取之不尽的源泉。

3）文化的空间性与地域性

人生存于空间环境中，并受空间环境的制约。一个族群基于一定范围的活动空间，领地及交通条件决定了生存与活动空间的限定。地形地貌有时也形成天然的屏障，界定族群活动范围。一个族群所创造的文化也在这个空间范围中发源、发展并传播。如我国的秦岭山脉是长江水系和黄河水系的分水岭，也是亚热带季风与温带季风的气候分界线，同时也是我国南方地区与北方地区的分界线，南北方文化呈现不同的现象。以建筑风格为例，北方由于干旱少雨，屋顶造型更倾向较为平缓；南方多雨，建筑屋顶更加的陡峭，以便于更快速地排放雨水。

文化的空间性使文化与地域的关系变得非常紧密，呈现出丰富多彩的地域文化。艺术风格就具有典型的地域性特征。我国不同地域产生的戏剧就有核心的五大剧种：如被视为"国粹"的京剧、发源于浙江的"第二国剧"越剧、诞生于安徽的黄梅戏、流传于北方的评剧、在河南梆子基础上发展起来的豫剧等。各地其他较为著名的剧种还有川剧、晋剧、昆曲、秦腔、湖南花鼓戏等，种类繁多。

中国著名的年画有广东佛山年画、天津杨柳青年画、潍坊杨家埠年画、苏州桃花坊年画。而四川绵竹的年画有别于上述年画，呈现出显著的地域性特征。一般年画都是木板雕刻，套色彩印，而绵竹年画主要是手工绘制的形式。历史上绵竹年画参与者众多，往往以个体或家庭为单位，每个画师的创作手法与内容又不尽相同，使绵竹年画更加丰富，表现得更加多姿多彩。四川盆地的地理条件也使得绵竹年画长期保持着自身的特色（图1-6）。

图1-6 绵竹年画

随着人类科技的进步、交通方式的改变，空间对族群的限定变得越来越弱。更大范围的活动空间使文化相互交流、传播得更加广泛。不同民族、不同国家的文化相互影响也日渐深入，文化的地域性在一定程度上被削弱。因此，在环境设计领域，传统文化的地域性被广泛重视，这对新时代构建生态文明与精神文明，弘扬传统文化具有重要的意义。

4）文化的历史性与继承性

在人类目前有限的认知中，时间与空间决定着人类的一切现象，日月盈昃、岁月流逝都是时间存在的证明。古希腊哲学家赫拉克利特说的“人不能两次踏进同一条河流”就反映了时间的变化，“一切皆流，无物常住”。在他看来，宇宙万物没有什么是绝对静止的，一切都在运动与变化中，包括时间。从时间的轴线上看，人生的生老病死都是时间的印记，我们从出生，到朝气蓬勃的青少年，再到意气风发的壮年，最后步入白发暮霭的老年。所谓时光催人老，青丝变白发都是时间的烙印。

以时间为线索，我们可知，一个族群所创造的文化一般经历发源、发展、成熟、衰落的过程。中华文明历经数千年，一脉相承并继续发展，时至今日，文化复兴、民族复兴成为新时代的主旋律。以历史的眼光来看待文化，更易于让各个民族认知其文化从哪里来，并科学地论断其文化发展的方向，去向哪里。文化历史性的意义也在于此。

文化在发展与传播的过程中具有显著的继承性。人在社群中是被教化的，文化也是学而知之的，这就奠定了文化被继承的基础。家庭是教化的基本单位，父母长辈对子女的言传身教尤为重要，很多传统文化都是在家庭范围内一代代传递下来的。宗族族规、乡规、礼仪制度等通过不同的形式，如学堂、私塾、宗庙传承文化，艺术、技艺也通过习、授而传播。

文化的发展是随着社会的发展而不断演进的，新的生产方式，进步的技术，新的观念都使文化在发展的过程中融入新的内容，使文化传承伴随着变异。这种变异与文化的稳定性是相对的，也是辩证的，总体来说，文化显示出规律性，其变化也是基于对传统的继承、筛选，“扬”与“弃”都是文化对时代变迁、需求变化的响应。例如中国文字的发展，从原始的图画发展到一种表意的符号。经历甲骨文、金文、小篆、隶书、楷书、行书、草书的进化演变，历经殷商、秦汉、唐宋数千年发展至今，产生了综艺体、等线体等现代字体。文字书写字体的变化繁多，是中国文化繁荣的具体表现，始终继承了“画”的意味，表现为间架结构的形式美感（图1-7）。

图1-7 汉字的演化

1.3 环境设计的概念

环境设计是一门年轻的学科，是艺术与科学相互交融的边沿性学科。其内容涵盖人类生活与环境关系的方方面面，如居住环境、社区邻里环境、公共休憩环境、商业环境、娱乐环境等。正是这种广泛的社会需求，使环境设计学科快速地发展起来。环境设计与建筑设计、城乡规划、风景园林等学科紧密交融，与美学、工程学、生态学、心理学、传播学、营销学等领域也有复杂的联系，使环境设计学科知识结构的交叉性极强。

《辞海》(第七版）对环境设计的解释是：“对人类生存环境进行系统、综合规划和美化的一系列设计工作。主要包括室内设计、公共艺术设计、景观设计等。以建筑学为基础，但更注重营造建筑室内外环境的艺术气氛；较之城市规划设计，更注重规划细节的落实与完善；较之园林设计，更注重局部与整体在公共生活中的关系。”广义的环境设计概念是指对人类生存活动的所有外在空间与物质存在的合理利用与组织，包括自然环境、人工环境、社会环境等；狭义的环境设计是在自然环境的基础上，按照人类的需求与意志创造的，建立于自然环境美之外，以人的审美需求为导向的艺术环境。

1.3.1 环境设计的特征

1）环境设计与艺术

1998年颁布的国家高等院校专业目录中，环境设计属于艺术设计学科下的专业方向，界定了环境设计归属于艺术的领域。环境设计专业在过去十多年中也被称为环境艺术设计，这种说法强调了环境设计与艺术的紧密关系，将环境设计与较为广泛的各个学科的交叉与融合放在了相对次要的关系上。

艺术与美学是环境设计的基础，它们给环境设计铺就了底色，并明确了环境设计的主要目的——解决因人的需求与意识创造的，注重环境审美的人与环境协调的问题。从这个意义上来看，环境设计围绕人生存、活动的环境空间，着眼于空间的视觉美学、行为美学、心理美学三个方面。可见环境设计是建立在艺术与美学基础上的，服务于人们对美好生活追求的愿望。

环境设计创建的是艺术空间，它通过视觉、听觉、嗅觉、触觉被人所感知，使人感动并置身于美的空间环境中。这种艺术创作又不同于传统的艺术形式，如绘画、雕塑，也不同于建筑设计注重建成的建筑物与空间充分满足使用者和社会所期望的各种要求，它更多地强调了人在环境空间中得到的艺术氛围体验。

环境设计与众多的艺术门类关系密切，常常借鉴应用不同的艺术表达方式对空间环境进行艺术创作，可以说环境设计离不开各种艺术门类的创作表现形式的支持。比如，绘画艺术就经常出现在环境设计中，不管是作为陈设艺术品的绘画作品，还是壁画、雕塑等，甚至数字媒体艺术目前也广泛地运用于环境设计中。其他还包括家具艺术、装置艺术、公共艺术、陈设艺术、灯光艺术、视觉传达艺术等等。

2）环境设计与工程

环境设计区别于纯粹的艺术作品的传播方式，其设计作品（设计成果）并不会悬挂于画廊、博物馆以供人参观欣赏。环境设计的最终目的是建造，提供实质的空间以满足人们的生活需要。从这个意义上来说，环境设计又从属于工程建设领域，如社会发展过程中常常谈到的室内装饰工程、园林工程、景观工程等。环境设计是建设工程的配套设计之一，我国大多数建筑设计院中都设有室内设计所和景观设计所。工程设计院又分为不同的专业类别，与环境设计关系密切的包括风景园林设计院、城市规划设计院、市政工程设计院等。由于环境设计与社会生活方方面面关联度高，如工业厂区环境问题、交通环境中的美学问题、旅游环境的美学问题、产业园区的环境问题等，有些特殊的工程设计单位对环境设计的需求也日益增强，如交通设计院、化工设计院、旅游规划设计院等。这些门类众多的设计院均属于建设工程行业的前端产业，引领着建设工程高质量、可持续发展的方向。

因此，环境设计基于艺术与美学的基础层面之上，又具有强烈的工程设计意义，将环境设计拓展到更高的层次：艺术+工程。环境设计是解决环境空间表层（视觉层）的美学问题，其表层以下的诸多工程设计因素，包括建筑技术、构造方式、材料工艺、设备安装、技术系统（如医疗技术流程）的综合性必须统一在环境设计视域之内。环境设计知识结构的复杂度与学科的交叉性也在于此。

工程建设是一个不断发展的领域，社会生产力的发展以及人类需求的进步引领着工程建设不断衍生新的领域与形态。如我国新时代的名片——高铁，以及大国制造的重器——大飞机。新的工程建设也为环境设计提供了新的广阔舞台，环境设计学科面临的新需求、新问题也推动着专业发展的新方向。

在交通强国的时代要求下，环境设计增加了高铁内部环境设计、飞行器内部环境设计、城市轨道交通环境设计等。在交旅融合的导向下，环境设计也承担了旅游车站环境设计、高速公路服务站环境设计等创新领域。在乡村振兴战略的要求下，环境设计又转向乡村美学、村落景观、村镇人居环境、乡村旅游等领域的研究与实践。

在世界范围来看，我国的工程建设从追赶到引领，在短短的四十年时间走过西方发达国家百年的路程，中国工程技术从建筑到桥梁引领着世界工程技术的发展。从下潜深海到奔向深空，中国工程技术的骄傲可以概括为“风雷动，旌旗奋，是人寰。三十八年过去，弹指一挥间。可上九天揽月，可下五洋捉鳖，谈笑凯歌还。世上无难事，只要肯登攀”。

在中国特色社会主义新时代下，国家对环境设计教育提出了更高的要求。培养服务于国家重大发展战略，服务于社会主义现代化强国建设的新时代环境设计人才，是环境设计教育的时代使命与担当（图1-8）。

图1-8　港珠澳大桥与复兴号高铁

3）环境设计与科学

环境设计建立在物质环境基础之上，基于当代环境科学的研究成果为导向，从艺术到技术，从美学到科学构建了一个多学科交叉的综合体。从自然科学角度看，工程技术、建筑设计、生态学、风景园林学、城乡规划学为环境设计提供了支撑；从人文科学角度看，文化学、人类学、美学、哲学、传播学等又为环境设计提供了更加广泛的视野与解决问题的方法。当今，艺术与科学的界限不再分明，经过工程技术考量的桥梁，最终也呈现出完美的造型，带给人艺术的感受；高铁车体与内部环境既是高度工业化的成果，也如艺术品般有完美的形态与色彩氛围。因此，可以说环境设计同时也具有很强的科学性。

从环境设计的复杂性来看，传统的艺术创作思维并不能解决环境设计的全部问题，更多的是需要各个交叉学科的科学知识进行推演、论证，达成环境设计中复杂问题的合理解决。总的来说，环境设计是艺术与科学交融的设计思维与方法，需要注重艺术中的科学原理及科学分析过程，如在环境设计中需要构建系统论的观念，探索研究环境心理学、环境行为学对环境设计的引导等。

当代环境设计与科学的结合更加紧密，数字化时代与人工智能的发展使环境设计迈向了更高的层次。数字化设计已经崭露头角，BIM技术（建筑信息模型Building Information Model）已经被设计单位、项目管理单位广泛应用，协调设计工种之间的一体性与更优化的合作，打破项目建设管理中的信息孤岛，保障了建设的可控。更何况利用机器人能实现的数字化建造技术，利用5G技术实现的实时建造管理，为新时代环境设计拓展出广阔的前景。

4）环境设计与文化

文化是环境设计思维的最高层次。环境设计从艺术层面（视觉美学）—工程层面（技术）—科学层面（交叉融合）—文化层面（以精神意识为统筹），构建了层层递进的思维模式。

设计是一种高层次的意识活动，依据生活方式、生产方式的条件，以价值观为导向，其目的在于不断地改善人类生活。环境设计也是这样，致力于创造更加美好的人居环境。环境设计从本质上说是人类改造自然的精神与物质活动，与文化的超自然性涵义相同。因此可以说环境设计本身就是人类创造的文化现象的组成部分。

就环境设计的创作思维与设计程序来看，文化是环境设计的基础，文化从物质层面、民族层面、空间地域层面，包括价值观、民俗习惯、宗教信仰等角度深刻地影响和制约着环境设计创作。

（1）环境设计具有空间性，环境艺术也就是空间的艺术。无论是建筑内部环境还是建筑外部环境，小到居室空间，大到城市空间，环境设计总是离不开特定空间的限定，是基于一定空间载体进行的有目的的环境创造。这与文化的空间性与地域性高度吻合，文化在空间与地域的特征上影响着环境设计的内容。不同族群在不同地域创造的文化渗透到人类社会的方方面面，其中也包括环境。例如成都以熊猫文化闻名中外，其文化的地域性影响到成都北湖生态公园与成都太古里商业广场的环境设计创意（图1-9）。

图1-9　成都北湖生态公园与成都太古里商业广场

文化的地域性对环境设计的影响还包括特定区域的地理、地质、气候、物种、习俗等方面。例如浙江温州楠溪江流域的传统村落，因其地形地貌及资源条件，构建出优美的环境特征。从绿色田野和与之接壤的潺动溪流眺望村落，可见耕地、溪流、滩林。村落成为构图中的前景，远处层层叠叠的括苍山余脉汤山和芙蓉峰成为构图的背景，形成远近分明又极具层次感的“田园—水系—建筑—远峰”景观格局。基于此，楠溪江传统村落注重以塑造自然山水的主题景观，构建出山地居耕结合的田园耕读环境。从村落外部远观楠溪江传统村落的整体立面形态，可以看到建筑群体依附山峦走势，建筑轮廓线服从于山际轮廓线，呈现“到处建筑皆依水，屋宇虽多，不碍山”之妙。

（2）环境设计是民族生活方式、传统习俗影响下的产物。这与文化的民族性高度统一，文化的民族性是本民族有别于其他民族的特殊性，在语言、文字、礼仪、制度、宗教、艺术等方面形成各自不同的风格。环境艺术受其影响也呈现出不同的面貌。如在课程设计中，学生针对四川木里藏区所设计的民宿酒店，受藏民族建筑文化、宗教信仰、民族色彩特征等的影响，在简洁的几何造型风格下，依然反映出藏民族的地域风格与特色（图1-10）。

图1-10　课程设计　木里藏区民宿酒店

民族性使文化世界丰富多彩，在当代世界范围来看，文化的交融与相互影响下，特别是技术的进步使现代生活方式开始趋同。着眼于文化的环境设计有利于凸显民族性，体现民族特色，弘扬本民族文化，进一步起到推动民族文化发展的作用。

1.3.2　环境设计的内容

环境设计的物质内容主要指人工环境，围绕“人”为核心。人是环境的创造者，也是环境的使用者与参与者。环境设计以服务于人的需求为目的，为人的各种活动提供一个具有目的性的空间，在空间中满足人的行为方式与心理需求，并创造出场所的精神。

环境设计是融合建筑、风景园林、城市规划、产品设计、视觉传达设计多学科的综合设计，其内容也是非常丰富的。环境设计以人为核心，衍生出两个主要的内容：一是人与建筑发生关系，形成解决人与建筑内部空间的专门内容——室内环境设计，在专业方向上也称为室内设计；二是人与社会、自然发生关系，形成解决人与自然环境、社会环境相关的专门内容——室外环境设计，也被称为景观设计（图1-11）。

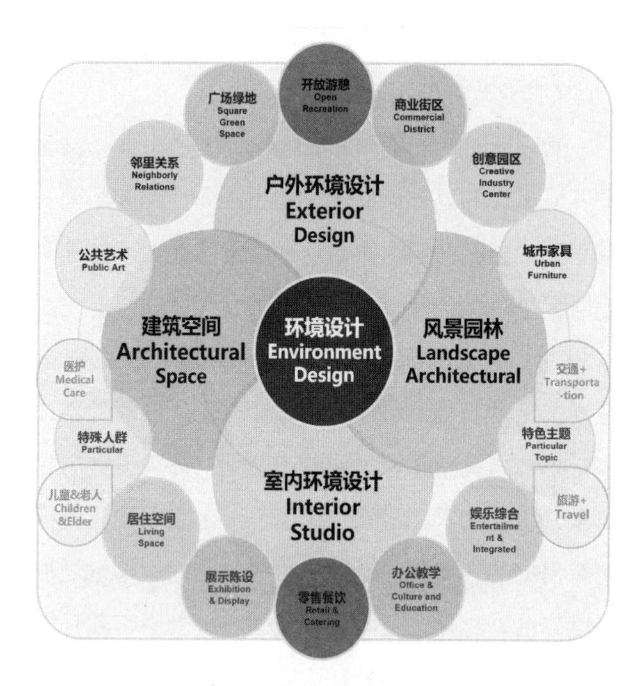

图1-11　环境设计专业培养方案知识结构体系

1）人与建筑空间结合的室内设计

环境与人的日常生存、生活最为紧密的是建筑内部空间，人们绝大多数行为与需求往往都是在建筑的内部空间中实现的。建筑首先实现了人的安全需要，也提供人们休息、睡眠、饮食、学习、工作、娱乐等空间需要，实现人从生理需要到自我实现需要的各种场所。根据社会发展进步的阶段，目前建筑空间环境主要有以下内容。

（1）居住空间设计

主要为个体的人与家庭成员提供生存与生活空间，围绕居住问题，解决人的休息与睡眠行为、餐饮行为、卫生需求、交往需求（包括家庭成员之间、家庭与社会关系成员之间的交往）。居住空间需要研究各种行为与需求所产生的空间规划、动线安排、设施设备，情感与艺术、子女成长、工作与学习、娱乐与爱好等核心问题。

（2）办公空间设计

主要为组织、机构、公司等群体协作关系提供工作空间，围绕群体的组织关系、管理体系、工作流程组织空间的合理规划，使空间与工作的行为方式高度契合。现代办公空间设计注重高效率及低能耗，设计强调工作性质、行业特征、企业文化在空间中的艺术表现。

（3）酒店综合空间设计

酒店设计充分体现了室内设计的系统性，涉及投资与运营、空间与设施、科学与艺术等繁杂的关联因素，通过科学的组织与设计，使其良好地运转。酒店为人们提供临时住宿、餐饮、娱乐、宴会、社交、健身、休闲、度假等综合的行为需求，并根据市场需求分析与资源配置分析服务于特定的群体或特定的需求，因而呈现不同的业态、形态，产生不同的酒店类型。如商务酒店、度假酒店、会议酒店、城市酒店、连锁小型酒店、精品酒店，不同的酒店类型设计要求与特点也各有区别（图 1-12）。

（4）商业零售空间设计

商业零售空间为人们提供商品交换的场所，满足人们对物质、商品的需求。商业空间的主角是商品，空间是商品的舞台，销售是空间的目的。因此，商业空间设计的核心要研究人的消费行为及消费心理，注重销售服务的行为与商品展示的艺术，融入品牌文化与个性，才能创造美好的购物环境。商业零售空间包括商业中心、百货商场、品牌专门店、连锁小商店、超市等不同的类型。

图1-12　成都天辰楼杜甫诗意主题酒店

（5）餐饮娱乐空间

餐饮娱乐空间为人们提供丰富多彩的餐饮服务和娱乐服务，满足包括“民以食为天”的基本生命需求以及人们交往、娱乐等精神文化的需求。餐饮娱乐空间形式丰富，种类繁多。以中国的餐饮来说，就包括八大菜系：川菜、鲁菜、淮扬菜、浙菜、粤菜、闽菜、湘菜、徽菜。各流派在选材、切配、烹饪等技艺方面各具风味特色，形成不同的饮食文化。餐饮空间设计就需要结合不同的食品、目标受众、习俗文化进行创作，形成不同的餐饮业态。如特色风味类餐厅、主题类餐厅、宴会类餐厅、商务类餐厅、小吃快餐等。随着社会的发展进步，也开始产生新的餐饮娱乐形态，如旅游型餐厅、私家餐厅、线下厨房等，定制类服务日渐兴盛。

（6）展示陈设空间设计

展示陈设空间提供信息传播、知识传递等功能，既具有商业职能，也具有文化职能。各种类型与内容的博物馆，陈列着各式各样的物品供人参观赏析，一座博物馆往往就是一个知识与文化的宝库。成都三星堆博物馆、金沙遗址博物馆就呈现了距今三千多年的古代灿烂文明，令人叹为观止。在市场经济的商品交换环节中，人们也依靠展示陈设来推广产品与技术，举行各种博览会、展销会，丰富了社会物质文明与精神文化活动。展示陈列空间设计需要高度统一展示内容与展示形式的关系，将展示内容（信息、文化、商品）以艺术的方法进行呈现（图1-13）。

（7）文化文教空间设计

人类以自然环境为基础，同时也生活在文化的世界中，文化、文教空间是文化艺术传播、研习、发表、发展的重要场所。如图书馆、体育场馆、剧院、文化中心、电影院、校园环境、各种教育培训机构等。文化、文教空间设计需要重视文化现象在空间中的表现，空间设计与文化的紧密关系决定了造型、色彩、材料构成，以艺术化的表现方法给人们创造出具有审美，同时又能充分传达文化意境的空间环境。

图1-13 建川博物馆——中流砥柱馆

2）人与自然、社会结合的景观设计

景观设计与城乡规划、风景园林等密切关联，是对环境中的自然要素、人工要素的综合安排与组织，涉及生态、地理、社会、文化等综合因素。提供人们在建筑外部空间中的群体行为环境，解决人对自然环境的需求，人与人共处的交往行为需求，人在户外的休憩、娱乐、运动等行为需求。建筑外部环境设计主要包括以下内容。

（1）开放的休憩空间设计

开放的休憩空间主要指城市中的各种类型的公园、游憩园、开放空间系统、小型公园（口袋公园）等。其大小不一，形态各异，特色不同，如体育公园、文化公园等。这些开放的空间系统给人们提供休憩、游览、休闲、运动、亲子、康养等需求。这一类休憩空间呈现出点状的特征，散布于城市之中，特别是口袋公园，更是灵活地嵌入在社区、商业区、交通环境中。随着城市发展与生态环境的协调，一种线性的生态网络——绿道，开始在我国展开实践。

绿道作为一种线性景观的开放空间，是对公园城市理念践行的代表。绿道在城市空间中具有连接、隔离和缓冲功能，可以连接和分隔用地，还可以作为斑块缓冲区，结合用地调整来优化城市公共绿地系统、提高城市生活品质的需求。绿道拥有大量的自然要素，可以带来多样性的动植物资源和丰富的生物群落，为各种生物物种的自然活动提供一定的环境。绿地中丰沛的植物还能够净化空气和优化水环境，从而达到改善城市小气候的目的，同时为城市环境提供丰富的景观和良好的生态保护修复作用。

（2）邻里社区空间

邻里社区主要有住区内部环境与周边边界环境的景观设计，扩展到社区道路景观、社区公共空间，如社区绿地、社区活动中心等。邻里社区空间构建了家庭与家庭之间、社区邻里之间、社区住区与住区之间人们共建共享的和谐交往氛围。从住区内部来说，包括单元共享空间、楼宇共享空间等，提供住户邻里休憩、游憩、健身运动、亲子游乐、人际交往等需求。作为邻里社区空间，需要特别关注特殊人群，如儿童、老年的行为特征，活动场地及环境设施要注重安全与便利。

邻里社区空间设计是创造和谐美好人居环境的重要途径，对社会进步与创建文明社区具有重要意义。

（3）环境设施设计

景观设施设计是产品设计与景观设计结合的产物。为环境提供各类供人使用的器物，满足人在景观中的行为需求。

设施与人们的生活息息相关，《现代汉语词典》（第六版）中对其定义为：“为了进行某项活动或满足其中需求而建立起来的机构、系统或建筑等。”“设施”一词中的“设”字从言、从殳，本义有摆设、陈设的意思；“施”字本指旗帜，亦有设置、安放的含义，也有施用，运用的意思。可见“设施”特指那些有明确使用功能的事物，强调其可用性。在日常生活中，景观设施为人提供了服务和便利。通过人与物的交互，景观设施使环境空间更适合人类活动，增加人与环境的沟通，积极促进环境景观与人的共生关系。

景观设施包括休憩系统，如休息椅、凳、路亭等；卫生系统，如垃圾箱、饮水器、洗手器、雨水井、公共厕所等；信息系统，如公用电话、信息终端、城市标识导视系统、户外广告、招贴等；建筑小品系统，如雕塑、围墙、大门、亭、棚、廊、架、柱等；照明系统，如建筑物外立面照明、道路照明、广场照明、公园照明等，种类繁多，各具功用。

（4）街道景观

街道景观根据道路等级及道路种类不同，包括道路的地位、作用、沿线建筑功能、业态等的相异而呈现不同的设计内容。城市中一般有快速路、主干道、次干路、支路之别，从作用与功能上看，又分为住宅区街道、商业街、步行街等。

道路景观从属于交通环境的范畴，随着城市交通的发展，新的交通环境景观也应运而生，如城市公交站点景观设计、城市轨道交通站点环境设计、高铁站、长途汽车站等站域环境设计等。

随着城市向地下的发展，地下空间的环境设计日渐得到学界的重视并展开了相应的研究。

简要来说，建筑外部环境的景观设计内容还包括新兴的各类园区建设类型，如各类产业园区、创意园区，也包括城市广场与绿地等兼顾人群聚会、避难功能等空间。在乡村振兴战略规划下，景观设计的视域又延伸至乡村，如乡村旅游景观、农业观光园区景观等。

综上所述，环境设计内容丰富，从建筑内部空间到外部空间，从人工要素到自然要素，从城市到乡村，涵盖了人们生活的各个方面。

1.4　基于文化的环境设计思维

人工环境深受社会环境影响，环境设计植根于文化的土壤中，受民族、地域文化的影响而呈现艺术与技术、功能与审美的高度统一，创造和改变我们生活的世界，不断满足以人为中心的社会进步发展的需求。

1.4.1　环境设计思维的概念

《辞海》对设计思维的解释为："一是积极改变世界的信念体系；二是一套如何进行创新探索的方法论体系，包含触发创意的方法。设计思维以人们生活品质的持续提高为目标，依据文化的方式与方法开展创意设计与实践。"

环境设计思维就是一种以人为本的，通过一定的程序与方法，综合技术实现能力、人的行为与心理需求、组织环境要素与文化要素，创造理想人居环境艺术的精神活动与方法。

设计是人脑意识活动的过程，设计的结果是通过人的思维而实现的。人的两种重要的思维方式即：逻辑思维和感性思维，不同的思维方式取决于人脑的生理结构。人脑是一个复杂的系统，由左右两个半球组成，左右大脑的功能有不同的特征。左半球进行抽象思维，掌管语言、分析、概念、逻辑等能力；右半球进行感性思维，具有直觉、灵感、图像、情感等功能，与潜意识有关。一般来说，逻辑思维提供了抽象与推理能力，如工程技术；感性思维提供想象力与创造力，如文学、艺术等。

逻辑思维是一种线性的结构方式，从一个概念开始，推演、判断，并综合其他的信息，作用于该点，从而得到阶段性的结论。再从该结论推演到下一个点，同样围绕概念与影响因素，推导出下一阶段的结论。由此不断发展最终得出最后的结果。因此，逻辑思维也被称为线性思维，强调思维的前后递进关系。逻辑思维的方向性明确，目标也是清晰的，其结论往往具有唯一性。

感性思维是一种树形的网络结构，从一个概念出发，同时呈现多种不同的发展可能性；在每一种可能性上又发展出多种变化，最终抉择出更合理、更优的结果。感性思维区别于逻辑思维，它不是单线程的发展，因此，也被称为非线性思维。感性思维从一个点到多个点，使推演的结果具有多样性，结论也变为模糊性的，使得判别价值的标准也呈现多义性。这恰恰反映出艺术创作的特征，艺术作品具有丰富的内涵，作品的表现形式也丰富多彩（图1–14）。

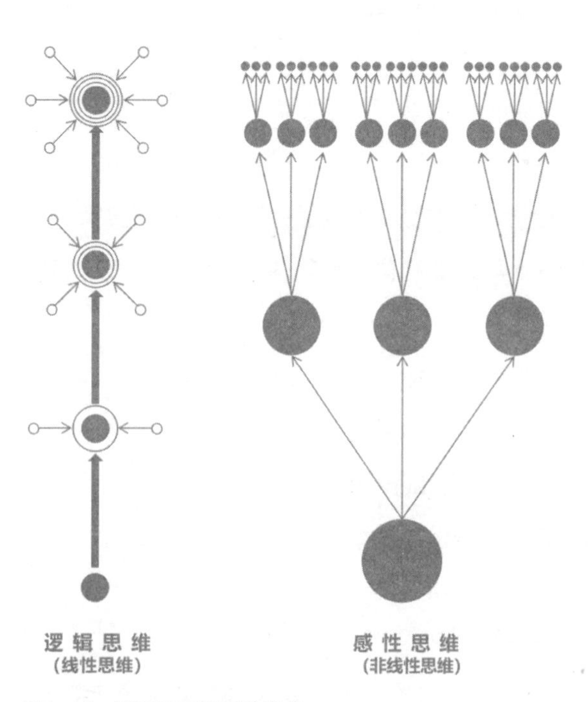

图1–14　两种不同的思维模式

环境设计是综合了艺术、工程、科学与文化的交叉学科，其思维方式也具有鲜明的特点。环境设计就空间艺术的角度来看，属于艺术范畴，感性思维在设计过程中占有主导地位，想象力与创造力决定了空间艺术呈现的效果：利用五感（视、听、嗅、触、味觉）的能力，创造出空间艺术的体验感；利用情感的能力，使空间艺术能传递情感，进行情景化设计。感性思维最为重要的是在于通过“移情”，准确地发现问题并定义问题，才能精准地解决“人”的需求。环境设计又离不开工程技术的支撑，空间艺术最终需要通过构造、材料、技术、设备来实现。因此，缜密的逻辑思维在环境设计中起到了计算、分析的作用。在环境设计思维中，丰富的感性思维与抽象的逻辑思维相互融合，缺一不可。

1.4.2 基于文化的环境设计思维体系

设计思维可以看作是一个能反复使用，解决问题的一系列步骤或程序。这一过程被描述为不同的结构：早期Simon提出“分析—综合—评估”的设计思维线性模型；Tim Brown在线性模型基础上提出的“灵感—构思—实现”三阶段的循环模型；英国设计协会提出的体现思维发散聚敛的“发现—定义—开发—交付”四个阶段；IDEO将Tim Brown模型分解为“发现—解释—构思—实验—评估”五个环节；德国波茨坦大学HPI研究院将设计思维分成“理解—观察—整合观点—构思—原型—测试”六个步骤。美国斯坦福大学设计学院以设计思维为核心，提出独有的教育思想，将设计思维描述为“需求理解—问题定义—思维发散—原型设计—模型迭代—成果发布”六大步骤，这是目前全球教育领域广泛采用的设计思维模型。

基于文化的环境设计思维、聚焦文化与环境设计的关系，是研究文化在空间环境中表现的艺术创作思维。其思维体系由五大过程构成：文化现象识别、文化特征定义、符号元素提炼、艺术创意、应用发布（图1-15）。

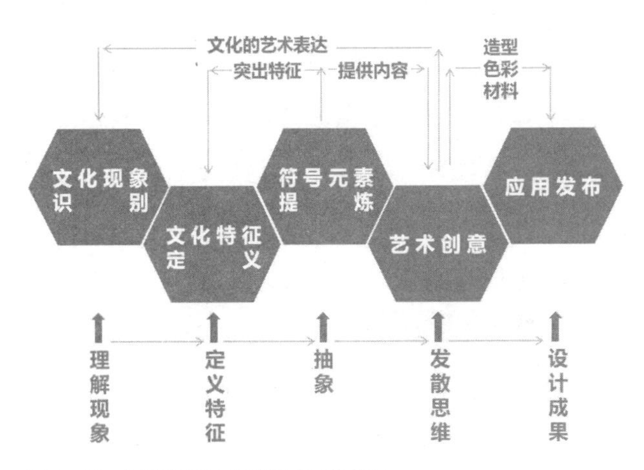

图1-15 基于文化的环境设计思维体系

首先是对文化现象的了解与认知，通过地理、地质、气候、社会、宗教、历史等诸多方面，解析特定环境设计项目背后的文化因素；进一步分析对比，定义其文化现象中最具有个性特征的因子，锁定其独有的文化特色；对特色文化进行符号化，抽象出代表性元素，使之成为进行艺术创意的原始素材；通过发散思维寻求元素的艺术创意，从图形、色彩的构成出发，在二维与三维中充分地尝试表现方法；最后结合空间环境要素，在界面、材料、构造上运用获得的创意单元，最终完成设计成果。这一过程步步递进，相互关联，前后呼应，形成闭环的思维方式。在长期的实践中，基于文化的环境设计思维体系能够快速、准确地定义设计创意，能够促进文化表现的艺术形式更加丰富与多元化，特别是对传统文化、民族文化、地域文化的继承与传播起到积极的作用。

1）文化现象识别

环境设计对象具有空间性特征，一个环境设计项目一定是对某一特定空间的设计。为了准确定位设计创意，就应该对该空间紧密相关的地域文化进行识别，认知该区域的文化现象构成的详细情况。

总体来说，一个区域的文化现象可以从以下几个方面进行梳理，包括自然环境条件以及人文环境条件。自然环境条件指该区域的地理、地质、气候、物产等方面；人文条件包括历史、宗教、习俗等方面。

文化现象也可以分类为物质文化、非物质文化、制度文化三类进行分析。物质文化包括自然环境、物产、器物、建筑风貌等；非物质文化主要指精神文化，包括历史、伦理道德、风俗习惯、民族信仰、艺术等；制度文化包括政治制度、经济制度、家庭制度等。

从自然条件方面识别文化，可以看到地理、地质、气候、物产对人工环境与社会环境的影响，有利于厘清现象背后的成因。如四川绵阳安州区的罗浮山风景区，具有独特的地质结构，这个区域由远古的海绵生物礁构成，是著名的国家地质公园。海绵生物礁的质地、肌理就可以用来作为设计语言进行界面的装饰。地处罗浮山景区的浮生御温泉酒店，建筑形态吸收了罗浮山山峰的折线构成，界面装饰模拟了海绵生物礁的肌理感，是一个典型的基于自然条件定义的设计创意（图1-16）。

图1-16　罗浮山浮生御温泉酒店

课程教学实践中，该课程设计作品根据大庆连环湖的自然风光、冰雪气候、温泉资源等自然条件，将温泉酒店的设计主题定义为“冰点上的沸腾”，采用冰雪雾凇、湛蓝湖水为设计元素进行创作（图1-17）。

图1-17　课程设计　大庆连环湖温泉酒店

从人文条件来看，各民族、各地域所拥有的灿烂的民族文化、地域文化是环境设计取之不尽的创意源泉。如宗教信仰、民俗习惯、文化艺术、历史等都具有鲜明的个性特点，其丰富性、差异性能够催生设计的独特创意。

如地处浙江温州的楠溪江流域，“宋代京官后，沃野文风盛”，乱世南迁的中原士族用先进的中原文化改造了瓯越文化，并逐渐成为掌控当地基础政权的望族，形成宗族社会，其强有力的宗族管理深刻影响了村落的建设和发展。促成了楠溪江流域的文风盛行，形成独特的耕读文化，“读可荣身，耕可致富”成为他们宗族的传统并世代相袭。耕读文化理想深入到以楠溪江中游为代表的各个村落，在村落规划与乡土建筑中，塑造出一种文人雅士特有的恬静雅致和乡民浓厚的山水情怀。这种情怀反映在村落景观结构上，就是文教建筑的普及。这些文教建筑由宗族和房支以科考入仕为目标兴办，有书院、私塾和义塾等类型。

课程教学实践——阆中古城生态旅游线车站服务空间设计中，课程设计作品以2009年列入四川省县旅游发展总体规划当中的“阆中古城生态旅游线”为对象，作品围绕交通与旅游融合的特点，对车站服务空间进行了设计。阆中，古称保宁，位于四川省北部，是中国四大古城之一，有着两千多年的历史。阆中具有典型的地域文化特征：包括风水文化、三国历史、科举文化，以及灯戏、皮影、剪纸等民间艺术。其中最主要的文化特色就是风水堪舆文化，成为设计中主要的创意元素，产生了从八卦原型——抽象提炼——解构重组的设计思路，较好地表达了阆中的文化特色（图1-18）。

图1-18　课程设计　阆中古城生态旅游线车站服务空间

2）文化特征定义

在设计实践中，面对的文化现象往往是丰富繁杂的。如何选择有代表性的文化元素，寻找设计独特的创意视角，需要对诸多的文化现象进行分析、综合，定义其主要的特征。

从地域文化的角度看，一个地区既有地理、地质、气候的特征，又有习俗、习惯、信仰、艺术的差异，每一种文化现象有其自身独特的产生、发展的过程，呈现出不同的内容。如四川峨眉山在自然与人文两方面都拥有丰富的文化内容，被评为世界自然遗产与文化遗产。它既有丰富的动植物资源、独特的地形地貌、变化万千的气象景观，也有千百年来人们创造的丰富的人文文化，包括峨眉武术、佛教名山、传统习俗等。

从某一种单独的文化现象来看，也具有丰富性与复杂性。如“国粹”京剧文化，其发展历史、唱腔特色、角色形象、剧目内容、舞台布局、服装道具、化妆脸谱、人物塑造、场景搭建，其文化现象具有繁杂的信息。如何抓住京剧文化的主要特征，也需要对其文化现象进行综合分析。

对文化特征的定义，就是分析确定一定区域内全部文化现象中最主要的特色文化，这种文化基因具有稀缺性或唯一性，也就是区别于其他地域的特殊性。以峨眉山为例，从自然生态角度看，拥有珍稀的“活化石”代表植物珙桐，珍稀动物包括大熊猫、金丝猴等，但更为生动的“峨眉灵猴”则具有代表性。从人文角度看，武术、民俗远不如以“普贤道场”为代表的佛教文化，衍生出的普贤文化则是峨眉山区别于其他佛教名山的唯一性文化符号（图1-19）。

图1-19　课程设计　峨眉山民俗酒店陈设设计

例如规划中的“四川山地轨道交通”项目，课程设计对其中“大熊猫生态旅游西环线（四姑娘山—宝兴—碧峰峡）”进行了文化特征的定义，并应用于旅游列车内饰设计中。该旅游线规划了四姑娘山—夹金山—达瓦更扎—神木垒—蜂桶寨—邓池沟—宝兴县—灵关镇—芦山县—碧峰峡站点，新建线路长140km。沿线旅游资源丰富，旅游文化精彩纷呈，既有壮阔的雪山，又有夹金山、宝兴等地红色旅游文化，更有“大熊猫故乡”的美誉，沿线还有羌族、藏族等少数民族不同的民族风情，建筑、服饰、艺术各具特色。沿线生态资源丰富，景色壮美，历史悠久，从平原到高山，从森林到雪山，自然景观层次丰富。

通过分析交通构架及游客到达的最佳路径，结合碧峰峡野生动物园、大熊猫基地等资源，该设计确定了以亲子度假为核心的目标人群，由此定义该旅游线的文化特色为大熊猫，创新性地展开了对旅游列车内饰设计中文化表现的初步探索。该设计以亲子为核心诉求，综合考虑了乘客的观景、交往、活动、餐饮等车上需求，并关注特殊人群，如老年乘客、残疾乘客的特殊性设计，对列车的信息识别、导视系统、安全设施、服务设施等进行了综合思考。跨学科、跨专业的融合，结合地方经济发展，使课程设计有了更深的维度（图1-20）。

3）符号元素提炼

文化符号元素的提炼，就是对文化现象的符号化过程。被定义后的特色文化，需要通过其特有的主要内容进行信息传递，文化内容被浓缩为可视化的视觉元素，用以被识别和认知，这也是符号具有的功能。

符号的选择与提炼首先要具有代表性，能反映该文化现象的主要内容和特征。以都江堰“水文化”为例，按照文化的结构分层理念，可将都江堰的水文化分为三个层面，即物质层面、行为层面以及精神层面。物质层面主要是指在治水、放水过程中形

图1-20 课程设计 四川山地轨道交通·大熊猫生态旅游环线列车内饰设计

成和使用的一些物质实体，例如“鱼嘴”将江水一分为二，还包括特有的治水工具竹笼、杩槎、卧铁等，反映了古代劳动人民的智慧；行为层面是指与水务活动相关的人类行为所表现出来的文化现象，例如都江堰水利工程的岁修制度，李冰父子的传说等；水文化的精神层面主要是指都江堰人民在治水过程中产生的治水观念、水神信仰、价值理念、审美观等方面的内容，如都江堰的清明放水节、二王庙会等。如上的文化符号代表了都江堰“水文化”最具代表性的特点。

其次，文化符号视觉化的过程中，需要对原始的符号样本进行抽象、简化、解构、重组等一系列艺术加工，形成可被转化的艺术素材。都江堰水文化元素中的“鱼嘴”、竹笼、灌溉水系等元素可被抽象为一些“基本形”。最后被重组，形成具有都江堰水文化特色的空间创意设计（图1-21）。

图1-21 课程设计 都江堰旅游火车站候车大厅

4）艺术创意

符号元素是艺术创意的素材，对符号元素展开创意需要进行广泛的发散思维。这也正是感性思维最为擅长的一面，面对一个符号，同时扩展为多种可能性与发展创意的途径，并一步步举一反三，进行广泛思维发散，以寻求最佳的结果。这不同于逻辑思维点到点的线性推演，而是一种开放性的、全方位的、多视角的思维模式。艺术创意过程中，需要提出更多可能性，创造更多选择，以追求最优的设计结果。

运用发散思维进行艺术创意也需要有路径，从而实现设计目的。首先需要结合文化特色与空间参与者需求以及空间目的，界定审美的调性，控制艺术创意在明确的美感范畴内进行发散思维。如度假旅游空间，美感定义为舒缓的、明亮的，则元素的创意最终要符合这种美感，避免无序地发散背离度假旅游空间的审美特征。如在自贡恐龙博物馆室内设计中，对于远古时代的恐龙化石展厅，首先就确定了深邃的历史感为审美基调，将恐龙生活环境与展品和谐地统一起来，穿越时空呈现在今天的观众面前（图1-22）。

图1-22 自贡恐龙博物馆

其次，元素的艺术创意要注重其指代的文化现象自身的特殊性。水文化中的“水”，不能简单地创作为我们脑海中关于水的固有的形象，不能只是采用通用的“水纹”予以表现。显而易见的事实是，都江堰的“水”与长江的“水”在人们的印象与理解中决然是不同的形态与肌理；泰山的“山”与峨眉山的“山”在人们心中的认识又大相径庭，千岛湖的“湖”与太湖的“湖”又怎能是一种元素的表达呢！基于自然景观的不同，文化意味不同，人的审美感受不同，其意境、美感各有意趣。因此我们对文化元素进行艺术创意时，应当注意其有别于它的特异性，围绕特异性进行发散思维才能准确表现该文化现象的特征。

最后，文化元素需要有主次之别。文化现象与内容是丰富的，除了找出主要文化特征外，对于符号元素也需要进行甄别与筛选，主次分明，才能使元素不至于杂乱，影响艺术创意的风格与个性。主要元素用以构建空间整体造型，次要元素穿插点缀，辅助元素用以陈设装饰，通过不同的角度，创造空间的主旋律，丰富空间的装饰细节，从而构建一个特征明确，风格清晰，细节丰富的环境艺术作品。

5）应用发布

环境设计不同于纯粹的艺术创造，艺术创意的成果需要结合环境设计的特点加以应用，才能成为可被建造、实现的环境设计作品。环境设计离不开空间、界面、造型、色彩、材料、设施、陈设这几大要素，艺术创意需要结合这些要素进行设计表现。

（1）空间形态的表现：这是艺术创意从基本形到解构重组后，在三维空间中应用的形态。环境设计的物质载体就是空间，空间创意首先要注重空间形态的造型，空间形态包括空间体量、尺度、造型、空间组合的序列关系等因素。空间的封闭与开放均具有不同的环境意味，包括实体的围合形成，以及通过色彩、符号、家具、灯光等的视觉引导，而形成的虚拟空间形态，其形式多样、灵活，是创建环境空间基础的重要条件。空间形态的构成与组织，也离不开功能的组织与动线的合理安排，这是空间各种形态形成序列的内在联系与设计依据。艺术创意需要与空间形态设计紧密关联，反映文化元素在空间上表达的意义。

（2）界面装饰的表现：室内设计与景观设计都围绕空间围合产生不同的界面。界面设计是环境装饰的重要舞台，一般包括地面、墙面、顶面等基本单元。艺术创意与界面装饰的结合，既要注意二维的图形表达，更要注重三维的造型能力，丰富界面装饰的创造途径。当代设计中往往模糊界面的界限，使不同的界面形成整体，更强调空间的三维结构设计（图1-23）。

（3）造型的表现：造型是指空间形态的造型、界面装饰的造型、环境设施的造型、陈设艺术的造型等。造型是视觉艺术的基本语言，是色彩、材料依托的骨架。造型的基础是二维图形、图案，在环境设计中更要注重造型的三维性。造型与艺术创意紧密联系，将文化特征与审美特点充分利用造型进行表达。造型一般通过点、线、面、体的构成实现，因此，探索造型问题时既要注意造型语言的使用，更要注意构成组合后的审美性。

（4）色彩的表现：色彩具有强烈的视觉影响力，形成对整体环境认知总体的体验。文化元素的创意表达应善于利用色彩的表现力，使文化现象的特征通过色彩进行传达。色彩往往也是文化现象的主要组成部分，不同的自然景观有其独特的色彩特征，不同的民族文化、地域文化也在诸如建筑风貌、服饰、艺术等方面具有明确的用色习惯。将文化中的色彩要素进行提炼，能较为集中地反映文化现象的特质。例如藏民族传统用色较为灿烂，对比强烈，民族习俗与宗教信仰使其色彩具有典型的配色习惯，在设计中应该充分挖掘并合理运用，使设计作品清晰地表达民族文化的特有韵味（图1-24）。

图1-23　北京大兴国际机场

图1-24　课程设计　四川山地轨道交通·理塘至德荣扶贫交通线列车涂装与内饰

（5）材料表现：艺术创意的造型、色彩要素，在环境设计中始终离不开建筑装饰材料这个物质基础。不同的材料既有各自不同的物理性质，如质地、强度、构造方式等，也有如色彩、肌理、触感、情绪等审美属性。艺术创意需要充分考虑不同材料的表现力，进行综合应用，充分传递设计的创意（图1-25）。

综上所述，基于文化的环境设计思维，是寻求解决设计创意具有独特审美价值的途径。利用文化现象，寻求创意的出发点，并紧扣文化特征进行一系列的符号化、艺术化的创作过程，将艺术创意与环境设计的空间形态、界面、造型、材料、设施、技术等关联因素紧密地结合在一起，实现环境设计艺术创新的目的。

图1-25　课程设计　四川山地轨道交通·贡嘎山海螺沟山地度假旅游线列车涂装与内饰

课程思政目标：

（1）通过环境概念的科学认知，树立学生以“人”为核心的环境观，初步建立“以人民为中心”的理想信念；

（2）通过人与自然环境关系的探索，使学生建立环境设计可持续发展的意识，树立中国特色社会主义新时代生态文明意识，引导鼓励学生在“公园城市”建设领域作出探索与贡献；

（3）通过对文化特征的学习，使学生深刻领悟中国传统文化悠长的历史与多样性，培养学生对传统优秀文化的自豪感，突出文化自信；

（4）通过我国在工程建设领域取得的辉煌成就，加深对社会主义制度优越性的认识，强化制度自信、道路自信；

（5）通过环境设计与工程、科学、艺术、文化的交叉探索，引导学生服务国家重大发展战略需要、服务社会主义现代化强国建设需要的使命与担当；

（6）通过对环境设计内容的学习，引导学生建立服务于人民日益增长的美好生活需要的意识与责任；

（7）通过对文化特征定义与创意表现的学习，引导学生加深传承优秀传统文化的认识，培养学生通过设计创意讲好中国故事的能力。

02

Culture-Based Environmental Design Method

第2章

基于文化的环境设计方法

2.1 文化生态与传统村落景观设计

中国作为一个农业大国，几千年的农业文明造就了以乡村为主的社会格局。据统计，2020年末我国常住人口城镇化率达63.89%，[①] 可见乡村作为我国的基础社会单元，在我国新型城镇化和新农村建设进程的快速推进中仍然占据重要地位。其中传统村落作为传统文明的“标本”，对其保护、传承与可持续发展，日益受到社会的关注和重视。2007年国家文物局印发的《关于加强乡土建筑保护的通知》，充分凸显传统村落保护发展的重要性和必要性；2012年浙江省委、省政府出台的《关于加强历史文化村落保护利用的若干意见》，为历史文化（传统）村落的更新提供了重要的政策保障；2013年中央城镇化工作会议提出要让居民“望得见山、看得见水、记得住乡愁”的工作原则和新思路；《国家新型城镇化规划2014—2020》指出保护有历史价值的传统村落、保持乡村风貌特色的重要性；2012～2019年期间由国家住房和城乡建设部、文化旅游部、财政部等七部局联合先后公布了五批中国传统村落名录的名单，共计6819个村落，名录的纳入认定了传统村落的历史文化价值；2017年，中共“十九大”报告提出“实施乡村振兴战略”，中央农村工作会议划定了乡村振兴战略“三步走”的时间表和路线图，提出要传承发展农耕文化，走乡村文化生态兴盛之路。

我国经济的高速发展，一方面加快推进了城镇化，但是也强烈冲击着传统村落，许多地区的传统村落景观遭到自然破坏和人为损坏。各地广泛开展“实施乡村振兴战略”，但由于对传统文化保护与传承的理念不足，对传统乡村完整的文化系统认识不足，因此在村落景观建设中逐渐背离其历史文脉和地域特色，从而出现了传统村落景观趋同化的现象。

乡村聚落是文化的外构形态，文化是乡村的核心灵魂。乡村聚落在演变的过程中会形成多样化且具有地域性的文化，并由此形成聚落的形态。我们应该从文化生态学的理论视角来研究传统村落的景观，分析传统村落景观文化生态结构，将地域文化及其周围环境视作一个综合体，以整体、动态的系统观对传统村落的建设施以科学有效的方法，赋予其新时代的生机与活力，重塑人文与环境和谐统一关系。

① 资料来源：http: // stats.gov.cn/easy query.htm?cn=Col

2.1.1 文化生态学的理论基础

1）文化生态学理论的发展概述

文化生态学理论出现于20世纪上半叶，它最初从文化人类学出发，考察人类如何适应于周围环境以及环境如何在一定程度上塑造文化，强调了文化与环境之间具有系统性的相互作用。

江金波教授对文化生态理论的发展源头概括成四个方面：第一个源自以美国人类学家斯图尔特为代表的文化人类学；第二个以深受生物生态学影响的德国学者特罗尔为代表的景观生态学（Landscape Ecology），主要研究各生态系统组成的景观空间结构、互相作用和动态变化；第三个是由社会学与哲学结合而成，文化哲学认为，文化的历史是人与自然界不断进行双向适应并完成统一的过程；第四个源自以美国地理学家卡尔·奥特温·苏尔为代表的文化地理学领域的文化生态理论，强调人类与自然环境的相互关系，文化被解释为人类在环境中形成的行为和观念的复合体。

文化生态学在形成期还属于人类学的一个分支，由少数美国人类学家进行小范围的研究，且在人地关系的研究中存在着环境决定论的片面性，忽略了人类社会的能动性，因而带有一些理想性和局限性。到20世纪80年代，Dwyer P D，Howell S，Ingold T等通过对不同村落的实证分析，从人类活动和行为方式对自然环境的双向影响来研究文化、社会活动与自然环境之间的关系。在系统论方面，文化生态学添加系统理论作为科学基础，从而获得一种更为科学全面地认识事物的手段。Naveh Z结合了景观生态和复杂的环境系统，并将人类生态系统的概念解释为物质、文化和生态环境的综合体。从景观哲学的角度研究文化生态环境与文化进化，以期解决后工业时代人类社会与自然环境的共生问题。Burel F，Holl A，Makhzoumi M，Meekes H等分别从社会、美学、生态学等角度研究文化景观生态系统的内涵、特性、系统动力、多样性、可持续发展，并探讨了景观设计的整体方法。

在我国，文化生态理论的研究始于20世纪90年代，大致集中在人类与社会学领域、地理学与景观学领域、城乡规划和建筑学等领域。

（1）人类与社会学领域的相关研究

文化生态学在此领域内，主要研究特定环境条件下，文化体系内的文化之间的关系，并以此作为文化演进和文化变迁的解读依据。我国著名学者冯天瑜先生回顾了中华文化发展的过程，并从文化圈之间冲突的角度认识文化生态的演变，解释了地理因素在文化生成中的作用，提出文化生态主要包括自然环境、经济环境与社会制度环境三个层次；司马云杰详细阐述了文化生态系统的概念与构成要素，并为具体的文化分析提供了指导。他认为文化生态学是从人类生存的整个自然环境和社会环境中的各种因素交互作用来研究文化的产生、发展以及变异规律的一种学说。王玉德辨析了文化生态与生态文化的概念，并指出文化生态学研究的核心内容包括文化的群落、多样性、组成结构、网络和链条、变迁和生态背景等。方李莉将文化生态学研究成果作为理论工具来分析我国文化环境面临的问题，她把人类文化系统类比于自然生态系统，并提出了文化生态的失衡问题，认为保持文化生态平衡的方法在于不同文化之间的互补与多元交流。孙兆刚把文化体系作为生态系统的有机体，定义遗传性和变异性为文化生态系统的基本特征之一，指出文化生态系统出现的一些失衡现象，提出应当建立文化生态保护区，实行可持续发展的设想；徐建从历史时间、文化性质、文化载体、商业模式、受众人群等角度划分了文化生态的结构。黄正泉提出社会和谐与文化生态的内在关系，对文化生态危机进行理性分析并从关系中构建出文化生态学体系。

（2）地理学与景观学领域的相关研究

地理学界主要运用文化生态学的理论体系来研究自然地理环境与人类文化相互联系与作用的关系。但部分学者突破了这一观点，认为文化生态系统是自然、文化、经济的复合体。邓辉解析了卡尔·奥特温·苏尔的文化生态学理论与实践。苏尔强调文化景观与生态环境之间有机联系的分析，对自然景观和文化景观的发展进行了对比，旨在揭示文化景观的形成和演变。同时他在研究中强调人类技术和文化在塑造景观中的作用，否定环境决定论中强调的单向绝对作用。

近年来较多采用的研究形式是以区域为地理界限来探讨文化的发展，江金波教授通过嫁接多学科方法，构建了现代文化生态学的体系，界定了文化生态系统的含义，将区域作为文化生态系统的研究对象，并将系统结构理论、生态功能理论和景观感知论引入文化生态研究。其研究成果对我国文化生态学形成新的统一的理论体系和现实指导意义有极其重要的意义。

（3）城乡规划和建筑学领域的相关研究

文化在城市发展过程中的重要作用得到了城乡规划与建筑学界的一致认同。文化生态学理论的引进，为历史地理等环境要素与城市文化的相互作用、居民与城市空间的关系问题以及城市发展中的文化保护等问题提供了新的研究视角。

戢斗勇结合珠江三角洲的实践案例分析，分别从文化生态学的概念、历史、特点、意义等要素对文化生态理论进行了全面阐述。在特定地域或民族文化保护研究上，薛正昌、李明伟、王国祥等学者从不同文化圈之间的交流、地理气候、历史发展、民族融合等角度分析了区域文化产生的特点。刘敏和李先逵从生态学的角度系统地研究了我国历史文化名城的文化环境，建立了城市文化生态系统的文化基因、文化物种、文化生态学的概念，明确了维护城市中文化物种的多样性才能实现城市文化生态系统的平衡与繁荣。阮仪三和沈清基将生态学理念运用到历史文化名城环境保护领域，简要介绍了当今国际社会历史环境保护的相关实践与观念，阐述了若干城市历史环境保护的生态学理念，并针对我国城市历史环境保护的问题提出看法。郭海等认为运用文化生态学的方法研究中国历史城市文化，不仅可以促进对中国传统城市文化的全面了解，还可以在中国城市文化发展战略的创新性研究上进行指导。

综上所述，我国文化生态学理论的研究范畴在不断发展。不仅从学理上探究了文化生态的内涵和历史，也关注到全球化背景下文化生态的失衡给社会带来的种种严重后果，并在此基础上探讨了文化生态建设和发展的有效途径，同时通过引借其他学科如系统论、生态学的理论成果综合探索，不断完善文化生态学的研究方法。

2）文化生态相关概念

戢斗勇在《文化生态学论纲》中指出：“文化生态”是文化生态学的研究对象，借用生态理论反映了文化存续和发展的环境、秩序、状态等。它是一个融合自然环境、经济环境、社会环境三位一体的复合结构，研究内容包括文化产生与社会政治、经济、历史之间的关系以及文化内部要素之间相互作用的关系。

目前文化生态的概念大致被学术界定义为三方面：一是理解成“文化的生态”。即文化与外部环境以及精神文化内部各种价值体系之间的生态关系。这种看法将认知立足于文化本体，承认文化是当之无愧的主体。二是将文化生态理解成“生态的文化”，认为特定的自然环境必将塑造出特定的民族文化，并探讨文化多元并存的自然原因。这种理解继承了20世纪初流行的“地理决定论”。将生态的主体地位置于文化之上，甚至改变其术语为“生态文化”。三是将文化生态理解成“文化加生态”，该认知倾向于在处理具体的问题时，关注文化的同时还需兼顾生态背景。

费孝通先生在《乡土中国生育制度》中指出：文化是依赖象征体系和个人记忆而维护着的社会共同经验。文化与生态交织形成一个和谐共生并能保持稳定状态的实体。刘春花认为，文化生态指的是构成文化的各要素之间、文化与文化之间、文化与其外部环境之间相互关联制约，从而达到的一种相对平衡的结构状态，也是一种相较于自然生态而言更为复杂的系统。斯图尔德认为，文化生态学是研究文化为适应于环境而变迁的过程，用于解释具有地域性差别的文化特征和文化模式的起源。

即使不同专家学者对文化生态的概念表述存在差异，大致上依旧可归类为两类：其一认为文化生态是影响文化形成、发展、变化的外部复合生态环境；其二则认为文化生态是在历史进程下各种文化相互作用和相互影响而成的动态积淀，反映了区域现实人文的状况。

3）传统村落景观的内涵

2012年，国家四部委明确提出：“传统村落是指形成较早，具有一定历史、文化、科学、艺术、社会、经济价值的应予以保护的村落。”

“传统”这个词在汉语语境里特指历史沿袭下来的思想、文化、道德、风俗、艺术、制度和行为方式，它们对人类社会行为有潜移默化的影响，诠释了一个长期的动态变化过程。因而用“传统”一词修饰村落，更能反映出文化的延续性。刘沛林于《中国历史文化村落的心理空间》（1995）中定义村落为在特定生产力条件下，长期生活在一定农业地域内的世代定居的人群所拥有的聚居空间场所。杨贵庆把传统村落定义为“在传统农业社会背景和手工业生产条件下小规模建造的人居环境类型”。

传统村落历史文化内涵的界定大致体现在三个方面：一为村落中现存的传统建筑风貌完整，且在数量上具有一定规模。二为村落选址和格局保持传统特色。村中各类建筑布局、路网格局等空间环境总体上保持着原有的结构、肌理与形态。三为非物质文化遗产活态传承，即村落仍然保持着传统的生活、生产方式及鲜活的起居文化。

（1）村落景观的定义

由于村落和景观具有多义性，加上不同专业学科所处视角不同，因此对村落景观的概念有不同的理解。从地理学的角度分析，村落景观泛指城市景观之外的空间。它有一致的自然地理基础和相似的发展过程、功能和形态结构，具有生产性、生态性、地域性、自发性等特点。从景观生态学的角度分析，村落景观是地域范围内由农田、人类、农业活动、资源环境等各因素相互作用产生的生态复合系统，包括斑块、基质和廊道。从景观规划学的角度分析，村落景观是聚落形态，包含了从分散的农舍到能够提供生产和生活服务的集镇等区域，也是土地利用粗放、人口密度较小、田园文化特征明显的区域。从社会学的层面来看，村落景观主要是指乡政权管理区域内政治、经济、文化等各方面的社会结构综合表现。在风景美学的角度上，村落景观更关注自然田园风光，更多地指向风景性和观赏性；建筑学的角度则更关注乡村建筑形态及构成。

虽然各行的专家学者对“村落景观”的界定各不相同，但随着单一学科到多学科的融汇推动整合了“村落景观”的概念定义。对村落景观的研究内容从注重物质景观到挖掘村庄文化内涵，并逐渐融合了自然、社会、传统文化等各个方面的特征。

综上所述，村落景观定义为在自然环境、历史文化、人文精神等影响下形成的包括农业生产、生活居住、自然环境在内的综合性聚落景观。村落景观在不同的地理位置、地形地貌、气候条件、绿化植被等自然要素以及不同的社会经济水平、文化习俗、区域特点等社会要素作用下，具有不同的风貌和文化特性。

（2）村落景观的分类

“景观”一词从起初作为绘画艺术的术语，到现在理解为生态系统的复合体，其内涵和外延在不断变化。因此，不同时期的各领域学者对景观的理解各有不同，在对景观分类时的视角也不同。例如，从人类发展和建设的角度来看，景观往往分为自然景观、建筑景观、经济景观、文化景观等；从时间的角度看，景观分为现代景观和历史景观；根据景观受人类活动影响程度来看，景观则分为自然景观与文化景观两大类型等。

我国的谢花林和刘黎明对村落景观分类做了大量研究，他们认为村落景观的分类应按照层级关系及功能和形式的差异来进行分类，村落景观可以分为景观区、景观类、景观亚类、景观单元四个表现类型。金其铭认为村落景观是自然向人文转变的动态反应，在景观分类上根据人为的影响，划分为聚落景观和非聚落景观两大类。其中聚落景观包含村落景观和城镇景观，非聚落景观包含了田园景观、森林景观、庄园景观、草场景观和城郊型景观等内容。

4）文化生态重塑的辩证认知

（1）活态再生

文化生态的重塑，是一种人与自然和谐相处、人与社会和谐共生、乡村优秀传统文化得到弘扬与发展的文化生存状态。主要以杨贵庆教授针对传统村落保护倡导的“活态再生”理论为研究依据。

“再生”这个概念起初应用于生物学，形容生命机体的一部分在受损、分离或切除之后修复的过程。澳大利亚在20世纪70年代编制了《巴拉宪章》，其目的在于保护文化遗产地。文件将“再生”阐释为“改造性再利用”，即对某场所进行内部空间调整以便纳入新的功能。主要将研究的方向分为建筑再生和景观再生两个层面。由此来探讨旧城区、历史地段、旧工业建筑、传统民居和城市景观、乡土景观、历史文化景观重新塑造的方法。随着研究的深入，再生设计的研究范围扩展至传统聚落。其目的是为实现传统聚落的全面复兴，其原则确立为活态保护和传承，要求是必须给被保护的传统聚落赋予现代化的活力，使其文化经济处于可持续的活态运行状态。

通过文献和实地调研来研究景观文化生态的现状及问题，确定村落文化生态重塑的内涵，从功能再生和社会动力的角度作深层思考，对旧的物质空间注入新功能，可以使村落物质空间环境获得新的发展内涵和动力，以期更好地与现代社会生活相融合。

（2）景观信息链

景观信息链理论，又称为景观基因链，首先由刘沛林教授于2005年山西临县的碛口山地传统民居规划项目中提出，基于英国历史地理学家达比（H.C.Darby）提出的景观“横向断面”复原理论，应用于我国南北各地历史文化聚落景观保护及其旅游规划实践。其内涵可简要概括为“一目标、两途径、三要素”。

“一目标”是指将代表地方特色的传统聚落的历

史文化信息（即景观基因）挖掘整理出来，按照一定的范式进行筛选和提炼，然后通过景观再现和景点组合等方式有效表达出来，以提升地区的可识别性，增强地方的景观环境优势。“两种途径”是构建景观信息链的主要方法。其一是通过挖掘一个地区的景观基因，提炼和重建文化景观元素以恢复景观的历史文化记忆。其二是通过构建景观信息载体，强化和凸显地区的景观形象。“三要素”作为景观信息链的核心内容，包括景观信息元、景观信息点和景观信息廊道，三者相互继承与发展。其中景观信息元指的是附着在景观之上的各种文化元素，影响并控制景观形成与发展。景观信息点是信息元的外在表现，彰显历史文化场地的文化基因，也可称为景观节点。景观信息廊道由景观信息点为单体在旅游地按照一定秩序进行空间组合和排列而成（图2-1）。

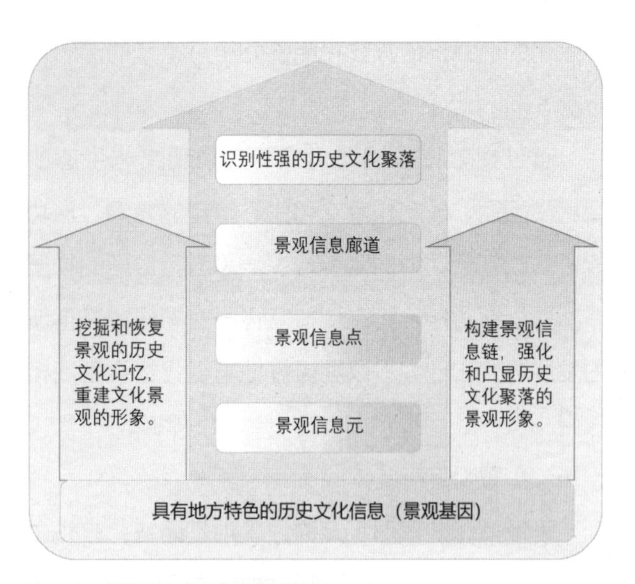

图2-1 “景观信息链”理论框架

结合景观信息链理论，通过文化内容和景观形式之间的表达关系来提取景观基因，以景观形式分类编码为框架，构建景观基因信息链，以提高文化基因在景观形式中提取与表达的效率。

2.1.2 传统村落景观文化生态结构——以楠溪江为例

1）从文化学角度认识楠溪江传统村落景观

传统村落景观的文化生态系统是一个演变过程，其在自然地理、宗族管理、经济技术、文化发展四个方面相互作用下逐渐演变而成。传统村落的自然地理、社会人文、历史文化、经济技术形成一个完整的文化生态系统。

楠溪江传统村落景观的形成和发展过程与外部自然环境和社会环境紧密关联，其景观文化具有其特定的文化体系，并由众多的子系统构成。楠溪江传统村落景观的文化构成主要分为物质层面、制度层面和精神层面三个层次（图2-2）。

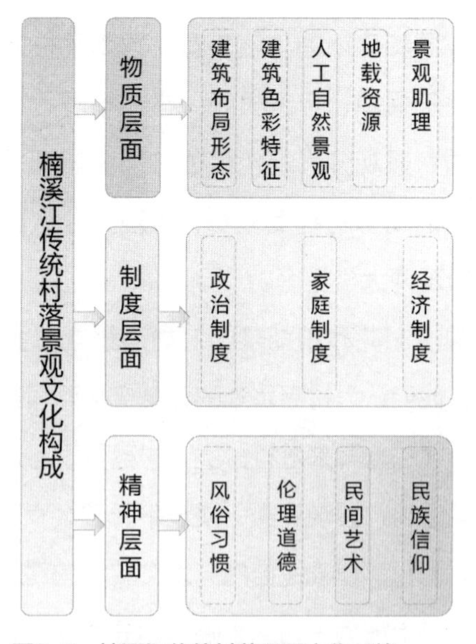

图2-2 楠溪江传统村落景观文化系统

（1）物质层面

物质层面主要指楠溪江传统村落景观文化系统的表层，它的外化形式包括村落中地载资源、建筑布局形态、景观肌理特征、建筑色彩特征以及人工、自然景观等可感知、有形的物质。例如建筑物不同的建造方式和形式，空间组织上产生的丰富的空间肌理等。依据文化生态学的观点，自然环境也是文化产生与发展的内在因素。例如气候、地形、地貌、水文等都是形成楠溪江传统村落景观特色的客观物质因素。

（2）制度层面

制度文化是楠溪江传统村落景观生态文化的中层结构，主要囊括家庭制度、经济制度、政治制度等，由于制度文化涉及人与人之间、个人与群体之间的关系，楠溪江传统村落景观文化的变迁必然通过制度的变迁表现出来。

在楠溪江流域，“宋代京官后，沃野文风盛”，乱世南迁的中原士族用先进的中原文化改造了瓯越文化，并逐渐成为掌控当地基础政权的望族，形成宗族社会，其强有力的宗族管理深刻影响了村落的建设和发展。

（3）精神层面

精神文化是楠溪江传统村落景观生态文化体系的内核结构，涵盖了民族信仰、民间艺术、伦理道德、风俗习惯等方面。尤其是由于历史上乱世南迁的具备正统儒学文化背景的文人，结合本地的瓯越文化，造就了楠溪江人文的特色和双重性格，精神层面的文化内容丰富。精神文化衍生出一系列文化行为活动，如节庆活动、祭祀表演、服饰工艺、饮食习惯等。这些都构成了特殊的行为事件，并对楠溪江传统村落景观的空间环境特征产生了一定的影响。

2）从生态学角度认识楠溪江传统村落景观

从生态学的角度来看，楠溪江传统村落景观生态系统主要由人工聚落和自然环境两部分构成，其中人工聚落和文化学中的物质文化有本质上的类同。人工聚落是以人口为中心，以生产活动和社会活动为途径，形成人工设施和景观系统。同时，自然环境为聚落的生态系统提供能源和空间形态框架，是生态系统得以维持的物质基础。其中，以民宅为中心的人工设施是居民对自然环境能动适应的结果，它以改善居民生存物质条件为目标，并成为当地历史与文化的物质载体（图2-3）。

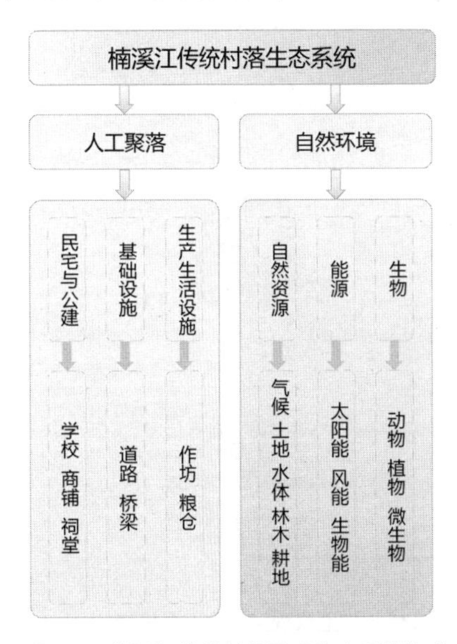

图2-3 楠溪江传统村落景观生态系统构成

3）楠溪江传统村落景观文化生态系统

文化学与生态学彼此影响、共同作用、相互联系而共同形成了一个有机的整体，我们称之为聚落的文化生态体系。研究分析楠溪江传统村落景观，发现其是一个以耕读文化和宗族文化为核心，民宅为主体，以自然资源为基础，辅以人工环境与人工构筑物的半人工、半自然的生态系统。它是由“景观空间环境”“文化”和“人”三者共同组成的一个互动的系统，称为“楠溪江传统村落景观文化生态系统”。

楠溪江传统村落景观文化生态系统的结构可分为四个圈层。第一圈层是人，具有适应环境和改造环境的能力；第二圈层是“广义”文化，体现为人的社会组织、生产技术、文化艺术等；第三圈层是空间环境，作为景观文化基因的外在表现与载体，包含自然环境、人工环境、生物环境三个部分；最外部的第四圈层是楠溪江传统村落景观空间的外部支持环境，负责整个系统的新陈代谢与能量交换（图2-4）。

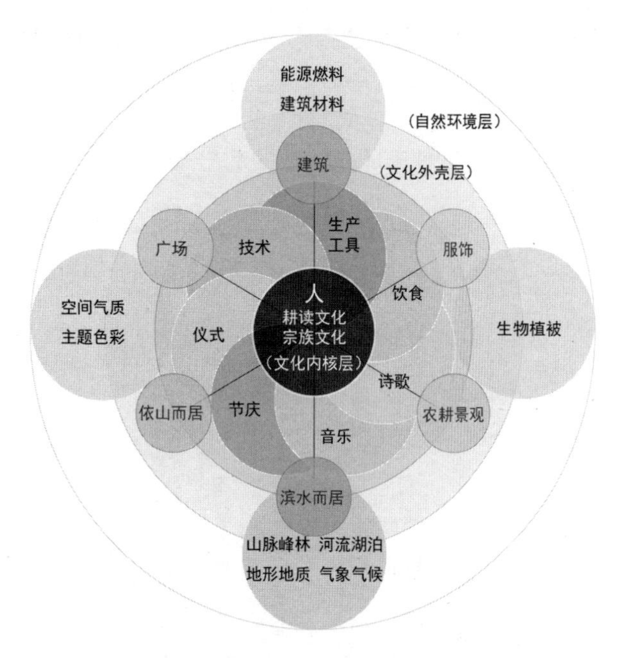

图2-4 楠溪江传统村落景观文化生态系统结构

2.1.3 楠溪江传统村落景观的文化生态环境分析

1）自然环境

（1）地理区位

楠溪江流域处在东经120°~121°、北纬28°~28.5°之间，是浙江省温州市北部永嘉县境内的四大水系之一。流域面积约2472km²，干流由南向北曲折流经约145km，在今温州市北岸注入瓯江。其水流形态呈树枝形，各条支脉之间又夹合着楠溪江的七大支流，蜿蜒流转至中部的干流。大支流有东侧的珍溪和大楠溪等，小支流有西侧的小楠溪和鹤盛溪等。

（2）地形地貌

据《永嘉县土地志》记载，楠溪江流域属火山岩山地丘陵区，境内整体地形为封闭袋状，地势北高南低，呈现出两山傍水的宏观地貌形态。东侧以北雁荡山脉为界，西侧是括苍山脉，南侧有瓯江流过，两山风景绮丽如画。中间是峡谷平原，植被覆盖率极高，素有“八山一水一分田”之称。楠溪江上游溪深林茂，飞瀑成群，地势险峻，海拔多在700m以上；中游溪水清可见底，地势平坦，河谷开阔，海拔大多不高于500m，串联着大大小小的盆地。流域内多见冲积盆地与河谷平川，传统村落大部分就零星散布于此。其中两岸较大的盆地河谷坐落着以岩头村、枫林村、芙蓉村、苍坡村等为代表的大型富庶的村落，稍小一点的盆地有豫章村、溪口村、渠口村、花坦村和廊下村等。

（3）气象

流域地处亚热带海洋季风气候区，受到亚热带海洋季风气候的影响，加上东、西、北三面雁荡山系与括苍山系的阻隔，通常四季气温分布不均。1月份平均气温为8.5℃，极低气温-4.2℃；7月平均气温为29.1℃，极高气温40.5℃，年平均气温大概在18.2℃。年降雨量1500~2000mm，气候温暖而湿润。夏无酷暑，冬无严寒。在夏秋交替之际便有台风肆虐，彼时豪雨如注，江水暴涨，极易给庐舍、牛羊、庄稼造成灾害。但台风带来的暴雨正好能解除该地区常有的伏旱。

楠溪江流域两岸水田平阔，土壤肥沃，灌溉便利，易于农业生产，宜生长亚热带常绿阔叶林。在当地生长着大片的毛竹林、松杉树、枫杨和乌桕，除此之外浅山坡和丘陵上还遍布香樟、油桐、油茶、板栗、杨梅、柑桔和柿子等经济特产林。

2）人文环境

（1）经济因素

永嘉自古以来工艺先进，商业繁荣。隋唐、五代时期，温州作为中外商船进出停泊的沿海港口之一，盐业、酒业、茶业相当兴盛。北宋时，温州一带的经济已相当发达。时至南宋，温州以产漆著称于世，被誉为全国第一。明清以来，永嘉黄杨木雕、竹丝盆景、十字花台布等手工艺精品畅销海内外，声名远播。到了清代中叶，永嘉的商品经济继南宋后再度形成相当规模，楠溪江的面貌也因此大为改观。改革开放后，永嘉的小商品大市场、小商人大流动和小生产大流通令世界瞩目。如今，温州人的经商大军遍布海内外。

尽管永嘉的工商业取得了一定的发展成就，然而地域偏僻、交通闭塞的楠溪江流域在普受“厚本抑末”封建社会思想的影响下，还是以自给自足的农业经济为主，商品经济还很原始。在这种初级的商品经济的刺激下，楠溪江流域两岸发展了手工业，并且产生了相应的手工艺专业村。如有船户专业村、造船专业村、建筑工匠专业村、制粉干专业村等。

（2）耕读文化

古代楠溪江流域虽然地处偏远，却有幸在历代有一群高文化水平的文人雅士来此，他们躬身于礼乐教化，促成了楠溪江流域的蔚然文风。楠溪江流域在晋、宋两次人口北南大迁移，使不少仕宦人家迁居楠溪江。他们世世代代在此繁衍生息，逐渐形成家族聚落，凭借文化优势和经营能力形成支配楠溪江村落文化生态的社会结构。“读可荣身，耕可致富”成为他们宗族的传统并世代相袭。乡绅亲自开设学堂，教授族中子弟读书修身的事迹几乎在每个村落的宗谱里都有记载。半耕半读便作为一种重要的生产生活方式推动着楠溪江流域文化的发展，维持着宗族社会的传承，形成人文生态环境的一个重要组成部分。

耕读文化的理想深入到以楠溪江中游为代表的各个村落，在村落规划与乡土建筑中，塑造出一种文人雅士特有的恬静雅致和乡民浓厚的山水情怀。反映在村落景观结构上，就是文教建筑的普及。这些文教建筑由宗族和房支以科考入仕为目标兴办，有书院、私塾和义塾等类型。如溪口村的明文书院、岩头村的水亭书院和私塾森秀轩、苍坡村的私塾水月堂、芙蓉村的司马第里的私塾等。建筑以素木蛮石、粉壁青砖构筑，简朴天然（图2-5）。

图2-5　溪口村的明文书院

（3）宗族文化

在中国社会文化发展史上，宗族文化始终表现为村落文化生态的一个非常重要的“基因组合”，可以说传统村落是在一定的政治动机和经济关系下由人们经营空间所形成的产物。村落虽然由郡、县、乡等各级行政机构来管辖，但实际上在以血缘关系相连接的传统农业社会中，宗族组织才是主体。

楠溪江流域的村落和江南地区大多数汉族居民的村落一样，大多数是以父系血缘关系为纽带的宗族村落，家族观念非常强。一姓氏一宗族聚居形成一个自然村落，并成为一个相对封闭的社会单元。宗族礼制内有严格完备的族规和家训，起到规范村民的思维方式、言行举止和价值观念的作用，深刻影响着村落的社会伦理秩序。在村落的建设和发展上，这些村落大多有着综合统一的规划并且在很长时期里坚持后续管理，比如楠溪江中游的村落里分布了若干大小不等的祠堂，并以此作为整个村落的大型活动中心。

3）楠溪江传统村落景观的基本类型

楠溪江中上游的传统村落景观分别有两种类型：其一位于中游地区，蕴含着浓厚的耕读意境；其二位于上游地区，以山水田园为景观类型。这两种类型展示了人与自然景观、聚落景观、非物质文化景观之间的关系。

以耕读意境为主的传统村落景观大多数集中在中游河谷盆地。人们依托地形优势在此建设村址并进行生活生产活动，逐渐形成了具有一定经济、社会、文化联系的景观区域。规模较大的有中游地区的岩头村、芙蓉村、苍坡村等村落。这些区域内的村落深受耕读文化和堪舆文化的影响，发展出丰富的人文环境，在村落格局上表现为具备规整的街巷网、精巧的民居、丰富的公共建筑和完整的边界防御系统。

以山水田园为主的传统村落景观则多见于楠溪江上游，有上坳村、林坑村、黄南村、屿北村等。此区域山高谷深，村落和农田发展受限于地形。因此上游各聚落与自然环境的关系更为紧密，体现在村落格局、建筑形制、建筑风格等方面。

2.1.4 楠溪江传统村落景观的文化生态资源分析

楠溪江传统村落文化生态系统是自然环境和人文环境相互作用的结果，既表现出具体的物质形态，也反映出丰富的人文内涵。楠溪江传统村落景观文化生态资源，以环境风貌结合农耕景观的自然景观要素，传统民俗结合工艺活动的非物质文化景观要素，空间形态结合景观结构的聚落景观要素。这些要素共同构成楠溪江传统村落景观的文化生态系统。

1）自然景观

（1）总体环境风貌

楠溪江流域以丘陵山地为主，水资源丰富。楠溪江的传统村落和农田大多沿河分布，亲水性极强。同时为避免受洪涝灾害，建村时与河流保持了一段距离。中游区域主要河道边的村落及农田在地势平坦的冲积平原上形成相对集中的聚落组团，而上游区域位于狭长山谷之中，村落和农田分布显得较为分散，混合散布于狭长的相对平缓的谷地中。村落具体朝向和农田规模同样基于地形考虑，串联村落的道路则根据地势坡度和村落方位变换出现在河流两侧。整体聚落网络呈现出分散、独立、灵活的特征（图2-6）。

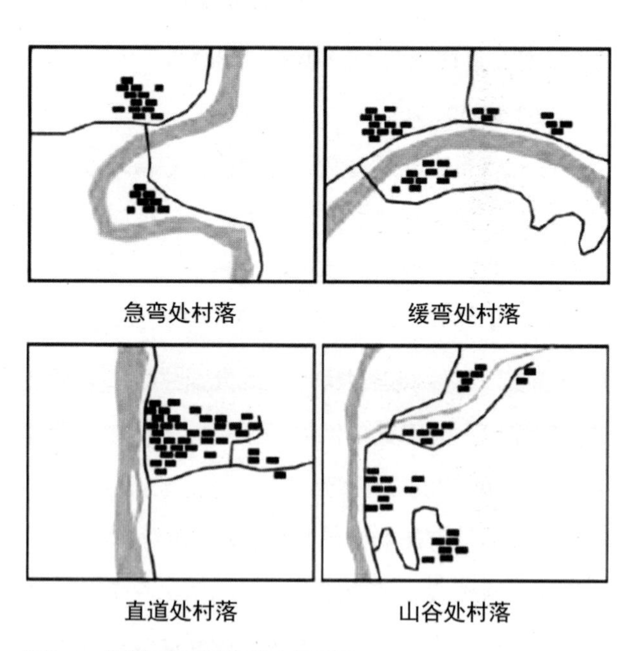

图2-6 楠溪江村落体系分布示意图

在环境景观格局方面，楠溪江传统村落注重以塑造自然山水的主题，构建出山地居耕结合的田园耕读环境。从村落外部远观楠溪江传统村落的整体立面形态，可以看到建筑群体依附山峦走势，建筑轮廓线服从于山际轮廓线，加上村内的建筑物形式大致上相近，彼此竖向差异小，呈现出平缓绵延的立面轮廓剪影，有“到处建筑皆依水，屋宇虽多，不碍山”之妙。越过临近的绿色田野和与之接壤的潺动溪流眺望村落，可见耕地、溪流、滩林。村落成为构图中的前景，远处层层叠叠的括苍山余脉汤山和芙蓉峰成为构图的背景，形成远近分明又极具层次感的“田园—水系—建筑—远峰”的景观格局。

因此，自然景观形态具有层层递进的形式美，并随着春夏秋冬的季节和雨雾阴晴的天气变化，甚至于清晨至黄昏的光线变化下观赏，都可以获得各不相同的意境美。楠溪江传统村落的自然环境极大地烘托了村落景观，富有非凡的景观美学价值（图2-7）。

图2-7 楠溪江景观格局

（2）农耕景观

楠溪江流域因受限于地理环境，尤其是深山之间的源头区域，交通不便，经济发展落后，当地村民一直以自给自足的原始农业经济为主。在不同的地貌下，村落周边的农田呈现出不同的分布特点。

上游山地区域峡谷紧窄，可开垦的农田面积有限，范围多限于村域周边的浅山，因此上游地区的耕地形式基本以梯田为主。农田呈斑块状分布，肌理较破碎，大小不均，形式各样。

中游区域的农业生产条件较好，地形平坦、土壤肥沃，农田和村落相对集中分布，呈现出集聚形式。农田尺度相对较大，肌理均匀，分布规则，形式多为长方形。如坐落在楠溪江中游最大的河谷盆地中的芙蓉村和岩头村，四周皆被农田连片环绕。

楠溪江的地形地貌影响了农田的分布和耕地面积大小，进而也影响了村落的规模大小和基址类型。根据陈志华教授对楠溪江村落的研究，楠溪江人在选址阶段通常会根据当时的农业耕种水平和可开垦农田的面积大小，衡量所选择基址是否能满足居民生产生活需求，或者以此来判断村落的发展规模和领域范围，并以人工边界、自然边界或者两者结合的形式对村落边界加以围合。一旦村落的环境容量达到饱和、无法再满足所有人的生存需求，村民就会外流去寻找宜居之地发展新的子村落。通常而言，中游冲积平原中的农田连片而集中，因而村落颇具规模。而上游山地峡谷中的村落发展受限于可开垦的农田面积，村落规模一般较小，分布零散。

2）非物质文化景观

（1）传统艺术

楠溪江村落的传统艺术，包括了书画艺术、工艺美术、舞蹈、戏曲歌剧等不同形式，其艺术种类丰富，形式多样。楠溪江隶属于永嘉县，广为人知的传统艺术有永嘉诗派、永嘉学派、永嘉画派和永嘉昆剧。

其中永嘉昆剧最为著名，又名温州昆剧，活跃于浙江东南沿海地区。依据高腔、昆腔、乱弹、和调的次序，高居该地区四大剧种第二位。永嘉昆剧历史悠久，长期扎根于民间，常常在城乡居民迎神赛会、社火鬼节、神诞佛事等喜庆民俗节日时于村落的庙台上演出，是昔日民间必不可少的娱乐活动。随着历代艺人的不断创造，永嘉昆剧积累了诸多内容丰富、声腔演技独特的曲目。我国昆剧表演艺术名家俞振飞先生曾赞叹“南昆北昆，不如永昆”。永嘉昆剧在2006年被收录进国家级非遗名录（图2-8）。

图2-8 永嘉昆剧

（2）民俗活动

民俗活动可以简单概括为民间流行的风俗，是人们在长期生产实践和社会生活中逐渐形成的可用来约束人们思想和行为的事物与现象的总称。具体表现在饮食、服饰、生产、婚姻、家庭、岁时、节令、丧葬、礼仪、禁忌等诸多方面，其中最能体现民俗文化的是节庆集会类公共活动。楠溪江流域传统村落节庆活动众多，包括重阳节陶公洞胡公爷庙会、端午节吃粽划龙舟、清明节祭祖、拜坟扫墓、二月二十二日枫林武术节、二月十二日上塘娘娘庙会、正月十五元宵舞龙闹花灯等，每逢节庆也是众多村民们返乡聚集之日。

（3）技术工艺

楠溪江流域的科学技术水平在过去漫长的历史时期里都长期停留在手工业制作层面上，涉及制茶、酿酒、编织、制作、建筑等行业，至今仍流传不少蕴含浓郁地域特色的传统技艺。例如在建筑技术方面，由于父子师徒承传，建筑行业的各工种都有专业村，工人身怀多项工艺。大木老司即是工程主持人，也会做家具、农具；泥水老司也垒锅灶并做装饰雕塑；打石老司也做捣臼、磨盘甚至刻墓碑；砌墙老司还要造石拱桥，券地道、铺卵石地。建造过程中，大木老司会画出丈杆，又称“制尺”，再交给各个工人去操作。制尺上面画着整栋房子或者一种构件的全部大小尺寸，相当于施工大样图（图2-9）。

图2-9 房屋内部结构

3）聚落景观

传统聚落景观是区域文化与区域环境的综合体，其景观形态在自然地理条件和人文社会环境的综合影响下逐渐形成。刘沛林从聚落景观识别的角度指出，聚落是指一定人群长期聚居的场所，由街巷、民居建筑、公共配套设施及相关的土地附属内容等要素构成的总体布局，供人们进行居住、交往、游憩等行为，因此聚落具备多功能性。历史上晋、宋年间的两次人口南迁促进了楠溪江传统村落景观文化生态的形成与发展，经受过战乱之苦的移民们为求休养生息而来到楠溪江躲避战争纷扰，同时又期望家族的繁荣昌盛，所以在建设之初就十分谨慎于村落的选址规划。在此之后村落在人文环境和自然环境的协调下，历经千百年与环境的发展演化，成为大地生命机体的有机组成。

（1）肌理形态

传统村落的形态表现为村落在自然环境中呈现出来的平面形态与垂直变化，反映了环境要素对村落的综合影响。从楠溪江流域的地图上来看，其中上游大、小支流遍布，村落普遍依水而建，顺应山势，所以村落形态往往起源于附近的山形水势。从实地调研和资料分析来看，楠溪江传统村落肌理形态主要分为盆地型、山地型和走廊型三种类型。

盆地形：这种村落依托较为平坦的地势，在生产条件上具备优势，进而能发展出较大的村落规模。此区域盛行耕读文风，深刻影响着村落的空间秩序。村落的形态和空间布局比较规整，平面形态集中且方正。水系规划良好，道路四通八达，建筑布局紧凑严谨，村落边界砌筑防御寨墙以保安全。

山地型：此类村落为让出宝贵的耕地而大多傍山坡建造，以主要河流为中心呈现出团型。由于受地形的限制村落面积和可耕种面积比较小，村落的发展较为缓慢。村内建筑比较集中，依地势灵活而建，竖向层次丰富，与周围的环境融为一体，天际线随着山势的变化而起伏。比较典型的村落是林坑，其主要坐落在山谷盆地的两溪交汇处，向心布局呈三角团型。

走廊型：此类村落背山面水，在横向上受到山坡和溪流的限制，外部形态呈现狭长直线型，同样受限的还有村落的规模。村落空间方向性明确，序列感强。村内建筑沿溪排成一个单行。由于面临河流，村落容易受季节性的洪涝灾害侵扰。所以，为避免洪灾人们会在村落的外围砌筑坚实的寨墙和堤坝（图2-10）。

图2-10 村落形态

（2）边界与入口

楠溪江流域的宗族村落有很强的领域观念和自我保护意识，因此尤其重视村落边界设施。边界不仅界定了村域的范围，还作为村落屏障起到抵御外敌和凝聚本村的作用。楠溪江传统村落的边界分为三种类型：第一种是诸如寨墙、拦水坝、防洪堤等由人工砌筑而成的边界；第二种是由山水地形等天然屏障围合而成的自然边界；第三种是由类似山水加寨墙这样的自然地形与人工构筑物组成的边界（图2-11）。

图2-11　楠溪江边界类型分析

楠溪江中游的村落普遍设置一座正门，其余皆为小门。正门被乡人称作“溪门”或“车门”，设在寨墙上并朝向村外大路，以便车马的出入。在多数村落，正门是村里主要街道的起点，小门则连通了村外的农田，方便村民外出农田耕作，因此数量较多。

正门通常很重视造型，一般为木结构，但形式各异，艺术水平很高。如苍坡村的斗栱壮硕而华丽的牌楼式，芙蓉村的三开间的两层阁楼式。小门的形式相对朴素，由块石砌筑，造型多为拱券式、平顶式，或者只是在寨墙上凿出简单的门洞。例如廊下村的东北门和西南门，岭下村、坦下村的寨门等。如今正门大多因年久失修或在扩增村落领域之时被摧毁，现存的大多数寨门都是石券门。

一般而言，在村落入口处常植有大树，这较易形成可聚集村民的公共活动空间。有些村落会在寨墙门洞里或门洞上造礁亭，形成具有防御性的观察嘹望场所；有些村落的寨墙外流通了水渠，形成妇女浣洗交流场所；有些村落寨门旁或者临近的路边修建了凉亭，形成供路人歇脚闲谈的场所（图2-12）。

图2-12　楠溪江村落入口

（3）街巷

楠溪江传统村落的街巷空间容纳着多样的活动，包括商品买卖、闲坐下棋、走亲访友等。推动了步行交通和户外集聚，赋予街巷空间浓厚的生活气息。

地势平坦的村落街巷网络大多趋向方正而规整，呈直角相交，多数形成丁字路口，较少见十字路口。根据作用和规模，村落的街巷可大致分为三级，相互连接，主次分明，功能各异，相互交错而形成村落的街巷网络结构。第一级为主街，基本上每个村落都有一条，形制宽且长，铺地考究。其作为村落的主干道沿村落的中轴线笔直贯穿全村，与村内各种重要节点空间串联在一起，具备较强通达性和仪式性。第二级为次街巷道，往往垂直于主街，作为宅间通道用于连接各居住组团。第三级为巷弄，形成于建筑单体之间，通常与次街连接，尺度狭小仅供单人通行。村内韵味丰富的日常交往场所，往往就分布在三级街巷相交时形成的岔路空间和主街起点空间。

而山坡地的村落，受到地形的限制，街巷网络不如盆地上的那样方整平直。受到沿街多样的建筑形制和宅基形状的影响，而显得灵活多变，妙趣横生。主街在适应基址条件的前提下尽量保持通直，和比较大的次街、巷道沿等高线伸展，它们之间用带有台阶或斜坡的巷弄连接（图2-13）。

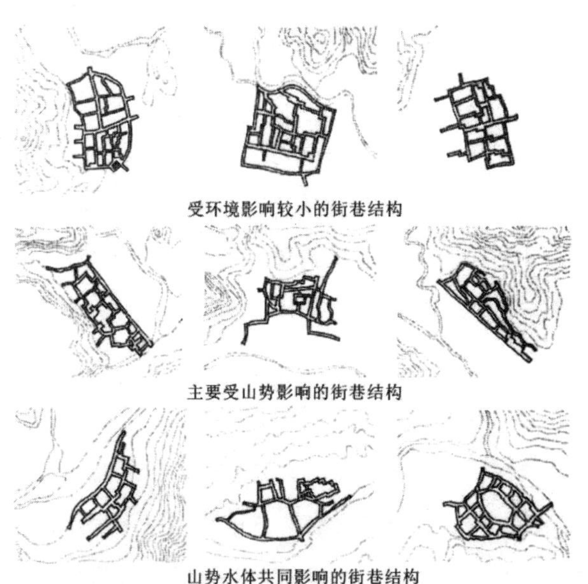

图2-13 楠溪江传统村落街巷结构

在街巷尺度上，楠溪江传统村落的街巷空间整体给予人适度平和之感。主要街道路面宽敞，多在3~5m左右，次街巷道宽度在1.5m左右。根据原义信《街道的美学》中原理，楠溪江传统村落的主街形成的街景通常给人明亮开敞之感，次街巷道则显得亲切而生活氛围浓郁。而巷弄虽然尺度狭小，但其穿行于住宅之间，掩映于竹树之中。巷弄空间存在丰富的绿化、层叠的披檐和沟渠等多层次活跃的元素来减轻压迫感，反而赋予街景以诗情画意的美感。

楠溪江传统村落的街巷在选材和铺装上也颇为讲究。该地区因漫长的雨季而非常重视路面铺砌和排水。大路小路都铺上石头，横断面呈平缓且不完整的弧形，有利于向两侧的沟渠里排水，以免路面积水。这些路面美观大方，环保经济，渗透性好，有利于水土保持。

在街巷的路面铺设上大致有卵石路面、规则石块路面、路面装饰三种形式。其中，卵石路面常与条石结合铺砌，用在比较重要的干道和商业街上。条石沿道路的中线铺砌，两边纵铺卵石，在视觉上强调道路的方向性和引导性。规则石块的构造做法与卵石路面大致相同，它是人工稍加打凿后显得比较平整的石块，也多用于村内主干道上。铺法有平铺和“人”字斜铺两种。近年重新修缮村落路面时多倾向于选择此类形式进行铺设。路面装饰则作为艺术点缀，在石路面铺设到一定长度后，用彩色卵石配合大小薄砖嵌出图案来丰富路面，比如几何、花纹和字样等。一些图案的选择还出于吉祥意义的考虑，如芙蓉村东门路面的铜钱纹图案和苍坡村溪门地面的太师帽图案，这些反映出人们祈求读书进仕升官发财的愿望（图2-14）。

主街

次街

巷弄

图2-14　路面铺砖形式

（4）水系

自古以来，水都是农业生产的命脉。水系的规划历来是楠溪江传统村落建设的核心内容之一。水系的功能包括日常生活的水源供给、生活污水和雨水的导流排放、消防防旱用水的蓄留等。农田水系和村落水系通常是统一规划的，供水和排水都靠自流，在流向上颇为讲究。按照堪舆家的说法是“凡地西北高东南下水流出辰巳间吉”，即自西北进从东南出为吉。因此在规划水系前，人们会观察好村落地势的走向，由此决定可让水系自流的出入口位置。楠溪江传统村落的水系主要包括了沟渠、水井和池塘。

村落的引排水深深依赖着系统化的沟渠，因此沟渠系统就成了村落规划的先决因素。楠溪江传统村落的沟渠通常依傍主要街道的一侧或两侧，分为明渠和暗渠。明渠是村落主要给排水形式，暗渠多在明渠跨路相接处或者窄巷沿边，大多承担排泄污水和雨水的功能。水渠分团块组成系统，先从西北进村，接着汇入水塘，最后流出村外，遵循了风水学中“切忌去水无情”的说法。

水井是传统村落中不可或缺的基础设施。大多数井边布置了相对宽敞的井台空间，面积较大的井台空间旁还植有大树，以便村民取水和进行社交活动。对于忙于劳作的妇女来说，也相当于日常生活中重要的社交空间。水井通常散布在村中各地，公共场合和民宅院落皆有分布（图2-15）。

池塘多见于楠溪江中游的村落，常放置在村落的中心区域或者东南部，来汇储由水渠输送来的洁净水源。其作用除了供洗涤等日常用途之外，更能防火抗旱。池边空间开阔，周边环绕了活动场地，在村子里造成空间的开合变化，由于水池特有的美学品质，所以它们通常成为村内重要的环境因素。

（5）公共园林

楠溪江流域的大型公共园林是其村落景观最大的特点之一。公共园林在村内的位置并不固定，空间规模也大小不一。小型的公共园林依傍着街巷而具有通达性，大型的公共园林则多见于开敞的平地

图2-15 村落水系结构

图2-16 芙蓉池和芙蓉亭

村落，往往与许多公共设施集中成为村落的公共中心。例如苍坡村的东南角入口处主街南侧，集中了太阴庙、李氏大宗、望兄亭、水月堂和溪门等观赏性很高的礼制建筑和文教建筑。园林中水系、建筑、古树交相辉映，形成村内的礼制中心，集礼制教化和休闲活动功能于一体。因此公共园林极具艺术价值，并与村民的日常生活紧密相连。同时还具有重要的过渡街巷空间与礼制空间的作用，在扩展了街巷空间之时还巧妙连接了彼此，大大丰富了景观空间的层次性（图2-16）。

公共园林作为公共基础设施，具有极强的实用性。建村之初规划者们统筹考虑了自然环境和风水堪舆，通过公共园林的兴建，将楠溪江的山水风光引入村落。其空间要素主要有公共建筑、主要街巷、水体和绿化空间。各种元素和谐交融，形成节奏分明、层次丰富的村落景观。其中最著名的是芙蓉村的芙蓉池和芙蓉亭，它们位于主街如意街的中段南侧，西邻芙蓉书院。芙蓉池长宽尺寸分别约为48m和18m，建筑物沿池边布置，边界清晰确定，空间形态完整，具有向心力。芙蓉亭则伫立在水面中央，人工构筑与自然景色相互交映，水亭周边设美人靠，以便村民闲坐聊天。池子的南北两岸设置石级和石板，供妇女们搓洗衣服。整个场所的使用人群层次丰富，共同构成一组和谐的村落社交景象。

（6）院落空间

院落空间是聚落内部空间的核心内容。院落与单体建筑有相对应的关系。私家宅院满足村民生产生活的需要，而公共建筑里的祠堂、庙宇、书院等则为村民提供了公共的交往场所。楠溪江流域的乡土建筑，在耕读生活和山水情怀的文化氛围和价值取向下，达到了“清水出芙蓉，天然去雕饰”的审美境界。善于利用天然材料的本形、本性、本色，使建筑与环境和谐，形式自然，披檐轻巧，屋顶翘曲，显得意韵淳厚。

传统民居是楠溪江建筑风格的代表。在村内建筑数量上占据了绝对地位，所以也决定了楠溪江乡土建筑的风貌。从整体上来说，楠溪江传统村落的民居依山傍水沿河而建，悬山式两坡屋顶伴随着人型为主的起翘山墙。平面布局多呈工字形或单列式，辅之以山水花鸟类和民间信仰为主题的各种装饰绘画，除山墙为青砖、墙基垒蛮石、屋顶盖青瓦之外，其余外部均以天然木结构为特色，充分展现出楠溪江流域“不尚浮靡”的风尚。

楠溪江中游村落由于条件优越，村落发育完善，传统民居形制以中规中矩的三合院式为主。另外还有一种变体：加一个不大的后院，在平面上呈“H”形。三合院式民居的基本模式是在前院墙正中设院门，一正两厢三开间，多为两层阁楼。房屋的总进深很大，分前后间。正屋和两厢的山墙面以及后墙大都仍旧作木板壁，并开了门窗，整幢房子没有封闭的外墙。前院宽敞，地面满铺块石和卵石，既能在晴天晾晒庄稼粮食，又可在雨天通畅地排水，与浙中、浙西、皖南、赣北，甚至云南、四川的传统民居那种狭小的天井大异其趣。正是这些宽敞的院落、不高的院墙，和四面皆有的门窗一起，使楠溪江流域的传统民居摆脱了封闭性而显得更为开敞和明朗。

相比之下，上游的村落为了适应山地地形，普遍采用灵活多变的条形民居建筑。条形住宅多为五间或者七间的小型住宅。虽然如此，但造型并不单调，甚至较于三合院式更活泼开放和富有创造性。以上游林坑、黄南和上坳三村为代表，它们的条形式民居的宅基进深不大，大多宽而浅，仅单层，房屋四面板壁，开直棂窗，偶尔有门。其重要特点之一是堂屋前都有敞廊，院落不筑外墙，房前屋后种树栽竹。这为村民提供了多种生活空间，也衔接了优美的自然景色，使房屋和环境相互渗透。家家户户把生活场景赤裸裸袒露在人们眼前，毫不遮掩，让人觉得整个村子都和蔼可亲（图2-17）。

图2-17　山墙天际线

民居形制无论是三合院式还是条式，在建筑立面上皆表现出朴素生动的景象。屋顶青瓦形成重檐式样，屋脊、檐口和山墙屋面的侧缘，曲线流畅舒展，以简洁的手法造成优雅的翘曲。其屋脊左右出山，前后出檐，前檐短而后檐长，既能保证通风采光又可避西北寒风，立面上更显得轻盈飘逸。其中山墙是民居最优美的部分，深色的木构件带着自然的弯曲和裂纹，在粉壁上画出对称方格图案。结合山墙上部两坡屋顶的精致曲线和它轻逸飘洒的上升动势，使山墙的构图最终达到了完美境地。造成了建筑群的空灵轻盈，使村落轮廓线跌宕起伏富有节奏变化。

在建筑材料的选取上，往往就地取材，择蛮石和原木，保持其自然的形态。原木制成轻盈细巧的木架构，不加掩饰地展现在粉白的山墙面上。墙垛和院墙以鹅卵石和蛮石砌成。年代久远的老式民居，除了房檐的青瓦上有雕花和镂空的木窗之外，少有装饰。晚期建成的一些民居带有一定雕刻装饰，有窗棂、门楣、雀替、花窗等精雕细刻的雕刻花板，无不精美绝伦。其中最能表现楠溪江流域人文背景和文化特色的，是民居的塙扇装饰中大量使用的“笔墨纸砚”“琴棋书画”和“渔樵耕读”等题材。这些题材内容丰富，样式大致有人物、动物、植物、器物、自然景物、几何形和文字等，有吉祥、喜庆、教化之意。

公共建筑是楠溪江耕读文化的物质表现之一，普遍分布在楠溪江中游村落中。类型主要包括礼制建筑、崇祀建筑、文教建筑等。

宗祠作为中国古代礼制建筑的主要象征，包含了宗教观念、宗族制度、伦理道德以及人们在社会生活和审美趣味方面的特点与个性。它意味着宗族或其支派在经济、社会和政治生活中的地位，因此在建设上受到广泛的重视，足以代表楠溪江流域过去的建筑成就。宗祠的首要用途是供奉神主，并为了敬祖酬神而按时举行祭祀或演出戏剧，也常被用来做议事厅以讨论和处理有关全宗族的大事。因而其融合了上层的雅言文化与下层的民俗文化，并成为村中礼乐教化的中心。

通常来说，宗祠对村落的布局起着统领全局的作用。在布置上多处于村落主要入口或地标中心，这些地方交通便捷，道路网以宗祠为中心通达向村内各处。例如芙蓉村以陈氏大宗为主体，将其设置在溪门进处，由溪门、演乐台和祠前广场共同组成芙蓉村的礼制中心。

若说宗祠是血缘村落里最高等级的公共建筑，书院则是科甲连登的希望所寄，它与宗祠一起最直观地体现了楠溪江流域的耕读文化。两宋以来，永嘉文风鼎盛，书院盛极一时。一般而言，书院选择构筑在村子边缘山清水秀、环境优美的地方，偶尔有坐落在村内的公共中心，如芙蓉村的芙蓉书院和苍坡村的水月堂，也有的借用祠堂和庙宇改建（图2-18）。

图2-18 芙蓉村陈氏大宗祠

明文书院作为楠溪江流域最早的书院之一，为二层楼阁式建筑，呈“工”字形，四面开敞，正脊南北走向，正座五开间，南北两端前后出轩，形成东西院落。两轩的屋顶向西作歇山，檐角飞檐。从西侧村口望去，立面轮廓生动，线条明畅。而芙蓉书院地处芙蓉村中心位置，创建于南宋，重建于明末，是楠溪江流域唯一保有完整格局的书院。建筑形制古朴庄重，规模虽然不大，却有照壁、泮池，仪门、杏坛、讲堂，格局较为正规。书院高墙林立，仅在北面开有一正门面向长塘街，故内院封闭。南侧顺南墙展开大花园，园内竹林清幽，假山旁流经弯曲水渠。意蕴丰富的自然景观由此展现在这咫尺方寸之园，体现了楠溪江古代莘莘学子心中的山水情怀（图2-19）。

图2-19 芙蓉书院

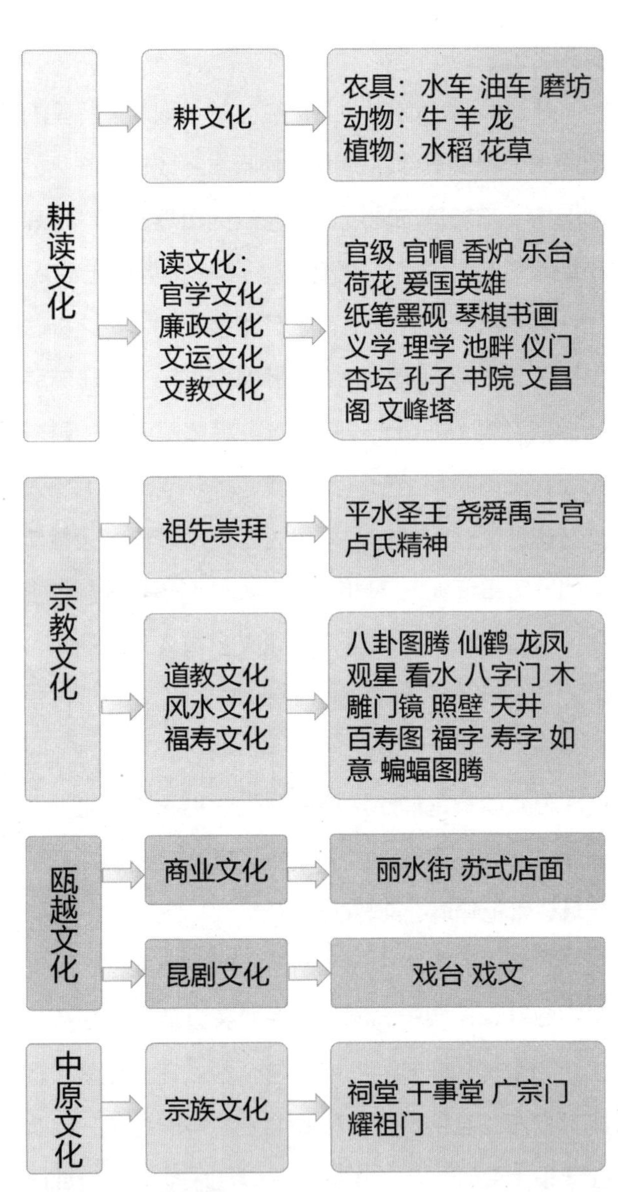

图2-20 楠溪江景观基因

4）景观基因

依据刘沛林教授提出的传统聚落景观文化基因的概念，识别楠溪江传统村落景观的基因，大致从民居特征、图腾标志、主体性公共建筑因子、环境因子和布局形态五个方面进行阐述。楠溪江传统村落的景观基因分为耕读文化、中原文化、瓯越文化、名人轶事和宗教文化等。其中，耕读文化包含耕文化和读文化两种文化类型。在元素提取上，耕文化表达为农具、动物、植物等文化符号；读文化则衍生为科举文化、官运文化、文运文化等子文化，表达为笔墨纸砚、太师帽、孔子等文化符号，外化物包括有为乐台、书院、文昌阁（图2-20）。

5）楠溪江传统村落景观文化生态现状问题分析

楠溪江传统村落在历史发展演进过程中，在传统宗法制度之下有耕有读，带来传统经济、瓯越文化的稳定发展，文化生态系统相对稳定。然而在现代化进程下，村民开始走出村落，到外面的世界谋生。曾经为村落挡住历朝历代战乱的山水，如今却因交通不便而成为村落融入现代化的障碍。随着时间的流逝，楠溪江传统村落的生活文化产生巨大变化。村落原有的规划格局也逐渐被改变，大量传统文化场所风貌破损，历史建筑年久失修残破不堪，村落发展活力不足，文化生态系统失衡问题严重。

（1）文化生态整体特色消失

随着现代城镇化进程的快速推进，楠溪江传统村落自然生态环境和人文生态环境和谐共生的关系正被逐步冲击，造成楠溪江传统村落原有的鲜明文化生态整体特色逐渐走向衰败。

在整体规划上，楠溪江传统村落受温州市城市功能组团辐射影响，村落内部新建了大量功能多样的现代建筑，穿插于传统风貌建筑周边，致使村域的空间不断地被侵蚀，造成村落“新旧关系”的逐渐对立，同时伴随村落人口的增长，原有的村落空间容量难以承载新生活方式的需求，人地关系日趋紧张。许多村民按照自己的意愿，随意将自家菜地设为新的宅基地，而新建的现代建筑并未随着山势走向因地制宜。导致村落空间形态的连续性与整体性被破坏，大大影响了村落房舍和山形水势和谐统一的形式美。

（2）文化生态特征失衡

村落的文化生态特征是村落文化在空间形态上的集中体现。楠溪江传统村落景观的文化生态特征失衡主要体现在街道尺度、建筑形态与天际轮廓线的变异上。

楠溪江传统村落的建筑层数多为1~2层，与街道的*D/H*值和谐舒适，非常符合街道美学尺度。但在村落的一些街巷中，伴随经济的发展，居民的出行方式已经升级。街巷空间已经不仅仅只是作为步行交通功能，还要供非机动车甚至机动出行，这些新的需求普遍增加了街道的尺度。加之沿街修建了多层建筑，这些大体量的现代建筑挤压着原有的街巷整体空间，与邻近的传统街道尺度形成反差。

另外在一些传统居民区内，狭窄的巷道随着传统住宅的破败和村民的迁村而鲜有人问津，铺砖年久失修，路面遇水后泥泞不堪，随着时间的流逝默默消失在林立的楼层间。这不止改变了街巷尺寸，还渐渐改变了街巷空间原有的功能。

建筑形态的冲突具体表现在建筑体量和布局方式的变化。楠溪江传统村落内传统建筑的体量较小，布局紧凑。而穿插在传统建筑四周的现代建筑体量较大，前后幢间距很小，布局松散无规律，没有考虑与传统建筑的呼应，与传统建筑形成鲜明对比。导致新老建筑在空间形态和图底关系上极为不协调，新形成的现代空间与传统空间结合的街巷，以及院落空间无法建立相关联系，随意性极大。

天际轮廓线是建筑群组以及其他物体以天空为背景所构成的剪影。楠溪江传统村落天际轮廓线的形成，依托于自然地形、建筑体量、建筑风格等要素，建筑形制低矮，体量相近，竖向上的高差变化小，不与山争高，借助周边得天独厚的山势走向来塑造优美的轮廓剪影。受新建房屋的影响，楠溪江传统村落天际线越来越失去其原有的构图与造型（图2-21）。

图2-21 天际线的破坏

（3）文化生态“物种”衰败

文化生态“物种”主要指在楠溪江传统村落发展历史过程中，在长期自然和人为选择下不断生长而成的、最能代表楠溪江村落风貌的特色传统建筑。它们与村域文化生态环境保持着和谐共生的关系，尤其是传统文化建筑坐落村内核心区域，赋予鲜明的场所精神，并为村民们提供了一些公共的交往场所。然而现存的传统建筑大多年久失修，濒临倒塌，相关基础设施也跟不上现代城镇化建设，导致无论是生活环境还是居住质量都出现了衰退迹象，难以满足村民与日俱增的对改善居住水平的渴求。无序拓展和改建导致传统建筑逐步走向衰败。

村内新建的民居不再使用天然的乡土材料建造，失去了乡土材料所特有的地域风貌。不仅如此，由于村民长期在外生活，对乡情、乡愁逐渐淡化，加上保护意识的缺乏和特色文化建筑保护措施的不当，致使村内一部分作为文化载体的历史建筑同样面临严重衰败的问题。如苍坡村内的仁济庙、李氏祠堂，其都是楠溪江传统村落文化生态系统中的特色文化建筑，承载着传统村落民众的精神信仰。李氏祠堂摆满的文物都被偷窃一空，甚至宗谱也被偷走倒卖；仁济庙因历史原因几度惨遭损毁和废弃。承载民众生活文化记忆和精神信仰的传统村落风貌，就这样被拆解得支离破碎。

（4）文化生态环境的破坏

楠溪江传统村落文化生态环境的破坏表现为山水格局的残缺。其经过村落初期的选址以及长期的历史演进形成了较为稳定的景观格局，反映的是楠溪江人文与环境和谐相融的“天人合一”的自然生态观。然而聚落的开发深刻影响着村落景观原有的文化生态环境，在这个过程中人类力量表现出压倒性的强势，破坏了人文与生态环境之间原有的平衡关系。

例如苍坡村新建的多层建筑挤压村域北部滨河空间，将村落入口处天然的荷花池填埋，以新建游客停车场，后又生硬挖凿了人工池塘，却已不复昔日的池映荷花美景，造成滨河生态景观的不和谐，进而破坏了苍坡村文化生态景观“显山露水”的景观格局（图2-22）。

图2-22　苍坡村人工池塘

（5）文化生活变迁

作为农耕文明的产物，曾经在楠溪江流域备受崇尚的宗族文化和耕读文化，在工业化和城市化的影响下，逐渐被打工文化所替代。村落民众无法抗拒当代城市新的现代化生活，经济条件较好的原住居民迁出，留下的居民无心也无力去维护村落，致使原有的生活氛围逐渐淡化。被影响的还有楠溪江传统村落的民俗文化活动，如祭祖、做戏、庙会等仪式活动都逐渐消失。

共同的精神信仰是村落文化的重要组成部分，共享的村落文化则是维系村民群体意识的关键。楠溪江传统村落文化生态氛围的淡化，推动村落愈来愈向城市社区接近，传统的熟人社会正在缓慢地被一种类似于城市社区的人际关系模式所取代。原本的“熟人社会”是许多村民重要的情感依托，也是他们乡愁的牵挂之一。现在由于村落社群意识已经被现代化和城市化稀释，村民对昔日家园慢慢地丧失了感情乃至归属感。

从某种意义上说，村落生活文化发生变迁是必然的，但是村落记忆不能随着村落的物质文化或精神文化的变迁而流失殆尽。村落景观不论如何升级换代，还是需要在情感上或文化上具备认同感，这样村落的文化生态氛围才能显得耐人寻味。

2.1.5 楠溪江传统村落景观文化生态设计

1）设计原则

（1）以地域文化为主导

即使同属于一个聚落景观区域，楠溪江流域的200多个传统村落也不存在完全相同的情况，这正是源于地域文化主导下所产生的村落景观独特性。特别在目前新农村建设和文旅开发热潮中出现的“千村一面”局势下，更要遵守文化主导原则，尊重地方文化特色尤为重要。为保持楠溪江传统村落景观的独特性，在其保护与改造设计前需要对原有的文化生态系统进行调查研究，深入挖掘其景观信息元素并合理应用，其中包括聚落空间形态、建筑形式、建造材料、景观环境、场所精神和人在场所中的体验等，以便更好地体现出村落的原乡气息和传统人文气息，增强村落的文化活力，逐步恢复并提升其文化生态特色。

（2）整体性、系统性原则

多元共生在楠溪江流域文化生态系统中主要体现为文化生态物种的多样性及互相制约协调发展，反映出该系统构成要素的丰富性和复杂性的特征。所以，除了把历史建筑、聚落的空间格局等饱含文化内涵的村落风貌、特色物种纳入重塑研究的范围内，还包括对聚落周边山水环境的生态恢复与建设。要统筹考虑其历史空间、历史建筑、文化环境等在公共空间环境中的整体使用以及土地的综合利用。所有景观构成要素都与整体紧密相连，要把它们看作成统一整体进行保护和改造，强调楠溪江传统村落文化生态系统中各个要素在其景观空间上的共生性，保护其文化生态系统的协调性与包容性。

（3）可持续的动态原则

楠溪江传统村落景观文化生态的演变是一个历经自然规律和无序交织而成的动态过程，也是自然地理环境和人文社会环境相互适应最终达到和谐共生的漫长过程。而目前社会高速发展，导致原有村落景观文化生态不可避免地发生剧变。因此，传统村落景观的设计应建立在对村落景观文化生态的结构、影响因素、发展规律与矛盾等方面充分研究的基础上，正确引导本土传统文化和现代城市文化的融合，利用传统村落的环境优势与文化优势，在城乡融合的过程中提高传统村落的竞争力。

2）楠溪江传统村落景观设计目标

（1）推动文化旅游的发展

村落文化、空间环境、产业经济互为支撑，缺一不可。其中产业经济是村落文化和空间环境建设的经济基础。结合国家全域旅游的战略，适当的旅游开发能为传统村落的复兴带来契机。为实现旅游带动楠溪江传统村落经济发展的同时又满足村民安居乐业的目标，利用楠溪江流域悠久的文化生态优势，形成生态经济理念。因此定位以居住和文化休闲功能为主，以旅游度假服务和休闲农业体验功能为辅，坚持统一经济效益、社会效益和环境效益。设计需要合理利用历史文化资源，有效整合和激活其原本的居住功能、游憩功能和道路交通功能。改造过程中，设计师充分尊重和了解村民改善居住条件的意愿，营造生产生活一体化的村落景观，最终使村落成为社会文化、产业经济与空间环境相协调的可持续发展的历史文化名村。

（2）恢复景观的历史记忆

乡村生活、生产场景，反映了传统村落内富有生机的生活，反映了有别于城市的村落特色，也是乡情、乡愁的由来。因此，在村落景观设计中可以适当再现或复原这些生活场景，用情景化设计的思路对村落景观实施更新和保护，保持村落格局风貌，以相应的景观点作为载体来呈现村落的历史记忆。在此基础上，对于可以继承与传播的核心文化基因符号进行挖掘和提取，继承历史的文化生态特色，使楠溪江传统村落成为格局完整、人文浓厚且富有生命活力的历史文化名村。

（3）满足人文与生态协同发展的要求

从宏观上说，保护自然资源和文化资源是重中之重。通过规划充分表达景观价值和特色，丰富充实文化内涵，维护原有历史景观风貌，保护自然生态环境。同时，为了满足楠溪江传统村落整体管理和发展的需要，完善公共服务，加强建设乡村基础设施，优化人居环境，提高生活质量，使其成为宜居生活的传统村落。因此，从整体性、可持续发展等角度出发，围绕村落生态和居民的生产生活展开，对楠溪江村域既有生态环境及周边环境景观加以整体保护，维系村落与周边自然农田景观的相互依存关系，规范和清理对整体风貌构成不利影响的因素，重现原生田园风光，以提高楠溪江传统村落的审美价值。

3）楠溪江传统村落景观设计内容

（1）文化基因

传统村落中蕴含着独特的文化基因，是一个地区或民族文化价值的共同基础。文化基因控制着非物质文化的传承与发展，表现为传统村落的物质空间环境，是村落景观产生与发展的根源。基于对楠溪江传统村落景观文化生态系统的解析，其文化基因主要是指村落传统民俗、传统工艺、文化思想等非物质文化元素。楠溪江传统村落大多追求“文运昌盛”的聚落选址与布局，蕴藏着浓郁的中国传统宗族文化基因，结合村内文教建筑和村外田园景观体现出强烈的耕读文化气息和亲近自然的文化传统。这些传统文化基因受到城市化进程的冲击而逐渐淡化甚至消失。为重现楠溪江传统村落昔日的文化繁荣，使这种宝贵的非物质文化基因得以复兴和延续，关键在于深入挖掘和提炼文化景观信息元素。

（2）生态环境

自然生态环境的恢复与重塑涉及村落环境保护和生物多样性保护的问题，目的是保障人居生存环境的可再生和可持续发展。生态环境的保护与恢复，与传统村落生态可持续发展有着密切的联系。

生态景观是楠溪江传统村落历史文化演进中重要的物质载体。流域内的村落依附楠溪江美丽的自然山水风光，在选址上都基于生态效应的视角考虑，于布局上也反映了对自然的尊重，甚至会用人工的方法，调整与改善不尽符合理想的环境。在对村落选址和规划、乡土材料的选择、建筑的功能适应性上无不充分展示了其自然山水与人文建筑和谐相融的“天人合一”的观念。因此，在楠溪江传统村落景观的设计中，恢复村落景观环境的同时也要保留景观的多样性，体现“晴耕雨读”的文化景观，保持“背负苍山、左眺清尖、右依象山、南望千顷荷田”的自然基底，从而打造独具特色的村落生态景观。

（3）景观形态

景观视觉形态的设计，要遵循美学的基本规律，注重形式美感。形式美要在统一中见变化，在变化中见和谐与秩序。楠溪江传统村落景观是历代景观元素在空间上叠合而成的产物，是景观要素组合的秩序。其景观空间层次从远至近依次包括了远山、农田、聚落、住宅和庭院，最后升华为村落文化景观。其景观美学价值主要包括了丰富的山水格局、缜密的空间布局、多样组合的建筑群体、巧妙的天际轮廓线、和谐统一的聚落与环境等。例如

“水为前景、低层主体、多层点缀、山为背景”的山水格局。从视觉设计原则及美学原理出发，通过线条、色彩、形态、质地、尺度等视觉要素，体现苍坡村丰富和谐的景观构图。

（4）聚落空间

聚落空间的设计，即是将当代经济、社会、文化功能叠加到能承载的村落物质空间内，对其加以适应性改造，从原本单一的功能向复合功能发展。在保持原有楠溪江传统村落独特的空间肌理的基础上，继承并优化村落的交通组织，保留和重建聚落内祠堂、水井、书院、戏台、古树等重要的景观节点，在维持原有建筑风貌的同时，嵌入一部分现代化的形式与功能，并在适当的空间加入小尺度的公共广场等活动空间，满足新生活方式的需求，使得历史景观信息在村落空间延续的同时还具备现代化宜居水平。

4）楠溪江传统村落景观设计策略

（1）文化生态意境再生

楠溪江传统村落文化基因的产生依托自然、历史、人文等综合因素的共同作用，它需要借助一定的物质媒介来传达。媒介可以是符号、物件、场所等，也能大到由人和场所组成，成为能与人互动、注重体验和感知的场景。文化生态意境可以通过提取文化符号并进行再创造，复兴和创建文化活动场所的方式展开。

文化符号是构成文化景观的核心因子，也是提取景观基因的基本单位。符号提取手法有直接借用法和解构重组法。直接借用是从楠溪江传统村落的民俗文化、生活文化和建筑文化等方面，选取造型、图案和肌理等进行设计，遵循传统图案的题材形式、比例、对比关系等。例如在楠溪江传统村落的建筑修缮和重建时，可直接选用传统建筑符号如门簪、斗栱、门罩、雀替、窗花等，再植入如瑞兽纹、鸟纹、莲花纹、树木纹、几何纹等传统纹样进行雕刻装饰。还可利用传统生活生产器物，如蓄水石缸、磨盘、柱础、槛石等作为景观小品营造出生动的场景效果。

解构重组意为解构有形文化符号的整体形象，根据需要选取其中某一部分元素进行重新组合和再次创作，形成新的造型和形式美感。解构重组使传统文化艺术与当代审美特征融合，同时在建造上表达出地域特征与人文情感，延续乡村场所精神。

村落文化活动场所集中反映了村落的传统文化，是村落景观空间形态重要的组成部分。因此，保护好此类文化活动场所，可以有效恢复村落的空间环境特色及其文化生态氛围。对传统历史建筑进行改造，升级优化功能，以保护与传播传统优秀文化。比如可以利用楠溪江传统村落内的祠庙会馆等大型历史公共建筑展示地方建筑文化、宗教文化、宗祠文化；利用名人故居展示村内的人文历史；利用典型民居展示地方生活习俗；利用传统作坊展示地方传统手工艺等。

设计实践中，以苍坡核心保护范围为主，划分为“文房四宝”展示区、“李氏民居”展示区、“传统手工业”展示区、“耕读文化”展示区四大景观区域。文房四宝展示区位于苍坡村东南部西池、东池、李氏宗祠、仁济庙、象棋博物馆、书画馆等文化设施集中区域，重点体现“文化苍坡”；李氏民居展示区在“李天云民居”及周边推荐历史建筑集中区域，设置特色民宿组团；传统手工业展示区位于笔街中、西部，集中展示苍坡非遗文化，注重艺术家、居民及游客的互动；耕读文化展示区位于苍坡村东部、南部的自然农田，设置步行游览和旅游服务设施，并配有停车场、公厕等必需的景观设施（图2-23）。

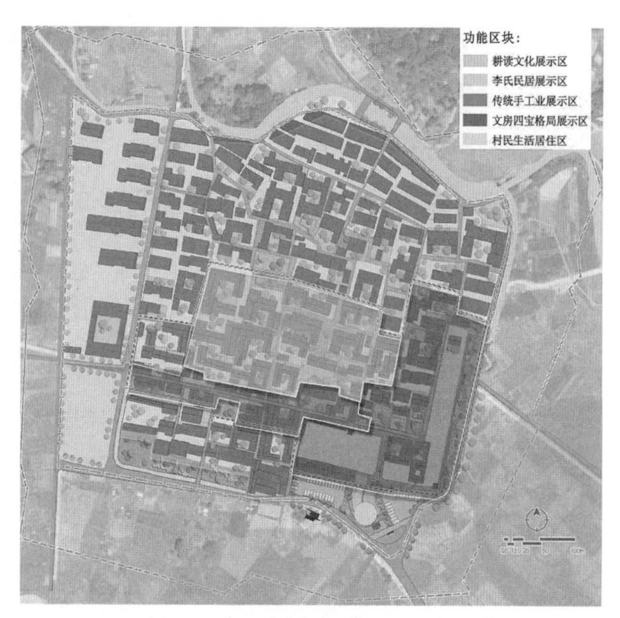

图2-23 课程设计 苍坡村功能分区图

（2）生态景观修复

传统村落生态景观的修复治理，是以山川、河流、植被、农业生产环境等，作为村落自然环境的重要生态要素，也包括物种多样性的保护。同时，遵循自然环境承载力规律，降低人工景观对自然环境的影响，保留原本的景观形态，形成微田园景观区。楠溪江传统村落的生态景观亟待解决的问题在于：如何处理好远山、河流、农田与聚落之间的关系，以及在促进经济生产的同时做到因地制宜地改善景观环境。

首先，为了保护楠溪江传统村落景观的生态系统，宏观上应适当拓展村落边界保护范围，划定核心的生态环境协调区。其中边界作为楠溪江传统村落与自然过渡的边缘，散落着小尺度的庙宇、路亭，构成了自然与人文景观穿插的村落边界景观。在这些环境协调区内严格控制开发行为，保护各类地貌、植被、水文景观的原始性与完整性。以苍坡村为例，可将村外的笔山以及主要的景点连接在一起，包括村落北侧源自苍山山麓的溪流、西池、东池以及外围田埂，并沿村道营造适宜游憩的山林小径，使其途径竹林、溪流、农田。在整个生态环境协调区内形成了“山林—河流—村落”的景观空间层。其次在微观层面的植物景观设计和水体空间整治中，通过植入低人工干预的可持续性景观的方式，形成微田园景观区。

楠溪江流域水资源丰富，村落大部分就在沿岸的河谷平川中建址，通常两岸古树繁茂，夏季绿柳成荫，分布有大面积的农田，远景视野开阔。河道内乱石和水生植物自由组合，有早年形成的跨河汀步和杂草中隐约可见的沿河小径，野趣十足。结合曲折变化的河滩形成了休闲纳凉的亲水空间，是河道景观中重点打造的区域。这个区域的设计目标是重塑人与河的互动关系，充分保护和维护河道水体原有的历史景观风貌，清理视觉障碍、梳理河道淤泥，修复优美河岸线；在亲水空间的打造上，保护树木、古桥、驳岸和埠头等历史景观要素，沿河堤新增块石汀步、斜坡植物、观景栈道，并精心设置景观设施，完善村落到河边的过渡景观带。

针对楠溪江流域周期性的暴雨给村落带来的洪灾问题，采用“可渗透性”驳岸过渡的设计手法。该方法是利用村落中的地势高差采取阶梯式分层设计，在河道边缘将亲水性植物和硬质景观相互整合，采用如天然素土、卵石、条石类的地方材料用于护岸、铺设平台和台阶，用于村民取水劳作活动。使得河道边缘与自然环境结合，形成整体景观，达到降低景观改造的成本、提高安全性和满足观赏性的目的（图2-24）。

在植物景观种植设计中，依托于楠溪江丰富的乡土植物和肥沃的土壤条件，我们选用本地植物栽种搭配，交替种植速成树和慢生树，通过不同的植物形象和造景方式可塑造具有楠溪江流域特色的乡土景观，从而增添村落生动的生活气息。

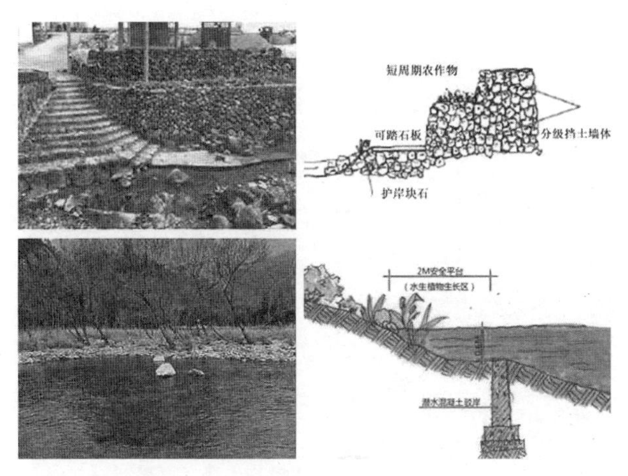

图2-24 课程设计 河岸边缘过渡设计

除此之外还可植入可观赏、可体验的产业型景观，与村落旅游结合形成休闲观光的新型经济景观，提高田园景观的经济效益与观赏价值。通过策划建立稻田休闲区和经济特产林示范基地，种植适宜于楠溪江流域的油菜、板栗、水稻、杨梅、柑桔和柿子等多种农作物，达到景观的多样性。待到春季金黄的油菜花开遍山野，秋季橘红的柿子落满枝头，可形成不同节令的农耕地景（图2-25）。

图2-25 课程设计 苍坡村西池望宗祠景观设计

（3）文化生态功能更新

①居住功能

随着经济技术的发展和人们对居住需求的提高，传统村落原有的居住方式已经不能满足村民对美好生活的向往。改善居住条件、整治人居环境，具体而言应完善民居给水排水、供电、消防等基础设施，包括污水排放治理、配套垃圾处理系统、建设完善的通信网络系统等。楠溪江传统村落民居建筑的特点之一是洞口较小的开窗，造成室内采光不足和视野受限的问题。在保证村落景观面貌的协调性的前提下，增大采光面积，改善室内通风，提升室内环境舒适度（图2-26）。

图2-26 课程设计 苍坡村民居改造设计

②游憩功能

该设计整合村落内外公共景观序列，形成完整的游憩功能流线。将一些离散和孤立的景观单元衔接起来，使各类景观单元串珠成链，连景成片。通过处理村落入口、宅间绿地、巷道交叉路口、历史建筑等景观空间节点形成连续的景观序列，在传统村落中建立连续的空间体验以产生丰富有趣的空间环境（图2-27）。

图2-27 课程设计 苍坡村西池沿岸广场

例如以仁济庙、李氏宗祠、望兄亭和水月堂等文化历史建筑作为苍坡村的人文景观的核心，结合东池、西池为主的村内自然景观和村外农耕田园景观区，并以笔街、文明东街、登银巷、三退巷、九街巷和西街巷等风貌街道为纽带将散布在地段内的、相对较为孤立的寨门、古树、古井等物质文化斑块作为文化景观节点串联起来，构成方正街巷格局，形成“村外农耕田园景观—村落入口—东池—笔街—仁济庙—李氏宗祠—西池—水月堂—三退巷—李氏民居—寨墙”的空间序列。从而将村落群主要的文化景观节点进行了整体性的有机衔接，形成完整的田园景观与耕读文化体验游览线路。

为了延长旅游时间以提高游客在村落的深入体验，增设夜间旅游。街巷夜晚照明满足基本的照明需求外，还要考虑对重要节点的重点照明。利用灯光塑造建筑轮廓与造型，创新设计照明形式并融入一些互动的灯光装置，更能加深人们夜游印象，带来别样的游览体验。

③交通功能

设计方案对村落的道路交通系统进行合理的规划。在原有交通体系基础上，在文旅开发的背景下，村落街巷不仅要承担通行的基本作用，还要满足生产生活、日常交流以及游客游览的需求。所以在原有道路分级的基础上另外还需要结合使用功能和空间进行具体的系统规划，满足机动车通行，合理规划停车场，解决消防通道，组织垃圾清运等（图2-28）。

在步行交通的组织上，首先应维持街巷原有的空间尺度和走向，其次还要串联楠溪江传统村落内部一些独具文化生态特色的历史文化要素。聚落空间和滨水空间建立慢行交通系统，以及在村落外部空间沿山林田野增设山地、田间步行系统，形成相对自由且体验良好的步行空间，提升街巷生活气息的氛围（图2-29）。

图2-28　课程设计　苍坡村道路系统

图2-29　课程设计　苍坡村街巷及节点空间规划

（4）强化文化生态特征

①整体空间格局延续

以苍坡村为例，规划村落景观保护范围延伸至外围田埂范围，总面积34.74ha。核心保护内容为“文房四宝”村落风水格局、街巷风貌、各类文化遗存和非遗文化。范围北至水月堂、横巷，西至苍坡西路，东至苍坡东路，南至西池南侧、苍坡溪门，规划面积为5.08ha。在此核心保护范围内，通过严格控制整体格局以延续苍坡村的景观格局。对历史建筑、推荐历史建筑进行修缮，过程中要保持原有空间形态、建筑风格及尺度；其余建筑限高二层，一层檐口高度不超过3.0m，二层檐口高度不超过5.4m，确保此范围内的建筑物、街巷风貌及环境不受破坏；同时可将建筑物作为旅游服务功能进行升级改造；一般建筑物在修整改造时应采用地方传统民居形式，与传统风貌协调；范围内西南位置的东、西池结合李氏宗祠、仁济庙、水月堂等文化建筑打造景观长廊以及观景平台，形成广场空间（图2-30）。

图2-30　课程设计　笔街东部义学祠入口

建筑控制地带范围为北至苍坡北路、东至苍坡北路、南至苍坡路、西至苍坡西一路，规划面积为10.1ha。依据现有地势和景观视线的控制要求，加强建筑的修缮及沿路两侧的建筑整治。控制区内的新建一般建筑物体量和建筑风格宜与历史建筑相协调，限高三层，三层檐口高度不大于8.5m。对于村内传统风貌有出入的现代砖混建筑进行风貌改造，延续传统坡屋顶的立面造型。

环境协调区延伸至苍坡村寨墙范围以外的农林用地，规划面积为19.56ha。区内禁止占用农林用地进行任何建设行为，维护自然开放的田园景观。村落西侧的笔架山应维护原貌，严禁建筑破坏笔街西望笔架山的视线效果，留出主要景观视廊，以构成良好的村落环境视野（图2-31）。

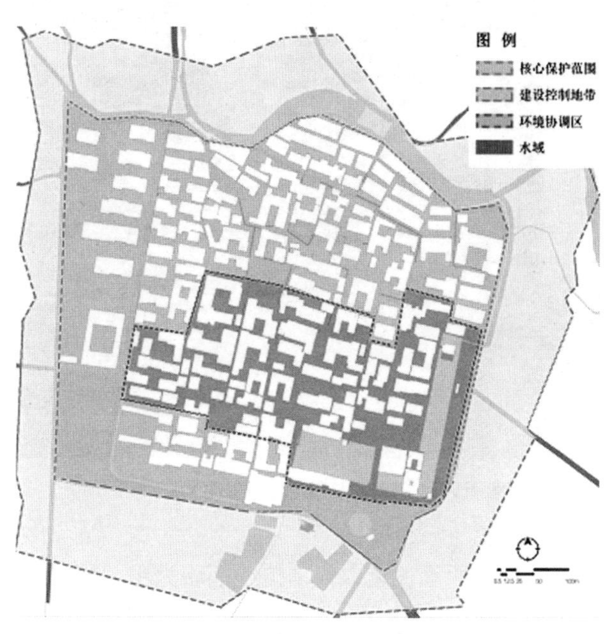

图2-31　课程设计　苍坡村景观保护范围规划图

②街巷空间形态延续

在街巷垂直界面的优化中，应保持其原有的宜人空间尺度，依据街道宽度来控制沿线建筑檐口的高度。一般采用分区控制，即因区域而异制定不同的建筑控制高度。在核心保护区内改造建筑和新建建筑的高度应与历史建筑协调，檐口高度以不超过历史建筑檐口高度为准，整体控制在1~2层之间，始终保持D/H值在1~2之间，以提升街巷空间的视觉观感，保证楠溪江传统村落文化生态空间环境的和谐统一。在核心保护区之外的建设控制区和环境协调区可适当放宽高度控制，但需注意分析街巷的视觉通廊，以防出现沿线的建筑体量过大破坏街巷空间尺度和天际轮廓线的问题。垂直立面景观装饰上，保留沿线原有古井、树木等历史环境要素，适当增加一些小尺度围墙、低矮小灌木、地被植物以丰富环境绿化；无绿化路段则补种有典型地域性的树种，在景观节点上做透景、框景等艺术化植物配置来达到“天然图画”的效果（图2-32）。

图2-32　课程设计　苍坡村传统商业街景观

街巷底界面优化以恢复传统面貌为主，辅以更新通行功能。主要街道两侧常围绕沟渠，部分流经民宅门前。地面铺砖应逐步恢复传统特色，可采用青石板、自然块石、卵石等乡土自然材质对核心保护区内街巷的路面和沟渠的破损部分进行修缮和重新铺设。

③景观空间节点塑造

传统村落景观节点与村落公共空间共同组成了具有代表性的特色文化核心区。提供村民生产生活、日常休闲和举办公共活动的需要，延续着村落持续更新的传统文化。第一类是具有明确功能意义和主题的宗教节庆活动节点，主要包括文物保护单位和历史建筑，如祠堂、庙宇、牌坊、书院等；第二类是与村民日常生活行为紧密相连的公共活动空间，包括了井台、池塘、路亭、古树、村落入口、街巷交汇处或转角处等（图2-33）。

图2-33　课程设计　苍坡村街巷及节点空间结构规划

传统村落景观空间节点的塑造应该将其历史事件真实再现于空间节点，并以故事为文化脉络串联起村落内各处景观空间节点，在唤起村民的乡愁记忆的同时，也提升村落的商业与文化价值。如将废旧农舍改造为农耕博物馆、民俗博物馆和手工作坊，或是将废弃旧村舍改造为主题酒吧等（图2-34）。

图2-34　课程设计　苍坡村入口景观

2.2　文化符号学下的工业遗产环境设计

人在自然环境中进行的生产、生活等实践活动中所创造的物质财富和精神财富共同形成了人类文化。在工业生产生活等实践活动过程中，工人与相关产业人员、工人家属等主体所创造的这些物质财富和精神财富逐渐形成了工业文化。工业文化是工业遗产的重要组成部分，我国的工业遗产集工匠精神和工业文明于一体，其中包含的历史进程和文化内涵是我国实现工业化历程的见证物和纪念册。

20世纪中期，世界上部分发达国家已经逐步进入高度城市化的发展阶段并开始向信息化社会进行转型升级。老工业基地发展起来的城市开始呈现衰落的状态，城市中出现了大量的工业废弃地和闲置工业建筑。这些工业废弃地往往存在占地面积广、环境污染严重等问题，城市人居环境受到较大影响。社会的转型和发展、城市产业结构的调整，为这些被遗忘和废弃的地方带来了新的机遇。其中具有代表性的、具有研究价值的厂区、建筑等逐渐成为工业遗产，并随着时间的累积数量也越来越多。在"城市更新"理念的推动下，西方发达国家最先开始涌现了对工业遗产保护的热潮。

近年来国内相关学者对工业遗产的关注不断增长，随着我国城市进程的发展，这些旧工业空间被慢慢包裹在不断扩展的城市空间中，寸土寸金的城市区域土地也需要被再次利用起来。因此，以保护这些工业遗产的视角，进行有序的开发与利用是非常有必要的。在工业遗产中的工业建筑部分，大多结构形式保存良好，空间开阔宽敞，为后期开发提供了良好的空间基础。

在保护与开发利用工业遗产的过程中，工业文化符号是表达和传递其工业遗产历史记忆的主要语言。对这些工业遗产的保护与开发，不但续写了城市的历史文脉，极大地保留下这片场地的场所精神，而且营造出新的城市景观和新的生活场景，对生活在这里的人们而言，极大地提升了归属感，令大众与场所产生共鸣，促进社会的和谐发展。

2.2.1 文化符号学的理论基础

1）符号学相关理论发展概述

符号是传达意义最基本的单元，能够表示某种意义的记号或标记，可以是简单的图像、文字，也可以是一个物品外形，可以说我们生活的世界是充满符号的。

符号学是一门研究符号理论的学科，瑞士语言学家索绪尔最早建议："建立一个叫作'符号学'的学科"。《普通语言学教程》中索绪尔提出了符号的二元论，即符号是由"能指"与"所指"共同构成的，"能指"是符号的"音响形象"，"所指"则是符号所传达的意思概念。而皮尔斯将符号定义为符号形体、符号对象和符号解释的三元关系，并在此基础上先后提出了十种有关符号分类的三分系统。

随着符号学的发展，美国哲学家莫里斯第一次明确地将符号学的研究区分成语形学（syntactics）、语义学（semantics）和语用学（pragmatics）。对这三部分的定义，莫里斯在《符号学一般原理》指出：语形学研究"指号相互间的形式关系"；语义学研究"指号和其所指示的对象之间的关系"；语用学研究"指号和解释者之间的关系"。在1946年莫里斯对上述定义在《符号、语言和行为》一书中又进行了改进，并逐渐被学术界认同，而后成为符号学的基础理论之一。对于"语形学""语义学""语用学"的解释也有"符形学（研究符号的组成形式）""符义学（研究符号表达的意义）"和"符用学（研究符号的作用以及符号与使用者的关系）"的解释。

语形学（符形学）、语义学（符义学）、语用学（符用学）三者是联系紧密并相互包含的，是符号学思维方法的三个维度。莫里斯的理论总体上来说是对皮尔斯理论的深入发展，被学术界认定为符号学的三大组成部分。

我国对于文化符号的相关研究，大多是地域特色文化、城市代表文化、传统中国文化或是传统民族文化与文化符号的结合，其中地域文化符号与传统文化符号在视觉传达、建筑设计、景观设计领域的研究中较多。

在2010年12月10日举行的第五届中国建筑史学国际研讨会中，莫畏、夏寅飞共同发表的《“工业元素”在旧工业建筑改造中的表达——从长春拖拉机厂、长春传动轴厂闲置厂房改造谈起》一文中将“工业元素”第一次与符号进行了结合，他们认为：“‘工业元素’是工业建筑中特有的和与工业生产相关的符号。”并着重阐述了“工业元素”在旧工业建筑更新中存在的价值和意义。

2）文化符号学的概述

按照莫斯科一塔图学派的定义，文化是信息的生产、流通、加工和储存的集体符号机制。它既是集体记忆，也是生成新信息的程序。文化作为信息的一种，其传播和交流都需要媒介来完成，而符号就是其媒介和表现形式。C · 克鲁克洪提出：“文化存在于思想、情感和起反应的各种模式化了的方式当中，通过各种符号可以获得并传播它。此外，文化构成了人类群体各有特色的成就，这些成就包括它所制造物的各种具体形式”。因此，文化是人类的符号活动。我们可以将文化符号解释为代表某种特殊含义或者特殊内涵的标示，并具有一定的抽象性和代表性。文化符号可以是包含具体的行业、特定的消息、民族或国家象征的抽象集合，承载着重要的文化内涵和具体信息的符号表现形式，并且人与人的交流是可以通过具体的文化符号完成。

文化符号学是把文化视为一种符号或者象征体系的研究。文化人类学与当代流行文化或大众文化研究的学术发展路线，是广义的文化符号学研究得到长足发展的两个重要领域，狭义的文化符号学具有相对自主的学科建设诉求，更热衷于对文化进行模式化建构，从中概括出适用于一般符号学研究的理论范式。文化符号学领域中最具代表性的是卡西尔对文化与符号关系分析的理论和洛特曼的文化符号学理论。

（1）卡西尔对文化与符号关系的分析

最早将文化与符号联系起来的是德国哲学家、文化哲学的创始人卡西尔，他首次构建了以符号为基础的文化哲学。卡西尔在《人论》中写道：“在某种意义上说，认识在不断与自身打交道而不是在应付事物本身。因此，应当把人定义为符号的动物。符号化的思维和符号化的行为是人类生活中最富于代表性的特征，并且人类文化的全部发展都依赖于这些条件。”他阐明了人是符号化的动物、文化是符号的表现形式，人类活动本质上是一种符号行为或象征活动，但“人的突出特征，人与众不同的标志，既不是他的形而上学的本性也不是他的物理本性，而是人的劳作。”人通过劳动生产与生活产生了符号，人类社会是与符号息息相关的，符号可以说是人类生活的物质文明成果和精神文明成果的集合。

（2）洛特曼的文化符号学理论

在文化符号学的领域，以洛特曼为代表的理论是最具有代表性和认可度的，其理论丢弃了俄罗斯形式主义和布拉格语言学派理论中不合理的部分。1973年洛特曼和莫斯科一塔图学派推出了文化符号学：研究文化中流通的符号系统之间的功能性关系。同时洛特曼从符号学规律的角度对文化做出了进一步的阐释：文化是“集体记忆”，因为人类的生活经验是体现为文化的，文化存在的本身就意味着符号系统的构建以及把直接经验转化为文本规则。

而对文本的解释是洛特曼文化符号学理论中另一个重要成就，他对文本的定义是“完整意义和完整功能的携带者（假如区分出文化研究者和文化携带者，那么从前者看，文本是完整功能的携带者，而从后者的立场看，则是完整意义的携带者）。从这个意义上讲，文本可以看作是文化的第一要素。”

洛特曼说：“任何一个单独的语言都处于一个符号空间内，只是由于和这个空间相互作用，这个语言才能实现其功能。并不是单独的语言，而是属于这一文化的整个符号空间，应当被视为一个符号单位、一个不可分解的运作机制。这一空间我们定义为符号域。”洛特曼认为，任何存在都有具体的时空，文化也不例外，形成、发展、运作于一定的时空。文化不仅是一个整体，也是所有符号体系运作的环境。具体到工业文化符号则是工业生产的具体时代背景、行业环境与行业前景发展、工业文化环境，其中是工业发展进程、工业生产和工业生产周边辐射区域的生活习惯、文化观念集中在一起的一个综合性符号系统，承载着浓厚的工业文化内容，体现的是追求精益求精、拼搏奋斗的工匠精神和工人群体的智慧，反映了工业文明和工业生产生活产生的社会价值观。

3）工业文化符号

根据索绪尔对符号学的定义与洛特曼对文化符号的定义，工业文化符号可以定义为：工业文化符号是将各行业的工业文化和整体工业文明包含的内容视为一个符号系统，对象征工业文化的符号体系的研究。工业文化符号是代表着工业文化的记号或者标记，可以是工业流程图、可以是工业文化相关记载文字，还可以是工业生产的产品或者是工业产品的衍生物等。

（1）工业文化符号类型

从符号学的角度结合索绪尔的符号学理论，可以将工业文化符号分为指索性工业文化符号、象征性工业文化符号、图像性工业文化符号。无论是工业生产中的文化、工业制造过程中的技术、工业生产生活的相关场所、工业生产的用具、工人生活习惯风俗、与工业生产相关的社区和人等等都可以在工业文化符号的体系下进行体现。

图像性的工业文化符号的符号形体与其体现的工业对象之间形状肖似，是其所表现的工业对象的写实与临摹。

根据工业符号形体与其表现对象相似关系的不同，可以将图像性工业文化符号分为形象肖似符号、结构肖似符号、主体肖似符号。形象肖似符号指符号与对象之间的肖似性表现为外部物理属性类同，肖似特征明显，一般可通过五感进行辨识（色彩、形状等肖似）。结构肖似符号指符形与对象之间的肖似性表现为内部结构的类同，无法通过五感直接判定，需要建立在相关知识的基础上完成。主题肖似符号指符号与对象之间的肖似性表现为在某一主题上类同，通过主观情感、心理感受来判定，可以是具体的感觉，也可以是人们熟悉的某一事物或某一特征。但是对于这种写实和肖似的理解也受到了不同符号使用者的感知差异和情景变化而有不同的理解，因此我们不能笃定地说这种形式都是一成不变的（图2-35）。

指索性工业文化符号的符形与被表征的工业对象之间存在着因果关系或是邻近联系，符号的形体能够指示或索引工业对象。也正因如此，指索性工业文化符号所表征的对象是确定的工业对象，这也是指索性工业文化符号与图像性工业文化符号、象征性工业文化符号的最大区别。我们对于指索性工业文化符号可以分为自然指索性符号与人为指索性

图2-35　图像性工业文化符号

符号。自然指索性符号指符号形体与表征对象之间的因果关系或邻近关系是自然形成的，而非约定俗成，通过人们的经验观察累积得到的符号认知。人为指索性符号指符号形体与表征对象之间的因果关系或邻近关系是人们约定俗成的，人可以创造一个符号使之有指称某一对象的功能，以人的普遍认识为基础形成，如标志图形（图2-36）。

象征性工业文化符号的符形与其所表现的工业对象之间没有肖似关系也没有因果关系，将它们联系在一起的是社会的约定，同时这种联系是偶然的。可以说象征性工业文化符号的创立和使用是完全依赖在工业生产生活中的，是相关的工人及从事工业相关工作的人才能读懂的，是在生产过程中根据人的认知与交流需要来创造的符号形体，如工业

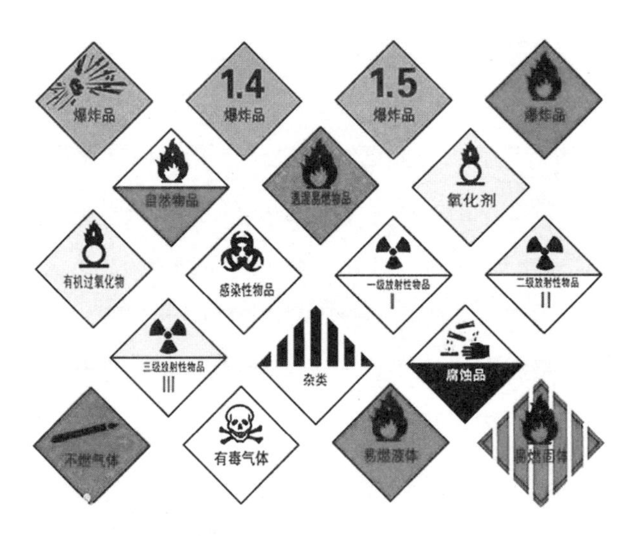

图2-36　指索性工业文化符号

生产流程图。象征性工业文化符号对于非生产人员的认知是没有确定意义的，是象征性的。

（2）工业文化符号特征

①时间与空间相交叉的特性

工业文化符号是一个会随着时代的变化和生产技术的发展而不断有新意义产生的系统，在时间和空间的影响下不断推进和变化，能够形成不同时代的工业文化特征，是在一定的历史文化、社会因素、经济状况、科技发展等综合背景影响下逐渐产生的相对稳定的文化符号。不同时代背景下产生的工业文化符号有不同的特点，同样的工业文化符号在不同的时代背景下也有不同的表达含义。工业文化符号形式丰富，内容庞大，在特定时代背景、不同行业领域、地域差异的前提下会出现不同特色的工业文化符号。

②信息的图像化与内容的抽象化

文化符号可以完成信息的传递和意义的表达，工业文化符号则是具体地传递工业生产生活相关的信息、意义、精神。可以是利用点、线、面的基础图案进行组合拼贴构成新的形式，也可以是借助具象的实物或现有的部件进行意义的表达。如借用管道与灯泡组合成为新型的照明灯具，轮胎与洗手台

结合成为新的洗手盆样式等。在不同时代背景和社会文化的条件下，工业文化符号的涵盖内容、图形表现、传递程度会不断地产生新的形式与内涵（图2-37）。

图2-37 工业元素的照明灯具

（3）工业文化符号的意义

工业文化符号具有指代性。工业文化符号是对工业文化及其特征的具象化、图像化，也是工业遗产中最具代表性的意义之一。在对工业遗产内部空间的保护与开发中，工业文化符号呈现出各种的创意表现方式，最终目的都是为了传递、表达独具特色的工业文化。它指代了某一特殊的生产生活历史，也指代了生产生活环境中人群的集体记忆。

工业文化符号具有传递性。为了能够让工业文化与工业遗产的价值被传承，让大众所理解和接收，作为其文化的载体的符号就具有直接、简洁、明确的传递作用。工业文化符号的应用能够在新时代下，引发人们对工业文化和工业遗迹保护的好奇、探索与思考，塑造新的生活场景。通过工业文化符号的展示，将特定历史时期的生产生活以及当时的人文精神传递给新的人群，这在当代城市空间中传承历史与记忆、让后人铭记历史都有积极的作用。

工业文化符号具有记载性。工业遗迹空间环境作为工业遗迹与工业文化的物质载体的重要组成部分，其中的文化符号是对工业生产阶段发展成果、阶段发展特征、阶段文化特征、时代特征等等的记录，同时也能够从侧面反映出当时人们的审美取向与价值追求等精神内涵。

工业文化符号具有美学性。技术与艺术从来都是统一的，完善科学的生产流程往往也具备舒适的美感，工业生产中的设备、管道、工具等等在艺术的视野中也是点线面构成的艺术作品，例如交通工具的设计就体现了技术与艺术的完美结合。工业文化符号的形状形态、颜色、材质、构造等也是对工业遗产的美学塑造有重要的影响作用。

4）工业文化符号在环境设计中的表现形式

一直以来，环境艺术关注的焦点是继承、发展和创新。在创新设计的过程中要关注到工业文化符号的几点关键特性：

（1）多元性：空间环境装饰是由各种表现形式的符号共同组成后呈现的艺术形式，所涵盖的符号类型也是多种的。由具有实际使用功能的功能性符号、象征艺术美学的图像性符号、指示方向性的指索性符号等多种多样的工业文化符号共同渲染出空间整体氛围，令空间最终呈现的效果是立体丰富、生动形象的。

（2）变形性：空间环境设计中常常采用抽象化、几何化等设计手法对传统的原有符号进行提取和变形，最终得到更新的视觉效果体验。

（3）重构性：空间环境设计中，利用场地原有的工业文化符号进行材料重组、新形式重构、造型删减或添加等设计手法，重新组合构成，以新形式和新秩序来表达。

（4）重复性：同一符号采用不同的材料、不同的色彩、不同的使用部位、不同的工艺、不同的尺度在同一空间中重复出现，构建装饰的秩序感与形式感，通过重复应用，能够让空间界面在视觉审美上形成主题，强化符号表达的意义。

（5）隐喻性：艺术表现往往是象征性、隐喻性的，空间设计也是如此。对工业文化符号进行抽象，利用其典型特征对工业文化进行暗示、象征的表现才符合艺术的规律。充分利用符号的象征性与隐喻性特征，为环境设计的创造提供更为广阔的创意思路。

2.2.2 工业遗产与环境

1）工业遗产概念及分类

工业遗产是工业生产发展过程中留存的物质文化遗产和非物质文化遗产的总和。国际工业遗产保护联合会（TICCIH）对工业遗产做了具体定义，即“工业遗产是指工业文明的遗存，它们具有历史的、科技的、社会的、建筑的或科学的价值。这些遗存包括建筑、机械、车间、工厂、选矿和冶炼的矿场和矿区、货栈仓库，能源生产、输送和利用的场所，运输及基础设施，以及与工业相关的社会活动场所，如住宅、宗教和教育设施等。”

从工业遗产的概念进行分析，可以对工业遗产的分类可以进行详细的区分，具体可分为工业生产场所类、工业建筑类、建筑构件、工业场地部件类等，具体内容如下：

（1）工业生产场所类：包括矿山、江河等自然环境中的生产场所，是工业生产活动开展的资源基础与场地基础。

（2）工业建筑类：包括生产车间、厂房、水塔、烟囱、仓库等开展生产活动的人工与半人工构筑空间，具有较强实际功能，其空间特征具有强烈的历史感并影响周边文化环境的氛围。

（3）建筑构件、工业场地部件类：包括围墙、场地、栏杆、楼梯、天花屋顶等建筑围合结构及空间部件，突出工业场地特点。

（4）生产设备、生产线类：包括机床设备、仪器、各类机械及机械部件（如齿轮、链条等）、生产模具、管道等，能够传递生产科学技术、知识普及的价值，能够转化为体现工业符号的装置艺术和展览陈设品等，具有创新利用的艺术价值。

（5）生产工具、产品类：包括生产相关的特定工具、运输工具、生产原材料、半成品、成品等，能够直观反映工业类别、行业特征与工业成果，体现生产工艺流程与生产工作场面，具有突出的场景感。

（6）运输工具类：包括运输轨道、传送装置（如传送带、电梯、塔式起重机）、运输车辆（如叉车、吊车、火车）等，表现工业活动运输传送的相关设备、装置，体现当时工业生产活动的繁荣、工人勤劳的生产场景。

（7）标语、标牌类：包括宣传性、推广性语言，技术性、安全性警示等，反映当时工业生产生活的精神文化、生产理念、精神信念等文化内容。

（8）文史档案类：包括工艺流程与技术、原料配方、商号品牌等无形资产以及相关历史文件、档案等，记录生产流程、技术等对当时工业生产有重大意义的文字资料，反映工业生产发展历史信息。

2）工业遗产价值分析

（1）历史价值

我国从一五计划开始，工业化经历了70余年的历程和不同的阶段，时至今日，我国已实现了工业化，成为拥有联合国产业分类中全部工业门类的国家。工业遗产作为这一时代的历史遗留物，见证了工业活动对历史进程与今日工业化的重大影响；工业遗产作为城市历史进程的遗存，见证该地生产生活和工业文明发展的过程，反映一座城市的蜕变和焕新。晚清李鸿章所创建位于上海的江南造船厂中的一处厂房，借2010年上海世博会的契机，被更新设计成为中国船舶展览场馆。选择在江南造船厂原址建设中国船舶馆本就具有非常的意义，140多年前中国的民族工业就是从这里开始的。场馆选择船身结构为符号，构建出弧形的建筑造型线条，也象征了龙的脊梁，寓意中国船舶工业的伟大的精神（图2-38）。

图2-38 上海世博会中国船舶馆

（2）社会进程和精神文化价值

工业生产的进步推动着社会的进步，工业遗产作为工业生产进程中的历史遗留物也是社会进程的物质载体。工业遗产承载着工人的汗水与辛劳，灌注了一代代的生产工人们的情感与生活经历，是与场地相关的人们的精神承载物。保护工业遗产就是在保护体现社会价值观的工业精神，是中华优秀文化的一部分。

（3）科学技术价值

工业遗产中蕴含的科学信息，为相关研究人员了解科学技术的历史发展和推动科学技术前进有着重要的作用，是工业生产进步的重要历史资料。始建于1881年的上海杨树浦水厂作为近代工业发展的成果，是中国第一座现代化水厂，至今仍在使用。是全国重点文物保护单位，入选中国工业遗产保护名录（图2-39）。

图2-39 上海杨树浦水厂

（4）综合经济价值

工业遗产的产生是随着工业生产和工业经济发展出现的，对工业遗产本身而言是集大量社会资源和劳动汗水于一体的共同结晶，保护工业遗产是对人力、财力、科技、资源避免浪费的措施，有效减少城市建筑垃圾，有助减少环境的负担和促进社会可持续发展。保护与更新，结合社会需要，使工业遗产从生产功能转向艺术功能，创造新的消费场景与生活场景。

（5）艺术审美价值

工业遗产的体量和尺度有较强的视觉冲击力，

体现的是机械生产下的工业美学。同时因时代、地域、文化、行业的不同呈现的工业建筑风格也是不同的，如上海外白渡桥就具有强烈的历史建筑特色，这些工业遗产建筑为当下的环境增加了丰富的审美价值（图2-40）。

图2-40 上海外白渡桥

（6）旅游休闲价值

工业遗产旅游是一种从工业考古、工业遗产保护而发展起来的新的旅游形式，能够吸引现代人们了解工业文明、工业历史、工业生产生活等，同时具有独特的景观性、休闲性，形成新的文化旅游场所。德国鲁尔区老工业城经过改造和开发，最终以工业遗址公园的形式再次面世，焕发新时代的光彩。成都的东郊记忆也是利用废弃的厂区，在原国营红光电子管厂旧址上改建而成的现代文化产业新型园区。是一个集时尚、休闲、文化、娱乐为一体的市民公园，也被人称作是“中国的伦敦西区”，是国家音乐产业基地、国家4A级旅游景区、科技与文化融合示范园区，被列入国家工业遗产旅游基地名单，成为成都著名的休闲胜地（图2-41）。

（7）文化与教育价值

工业遗产中的物质遗产部分凝聚了大量的历史信息和科学技术，而非物质遗产的部分则是着重体现着工业生产时代的钻研创造的精神、拼搏进取的力量、精益求精的追求。“非遗”在一定程度上记载了当时的生活环境氛围和风俗习惯、历史故事，能够使人身临其境地学习体验当时的工业生产生活、工业社会发展、工人生活氛围等相关知识，具有极高的现实教育意义。

图2-41 成都东郊记忆

3）工业遗产开发原则

根据《下塔吉尔宪章》中对工业遗产保护的相关内容和我国国家文物局与中国主要工业遗产城市代表、专家学者提出的保护工业遗产的《无锡建议》为指导，结合2018年11月19日我国工业和信息化部印发的《国家工业遗产管理暂行办法》，以及过往学者对工业遗产的保护与开发研究内容，可以总结归纳出工业遗产开发的一般原则：遵循保护为第一要素，以可持续发展为基础，把握好工业遗产的整体性，实现统筹兼顾的开发，坚持新陈代谢、取其精华的原则。同时注重循环利用的原则，对不同类型、不同地域的工业遗产进行因地制宜的开发，形成更具特色的新区域，创造新场景。

（1）保护性开发是第一要素

开发工业遗产的最终目的是激活新时代背景下工业遗产的新活力，对优秀的工业文化、工匠精神进行传承，达到保护和发扬的目的。要利用工业遗产的科普价值、历史价值、文旅文教价值对其进行更新与改造，要强调对其特色的“原”“真”的保护，尽可能地保持整体效果、外观外形的风貌。要赋予工业遗迹新功能、新属性，为新的城市规划提供服务，就不可避免地会有符合新需求的改造。这种改造应把握工业遗产的文化特性，做到新旧交融。

（2）以可持续发展原则为基础

可持续发展原则指既满足当代人的需求，又不损害后代人满足其需要的发展。将可持续发展的原则作为工业遗产开发遵循的基础原则，能够保障城市中已经被废弃的工业建筑、工业园区等进行二次开发利用可持续性，唤醒工业遗产中蕴含的工业文明底蕴、承载工业时代拼搏向上的工人精神，满足当代人的需求，提升未来发展的前景。注重低碳与低能耗，恢复城市生态环境，能够促进和谐社会发展，推动老旧城市片区的更新。

（3）把握整体，坚持统筹兼顾的原则

对工业遗产的保护与开发应从一个较大的区域进行综合权衡和考量，工业遗产是城市高速发展的产物之一，进行功能提升、环境整治，融入富有活力的时代新场景，保护其独特的工业氛围，应考虑到城市和区域的经济社会未来的发展方向。只有统筹处理好工业遗产开发与城市发展之间的关系，兼顾可能会导致的社会代价和经济成本，才能更好地完成对工业遗产保护与开发的工作。

（4）坚持新陈代谢、取之精华的原则

从生物学的角度来说，新陈代谢是生物自我更新的过程；从城市更新的角度来说，是对城市的进步与完善、改善。坚持新陈代谢就是将旧工业建筑、场地、旧生产方式等各要素运用新时代的新技术、新生活方式、新消费场景进行更新，将旧工业的历史文化、场所精神等进行传承和延续。取之精华，是将工业遗产中落后的文化、生产方式（如高污染的生产方式、高危害的原料、废弃物等）进行剔除，选取最具代表性、典型性的优秀文化进行传播、传承。只有坚持新陈代谢、取之精华的开发原则才能保证优秀的工业历史文化得到传承，工匠精神、劳模精神等正能量被更多大众学习和弘扬。

（5）以因地制宜原则为重要参考

不同类型、不同地域的工业遗产存在各具特色的文化特性和历史意义，也存在形式不同的工业文化符号。在政府的主导下，社会群体、专家学者的介入对各工业遗产进行保护开发应对原工业的历史背景、社会环境、人文价值等进行详细的调研和梳理，遵循因地制宜的原则，根据不同工业遗产的特征采取不同的开发模式。以因地制宜作为开发工业遗产的重要参考可以推动具有中国特色的工业遗产开发的进行，能够在保护我国传统工业文化的同时，彰显各地具有地方特色的工业文化。

4）工业遗产的开发类型

工业遗产具体开发模式应根据不同地域条件、工业遗产自身特点进行选择。国内外对工业遗产的开发实践与创新提供了诸多样板，可以总结归纳出以下几种类型：

（1）修缮改进为主、沿用原遗产的开发模式

修缮改进为主的开发模式，即在保存较完好的

原始工业遗产的基础上进行修整、扩建等。将新型低能耗、低污染、高效率的现代技术引入，改进落后的工艺流程，进而继续发挥工业遗产的使用功能，这种开发模式也可称之为保护性开发。上海杨树浦水厂跟随时代进步，遵循着“原状保护、延伸功能、合理利用”的发展策略，在原有的格局基础上进行改造扩建，引入自动化控制系统，作为上海市北地区供水的源头之一继续发光发热。

（2）商业为主的综合型开发模式

将原始的工业遗产区进行整合规划，建立大型综合商业区，将酒店、餐饮、超级市场、购物休闲、商务办公、健身、儿童娱乐场所等功能融入其中，进行多元化商业型开发。建于1892年的奥地利维也纳煤气场原有的四个硕大的圆体煤气储藏罐，在完好保存其外立面的前提下进行内部空间的开发，最终形成了商业、娱乐、服务、办公等多功能的综合空间。维也纳煤气罐的开发既实现了多业态的综合性利用，也是维也纳城市标志性建筑，同时还较完好地对工业遗产的历史文化进行了有效的留存（图2-42）。

图2-42　奥地利维也纳煤气罐

（3）以文旅、文教为目的的展示型开发模式

这类开发主要是指将工业遗产中的物质遗产和非物质遗产借助原有的空间环境，以博物馆的形式进行主题展示的文化空间开发。青岛啤酒博物馆是我国目前唯一的啤酒博物馆，以青岛百年前的老厂房、老设备为载体，以青岛啤酒百年的历史与工艺流程为线索，浓缩展示了中国啤酒工业及青岛啤酒厂百年的发展变革历史。该博物馆目前是集历史文化、工业生产、餐饮娱乐、文化教育为一体的综合性文化空间，透过百年历史，投射我国百年沧桑，反映了民族工业的文化特色（图2-43）。

图2-43　青岛啤酒博物馆

（4）创意与艺术文化产业为主的园区型开发模式

文化创意产业园是当下一种新兴的低耗能产业

形态，全国各地近年来常见将原有厂区改造成为文创产业园区的案例。大多数文化创意行业的各个青年创业力量，经济实力较为薄弱，对于办公空间的要求相对较低，将这些被遗忘的工业区作为创业基地，将其开发改造成充满个性的创业园区，引入创意与文化艺术产业，能够为城市带来新的双创活力，促进文化产业的经济效益提升。

（5）公共设施、市政类的休憩型开发模式

将工业遗产根据城市公共设施规划，开发改建为公共娱乐休憩空间、广场、公共绿地、社区公园、城市避难场所等，这也是对城市公共文化建设的措施。厦门铁路文化公园是利用鹰厦铁路延长线的轨道所在地更新改造而来，沿线植被景观丰富，塑造了城市线型绿地。这段铁路原本的军事用途也见证了对台军事斗争和厦门港的发展历程。但随着厦门城市的发展，这段老铁路早已被废弃。改造后成为集都市休闲、风情体验、民情生活和铁路文化展示的综合体，成为厦门集娱乐休闲、健身旅游于一体的带状公园（图2-44）。

（6）商业地产开发模式

这类的开发模式拉动了城市经济发展，优化了城市人居环境，利用工业区的土地资源开发房地产产业，具有良好的市场前景和发展潜能。原天津玻璃厂被万科开发成为居住区，其中新兴社区中保留场地原有的特色，厂址原有的古树、厂房、吊装车间以及原有的调运铁轨、烟囱等遗留物都被较完整的保留并进行整合规划，令整个社区环境更具有历史和工业特色，也将优秀的工业历史文化和工业精神传递给业主与来访者。

5）工业文化符号在工业遗产开发中的作用与意义

工业遗产开发中，运用工业文化符号能够使空间环境具有工业场地的场景性、真实性。人们身临其中更有历史代入感和场景体验感。对工业遗存可进行典型文化符号性提取，用艺术抽象、归纳整理

图2-44 厦门铁路文化公园

等设计手法将其整理成具有可读性和信息性的图案、符号，组成新的符号系统样式。在工业遗产空间环境中利用工业文化符号进行装饰，能够有机结合现代生活与工业遗产的历史信息，能将工业文化符号所承载的信息表述完整，在保护和传承优秀的工业文化的同时改善提升人居环境。

工业遗产的形成是经过历史的打磨、时间的锤炼、技术的革新等多种要素作用下产生的，其中包含了科技人员的智慧结晶和工人集体的汗水辛劳。从已经开发完成的工业遗产与文化创意产业园的形式结合的案例来看，园区内大量保留了具体的工业文化符号。如成都东郊记忆保留了大型生产设备作为场地的文化符号代表，入口处的工业景观将艺术造型与场地工业材料结合组成新的工业文化符号，所代表的工业记忆更加立体。从文化符号学的角度出发，将富含历史意义和时间沉淀的“旧物件”具体化和形式化，结合现代艺术的表现形式再次焕发场所的历史风貌（图2-41）。

城市更新中，景观生态环境是保障人群居住的必要条件，将工业遗产的保护与城市景观生态相结合，结合公园等休闲功能，开发成主题公园较为常见。对工业主题的表现大多是通过场地原存有的工业文化符号进行艺术加工，如对管道进行截取并重塑成为场景艺术雕塑的方法；对大型钢架结构加固粉刷成为场地互动区；利用线性感强、指示性明显的工业文化符号（如铁轨、桥梁等）形成空间的引导等方式，都是将工业文化符号在传递信息的基础上进行了具体的功能化。

广东中山岐江公园就是粤中造船厂改造开发而成的造船主题文化公园，原厂址所遗留的水塔、灯塔、吊件、造船设备等旧物都得到了加固和保护，并作为最原始的工业文化符号进行展示，向游客诉说着当年近海邻水的造船场景（图2-45）。

图2-45　广东中山岐江公园

2.2.3　基于工业文化符号的设计方法

1）工业遗产空间环境设计原则

（1）尊重事实的原则

对工业遗产空间环境的设计是建立在保护工业遗产的前提之上的，尽可能地运用场地现存的结构、框架、材料等，保留下旧场地的工业氛围，尊重历史事实。

（2）统一和谐的原则

注重空间环境设计与旧工业建筑、工业场地旧场景的联系，达到新旧和谐统一、历史与时尚交融，才能够在提升美学价值的基础上将工业文化价值进行升华。

（3）可持续发展的原则

对工业遗产空间环境的设计是将新功能、新需求融入旧工业建筑中，激发其二次活力。市场与需求是变化的，为了保持持续发展的可能，面对新需求的更迭，需要在设计中有前瞻性和可变性。

（4）保留地域性和产业特征的原则

工业遗产空间环境设计是对旧场地的更新和创新，不同地域和不同产业的工业建筑环境都有各自的特色。设计中对其建筑形式、部件、纹理进行合理保留，对原有无害的材料、设备、产品等元素进行再利用即是对工业文化符号的保留。工业门类、行业的特殊性反映在工业文化符号上是不同的，设计中应仔细观察、挖掘该场所中独特的文化符号，体现出本土的地域性。

2）工业遗产空间环境设计策略

（1）工业遗产空间布局策略

工业遗产中的工业建筑与一般住宅类等民用建筑相比，其空间结构、立面造型、平面布局、结构方式等方面具有较大的区别。内部空间没有过多的装饰，所有结构、部件都是为工业生产生活的需要而存在。为了满足生产所需的各型设备的安装并从容地组织生产线，工业建筑内部空间一般来说结构的尺度都较为开阔，层高与开间的尺度都远远大于一般民用建筑。这样的空间形态对于改造来说，受空间限制的影响小，能够进行灵活的空间分割，可塑性极强。

对内部空间布局主要划分为水平空间的设计与垂直空间的设计，内部空间的组织动线也随工业遗产室内空间的新功能相匹配，需要将原建筑空间进行重新组织，重新规划空间的交通动线。作为为工业生产服务的建筑空间，空间动线安排是为了生产线的安装进行的，空间动线与生产流线保持一致才能提升生产效率。而进行改造设计的时候就需要按照新的功能需求重新进行动线设计，使空间更好地服务于新功能。

水平空间划分通过室内的隔墙或隔断把原有的开敞的大空间划分成若干空间形态灵活的小型空间，按照动线与功能进行串联，来满足新功能的需求。平面动线需要注重疏散、汇聚、分流等设计要求，以动线为核心进行空间划分，才能做到科学合理的布局。

垂直空间划分是利用工业建筑层高对原有空间在竖向上进行增加楼层的划分方式。在通过结构验证以及必要的结构加固的基础上，将原有高大的空间充分利用，增加使用面积，丰富原空间垂直方向的变化。竖向分割划分空间依然要以动线为核心展开设计，组织好纵向交通与平面交通的相互关系。

教学实践的课程设计中，原建筑为单层厂房，面积约为713.4m^2，建筑层高为9.4m。通过改造设计由原机械修理功能改变为主题餐饮空间，利用原建筑开敞通透的空间形态，根据功能重新划分了空间布局（图2-46）。

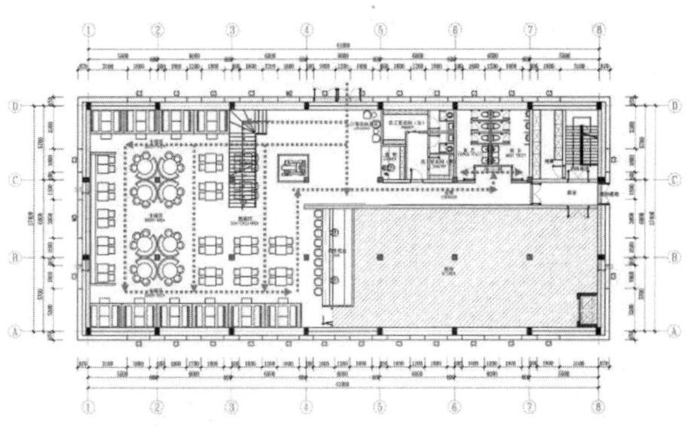

图2-46　课程设计　旧厂房改造

（2）各要素相配合，达到和谐稳定的效果

室内环境因素有很多，空间、功能、设施、采光、材料、温度、湿度等不一而足。就设计元素来看，还包括造型、色彩、构成形式、风格、装饰等。旧工业场地进行改造设计时，根据新业态、新功能划分空间布局后，应综合考虑到室内环境的其他要素。就采光而言，应解决如何令旧有自然光和新添加的人工照明相协调；就色彩而言，应关注原有的环境色（如水泥或红砖）如何与时尚、现代的装饰颜色达到平衡和谐；就材质方面，主要关注如何令新材料与旧材料的沿用达到平衡统一。当新旧元素在矛盾冲突中达到平衡，室内要素协调配合的前提下，空间环境就会将工业文化符号与当代新生活场景融汇在一起，创造出历史文化与时尚生活相协调的环境氛围。

（3）保留场所精神，实现过去、现在与未来的对话

工业建筑情感与其他民用建筑、公共建筑的情感特性不同，其汇聚凝结的场所精神来源于曾经在这里进行生产生活的工人、城市发展足迹与新时代的入驻者。过去的痕迹和历史、新时代美好生活的需求、产业工人及其后代对过往的怀念与追忆，都需要在设计中达成平衡。通过对某些工业构件、生产机器等这些物质性的工业文化符号进行适当原貌再现，对奋斗精神、作风标语等非物质工业文化符号进行保留，让这些独特的场所精神在新时代、新环境中引起更多共鸣，从而实现过去、现在、未来的对话。如成都东郊记忆墙面上保留的“干部警示录”，向现代人继续传递着大生产年代，人民对生产的激情和动力。

3）工业文化符号在设计中的表现类型

我国工业生产经过多年的自力更生，目前已发展成为全世界工业门类最齐全的国家。工业门类按行业划分为40个大类、212个中类、538个小类。但是无论哪种具体的产业类型，其工业生产生活的组成部分都是由生产场地、生产工具、生产流程、工业产品、工业附属生活设施、企业文化、工人精神面貌、时代精神共同组成的。而工业遗产类型也是在生产要素组成中进行详细的分类。综上所述可以将工业遗产中的工业文化符号表现类型分为物质类与非物质类。

以原北京东方石油有限公司助剂二厂旧厂房改造项目（课程设计）为例，有着丰富的工业文化符号资源。原助剂二厂以“质量到位，服务一流”的经营理念和“客户第一，诚信至上”的服务原则获得了业界的高度认可，主要生产产品为聚乙烯、树脂等颗粒工业原料。厂区有独立的锅炉车间、提炼车间、机修车间等，其中存有大量的工业文化符号。通过调研，将其工业文化符号总结为两类，物质类与非物质类（图2-47）。

物质类工业文化符号包括：窗户格栅、刚架结构、红砖、钢制吊梁、铁质电箱、铁质探照灯、石灰防火砖、警报灯、三角形建筑外形、机械车床、大型机械、金属管材等。

从生产成品和生产原料的角度来说，有：塑料制品、桶罐、聚乙烯蜡、石油管道、化学助剂。

非物质类工业文化符号包括：“注意安全，保证质量”的标语、“注意安全”的标识标签、工人制服（生产常服、防护服）等。

4）工业文化符号的提炼与设计

（1）“形”的提取与衍生

工业文化符号“形”的提取和衍生是指工业文化符号所表现出来的外在形式与内在结构等物理表现形式，来突出其文化的地域性和行业特点。

图2-47 助剂二厂物质类工业文化符号

①保持原貌：对原厂址的工业文化符号选取典型代表，对原工业建筑、场地、大型生产线设施等不可移动或不易移动的物质类工业文化符号可进行合理的保留，对工业零部件等可移动的小型物质类工业文化符号，不改变其构建样式、材质肌理等物理条件，以原有风貌完整的传递工业遗址文化，如行业特点、企业文化、工人精神等重要信息。针对室内设计而言，主要是对工业遗产中的小型物质类工业文化符号、非物质类工业文化符号进行研究并精细化应用于室内环境中。大型的场地类与建筑构件、工具类等工业文化符号主要以室外空间应用为主，是对室外整体大环境的营造手段。保持工业文化符号的原貌是能够将工业文化的内涵与历史进程完整传递出来的。

在巴塞罗那废弃水泥厂的改造设计中，建筑师将厂区原有的混凝土筒仓进行修整，保留了其最具代表性的锥形下半部筒仓部分成为空间的视觉中心和空间装饰焦点。同理在其居室空间的设计中，设计师将厂房部分原有的大型输送管线进行截取，作为空间景观装饰的一部分，也诉说着空间的工业历史文化（图2-48）。

②提取典型：工业文化符号组成内容较为丰富，能反映出该工业遗址最有代表性与典型性的符号，是设计创造中最值得研究的部分。从行业特征来看，其独特的生产工具与设备；从产品来看，其产品的独特特征也是有别于其他工业企业的；从工人群体特征看，独特的企业文化与精神面貌也可区别于其他工业企业，显示出各自不同的特征。因此，设计中对工业文化符号的提取应注重分析其最具有代表性和象征性的部分，能够最直接明了地表

图2-48 巴塞罗那水泥厂改造的办公空间

达工业文化含义和工业发展历史的部分。透过典型的工业文化提取并进行符号化设计，能充分反映该工业场所在环境设计中的独特性、地域性、产业性等特点。

位于荷兰高达的De Producent（一家全球知名的奶品牌）奶酪仓库最近经历了一次非凡的改造，成为一处用于居住的公寓楼。在公寓走廊的天花装饰上，设计师提取奶酪的蜂窝状形态和奶酪在仓库储存的排列形态作为典型符号，反映了企业的本质特征。看似走廊顶部排列着各种年代的奶酪的造型，让人能够产生对历史遗迹和奶酪仓库繁荣场景的联想（图2-49）。

图2-49 荷兰奶酪仓库改造的公寓

（2）“体”的沿用与延伸

工业文化符号“体”的沿用与延伸指的是对工业文化符号所表现出来的外在形式与内在结构等物理表现形式进行改变，如不同材料的表达或不同尺度的再现，但改变后的工业文化符号还对原有工业文化保持着继承性，不管是色彩还是造型上。运用的手法包括艺术夸张、解构与拼贴等设计方法。

夸张是艺术造型设计中必不可少的表现手段。工业遗产包含的工业文化符号大多服务于工业生产，要使其从生产功能作用转化为文化审美作用、与新时代需求融合、与新时代审美协调，必然需要进行一定的艺术处理。选取其中具有传承价值和典型代表的部分工业文化符号进行艺术化的夸张处理，能够在不影响其表达含义的同时与现代审美要求和时尚生活相吻合。对工业文化符号的夸张可以是对符号某一部分的放大或夸张表现，或是颜色、材质的改变，或是植入解构、拼贴等现代艺术手法，从视觉上产生强烈的冲击感，让人能够留下深刻的记忆。如设计师选用齿轮这一工业文化符号，将小而精致的齿轮进行夸张放大，在数量上进行增加堆叠排列，作为天花的装饰主体，对空间有着强烈的装饰性（图2-50）。

图2-50 工业文化符号的夸张运用

解决造型问题的时候，解构与拼贴是常用的设计方法。解构就是对一个工业文化符号的形态进行打散重组，保持基本的造型特征，对其进行重新排列或几何化。拼贴则是把不同的工业文化符号进行重构组合在一起，形成新的造型形式，强调工业文化符号的象征性。

在课程教学实践中，该课程设计作品将旧厂房建筑原有的“安全”标语字样进行位置平移，其标语原本的大小、颜色、材质不变，根据视线范围和装饰需要进行部分裁剪。这样在不改变其整体历史风貌的前提下，采用解构的手法，将其中的信息集中提取，形成新的装饰样式，传递着旧机修厂曾经的工作原则和工人们对生产的信心与奋斗的精神。卡座区的通透格栅的样式是提取自工业建筑“红砖”这一具有代表性的工业文化符号。利用砖的材质表现性，排列方式重新组合，形成新的通透格栅造型来分割空间。这种就地取材的做法使新设计协调于原场地环境与文化，后现代风格的家具造型与传统工业文化符号拼贴，也贴近了当代的时尚生活（图2-51）。

图2-51 课程设计 旧厂房改造

精减是经过分析和筛选后的精炼与简化。工业生产与环境之间存在着矛盾，生产场所与生活场所也有较大的差异性。落后的生产方式与落后的产业结构自然是会被淘汰的，同样作为工业遗产中的文化符号也是需要经过分析研判，对存在安全隐患的一些工业符号需要进行删减。因此在对工业文化符号提取的过程中，保障符号传递意义完整性的前提下，将高污染、破旧残余、无法修整、有潜在危害的部分可以适当削减，能够让工业文化符号的表达更加清晰、合理、积极。设计中删繁就简是一个常用的设计方法，根据空间环境装饰的需求，对复杂的工业文化符号进行精减，采用抽象化、几何化的方式加以再创造，使符号的使用更贴近新的生活需求。

（3）“韵”的表现与传承

对工业文化符号“韵”的把握与传承是对工业遗产原有的工业文化符号进行模糊化的审美改造。保留韵味，留下充分的想象空间，包括新材料新技术的应用、母题重复等。

在当代，社会的生产力和科学技术已经在不断革新和进步。对于设计来说，在这种技术进步的支撑下，我们有更多创新的可能性与技术的支撑，可以创造出更多样的表现形式和多元化的设计风格。对于工业遗址的设计中也是这样，新技术与新材料的支撑能够使工业文化符号的表现更加多样化。设计师不能忽视技术进步带来的巨大变革，应该勇于尝试和运用新的科技和技术。传统工业符号在保留文化韵味、历史风貌的基础上，以现代审美、新技术、新材料进行再次组合构建，是一种对传统韵味与现代潮流融合传承的良好途径与方式。

母题重复是创造空间环境韵律感的重要设计手法。在图形创作中，我们提炼一种符号，作为造型的母题，将其重复使用在空间环境中，从而强化了主题，这种设计手法就叫母题重复。对于母题符号的提取，可小可大，可简可繁。在工业遗产空间环境设计中，选择具有代表意义的工业文化符号进行重复使用，使造型具有相似性、连贯性，在空间环境的不同界面重复使用，强化空间环境中的工业遗产主体特色，强调空间营造的文化氛围与艺术表现的统一性。

如利用金属管材作为工业文化符号重复使用，组成不同的排列与构造，运用到墙面装饰、家具造型、灯具造型、空间装置等，都是对“管结构”这一工业文化的母题表现（图2-52）。

图2-52　将管道符号作为母题重复

（4）突出重点符号的表现

不同的工业遗产都有代表其工业生产、行业特色的标志性、典型性工业文化符号。提取和保留这些特色突出的工业文化符号并在设计中突出表现，可以使空间传递的文化意义更加清晰。设计中围绕这些特色主题符号来进行空间布局，可以使其成为空间的视觉中心。

在课程设计实例中，该作品将原有的工业生产中重要的原料包装桶改变为灯具造型，突出了主题文化符号，组成新的视觉中心（图2-53）。

图2-53　课程设计　旧厂房改造

（5）比例与尺度

比例与尺度是造型的基本语言，工业文化符号采用什么尺度与比例来表现，需要结合空间环境来分析。如工业文化符号与空间装饰需求的关系、工业文化符号与空间环境要素关系、工业文化符号与空间使用者之间的关系。工业文化符号在工业遗产环境设计中的应用要综合造型对象的功能和审美等因素综合评价后，创造合适的比例和尺度来提炼创新。比如常规尺度、亲切制度、超大尺度在不同环境中的应用，利用夸张的手法对尺度进行缩小（亲切尺度）或放大（超大尺度），常常会造成不同寻常的戏剧性效果。如将文化符号创作为空间中的雕塑装置，或是将一些复杂的设备零件进行简化修整后对环境进行装饰（图2-54）。

5）工业文化符号的设计表现

（1）对比与变化

对比就是通过造型、色彩等的变化产生差异

图2-54 成都“东郊记忆”中的雕塑小品

性，形成不同的审美感受，这种差异性是美学的基本要素之一。将工业符号的沉稳、冷静、规律、秩序等与精细化、温暖感、活泼艳丽的当代设计语言进行对比，最终会得出戏剧化的对比效果，让体验者和使用者提高对空间的兴趣程度。

在课程设计实例中，卫生间洗手台的设计我们选用了原工业生产中常见的原料铁桶进行再加工，鲜艳斑驳的油漆增加了活泼的效果，加上玻璃台面的组合，形式感较为强烈，使工业文化符号与当代审美和时尚生活紧密地结合起来（图2-55）。

图2-55 课程设计 旧厂房改造

（2）衔接与过渡

衔接与过渡是连接两个空间的一种手法，应避免在空间连接的时候感到单薄或者突然。在工业遗产空间环境设计中，利用相同或相似的工业文化符号将两个相隔的空间进行连接，在局部的造型语言或色调控制上采用一致的表现方式，建立不同空间的视觉联系，形成空间的连续性和统一性。

在课程设计实例中，原机修厂散落众多的配电箱，我们将这些废弃的配电箱进行艺术改造，重新创作成为茶几，在空间中醒目地传递了工业文化符号（图2-56）。

（3）渗透与分层

两个相邻的空间不是完全隔绝，而是被有意识地相互连通，彼此渗透、相互依存，从而增强空间的层次感。就室内空间环境而言，具有灵活性和多层次的空间特点。利用相同或相似的工业文化符号使空间有一个主线索，在递进变化的过程中形成较为统一的背景环境（图2-57）。

图2-56 课程设计 旧厂房改造

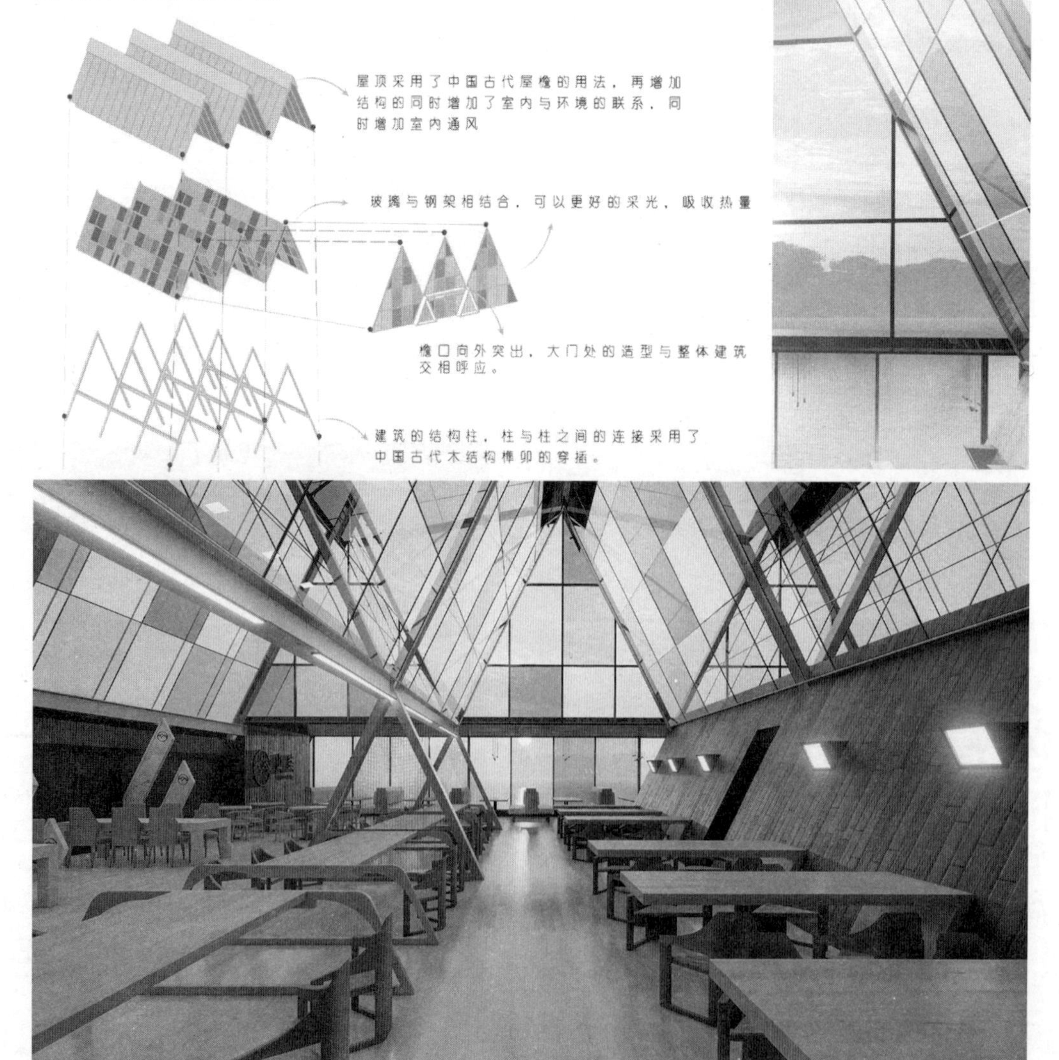

图2-57　课程设计　旧厂房改造

课程思政目标：

（1）通过文化生态与村落景观的学习，将“坚持人与自然和谐共生；山水林田湖草是生命共同体”“生态兴则文明兴，生态衰则文明衰”“绿水青山就是金山银山”这一系列治国理政新理念融入环境设计专业学习中；

（2）通过文化生态重塑的学习，了解文化与环境设计的关系，明确设计融合传统文化的重要性，树立学习、传承我国优秀传统文化的使命感。

（3）通过对文化符号的学习，使学生掌握符号表达意义的能力，通过符号的提炼、解构、创造，掌握通过设计表达优秀传统文化的能力，讲好新时代中国故事。

（4）新中国工业遗产是我国工业化的有机载体，是中华人民共和国70余年艰苦奋斗、技术进步的生动见证，中国在短短的几十年内实现了工业化，走完西方国家几百年才走完的工业化道路，充分显示了中国共产党领导的正确性与社会主义制度的优越性；

（5）使学生了解新中国产业工人的奋斗历程与拼搏精神，传承工业报国精神；

（6）工业文化是伴随着我国工业化进程而形成的物质文化、制度文化、精神文化的总和，使学生理解参与和传承自力更生、艰苦奋斗、无私奉献、爱国敬业的中国特色工业精神，树立成为社会主义建设者和接班人的使命。

03

Design of Village Commercial Street Landscape Facilities Based on Rural Culture

第3章

基于乡村文化的村镇商业街景观设施设计

3.1 乡村文化保护与传承的理论基础

乡村文化振兴是新时代“乡村振兴战略”的重要组成部分。《乡村振兴战略规划（2018-2022年）》明确指出“实施乡村振兴战略是传承中华优秀文化的有效途径。中华文明根植于农耕文化，乡村是中华文明的基本载体。乡村振兴，乡风文明是保障。实施乡村振兴战略，深入挖掘农耕文化蕴涵的优秀思想观念、人文精神、道德规范，结合时代要求在保护传承的基础上创造性转化、创新性发展，有利于在新时代焕发出乡风文明的新气象，进一步丰富和传承中华优秀传统文化。”可见乡村振兴、文化先行，在乡村景观设计中传承与发展传统文化有利于拓展乡村田园景观的内涵。

随着国内乡村旅游的盛行，作为乡村旅游的重要服务空间的商业街区景观规划设计日益得到重视。景观设施的详细设计是商业街区不可或缺的一部分，它能够反映当地的乡村文化特色，继承历史文脉，对进一步改善商业街区的整体文化风貌、迅速改善当地人民的居住环境发挥着重要的作用。

景观设施在生活中随处可见，与人的生活密切相关。但现实中景观设施的重要性似乎并没有得到重视，一些景观设施设计形式上缺乏创新，缺乏对文化元素的挖掘，或追求省事省力不分场合和情景批量购买厂家生产的景观设施，导致地方文化特色逐渐淡化。许多地方景观设施千篇一律，可替代性较强，营造的景观意境缺失，地域文化不明显。乡村文化是在特定的经济、政治、历史、地理等条件下形成和发展起来的。景观设施设计以乡村文化内涵为指导，有助于营造村镇商业街区整体文化氛围，实现乡村文化的传承和发展。

3.1.1 相关理论研究发展综述

“二战”后，国外在历史名城传统建筑风貌保护的研究成果一直处于重要地位。在乡村建设中，欧洲各国知名学者和专家更加重视地域文化的传承。1947年英国颁布了《城乡规划法》，1968年增加了对具有特殊或历史价值的建筑物的保护条例。对传统乡村建筑的深入研究，是从1964年伯纳德罗德斯基的“没有建筑师的建筑”开始。他对当时正处于风口浪尖的正统建筑提出了批评，并首次强调了乡村传统建筑的价值。由此，对农村传统建筑的研究逐渐开始。1977年，《马丘比丘宪章》明确提出“不仅要保护和维护城市中的历史遗迹，还要继承相应的文化传统。所有有价值的解释和国家的文化遗迹都必须得到保护。”强调了传统文化的重要性。

乡村文化振兴的核心就是乡村文化的继承与发扬，在我国最早可追溯到20世纪20～30年代。当时在“重工业重城市”的政策背景下，村镇建设方面忽视了乡村资源的保护，乡村复兴思潮开始出现。改革开放后，1987年开始了对乡村文化遗产的研究。2008年，《城乡规划法》的全面实施扩大了乡村规划的范围，乡村规划建设开始受到关注。随着2013年美丽乡村建设的提出，乡村建设方面的研究随着时代背景和城市化进程的推进，阶段与重点不同。从1940年代开始，刘敦桢首先关注乡土建筑的保护，1960、1970年代国内重视基础设施建设，1980年代陈志华教授乡土建筑研究队伍开始进行村落保护研究，21世纪初吴良镛院士开始关注农村居住环境建设，重视乡村文化的传承。

3.1.2　乡村文化的概念和特征

乡村文化是指社会生产实践中农民与自然环境的相互作用所创造的物质文化与精神文化的总和。它涵盖了广泛的内容，几乎涉及农村社会生产和生活的各个领域，包括生态文化、居住文化、生产文化和其他农村物质文化内容和风俗文化、制度文化、行为文化等乡村精神文化内容。

乡村文化的特征是在特定的经济、政治、历史、地理等条件下形成和发展起来的，相对于其他文化而言，乡村文化具有乡土性、继承性、地域性、民族性、多样性、时代性等突出特征。

1）乡土性

中国的基层社会是农村。村民离不开土地，农业生产离不开气候、土壤、生产工具与农产品交换。因此，乡村文化带有强烈的乡土性，较为封闭。

2）继承性

经过长期的发展，乡村社会在自然和社会环境中形成了独特的乡村文化。乡村文化代代相传，根植于村民的心中，具有一定的稳定性，并得到了社会的广泛支持。

3）地域性

在地质、地貌、气候、水文、生物等自然环境因素以及政治、历史、经济、技术、人口、民族和其他社会环境因素的影响下，乡村文化已深深打上了地域特色的烙印。

4）民族性

由于地理环境和整个社会生活环境的差异，不同民族的地域文化具有明显的特征。乡村文化也打上了民族的烙印，反映在不同地区和村落往往呈现出不同的物质文化、精神文化、制度文化，这有利于对乡村文化特征的识别。

5）多样性

中国幅员辽阔，历史地理环境复杂，地理特征对比强烈，逐渐形成不同的生活方式和观念，这些影响因素使其各地区的文化呈现出多样性。此外，中国是一个统一的多民族国家，在自身的历史发展中，不同的民族有着不同的文化，促进了中国乡村文化的多样性。

6）时代性

乡村文化的存在和发展普遍适应于特定时代的政治、经济、社会和文化，形成了这一历史时代特有的乡村文化，这就是乡村文化的时代性。

3.2 商业街区景观设施

3.2.1 景观设施研究发展概述

景观设施伴随着建筑和景观规划的出现而发展起来，基于乡村文化传承的景观设施设计发展方向，与建筑和景观规划设计理论有着密切关系。随着文化科学、生活方式、社会经济、城市规划的推动，人们越来越发现，景观设施的设计、制作材料与空间表现方法等应趋向个性化和本土化。

1989年E.N.培根在《城市设计》中指出空间环境的质量是基于人类需求的，影响整体空间居住环境的优越性。它在其他城市的应用有赖于令人愉快的自然联系、整体规模、乐趣匹配以及消除纵向对比不协调的配合。探讨了景观设施的质量与景观质量的关系及详细的设计要求。1999年凯文·林奇、加里海克在《总体设计》对景观及其感知材料进行分类和分析，定义空间、触觉和听觉、视觉空间序列、纹理和材料、符号和景观设施，对广告标志、环境艺术作了大的总结和设计方法的描述。2002年扬·盖尔《交往与空间》重点探讨了户外活动和影响他们的公共环境空间。它关注的是我们的日常生活以及周围的各种户外空间，包括日常生活对人造环境的具体要求。2006年芦原义信《街道的美学》指出用文化植入的方式丰富空间。2010年雅各布·克劳埃尔（Jacobo Krauel）在《装点城市：公共空间景观设施》通过大量现场图片，对景观设施和设备的细节、尺寸、总重、安装过程和维护要求进行了详细说明。对更多空间、气候、基本功能和美学价值的综合考虑为专业设计师提供了灵感和数据参考。2012年比尔·梅恩（Bill Main）与盖尔·格瑞特·汉娜（Gail Greet Hannah）在《室外家具及设施》中概述了如何改进户外活动家具的设计，以实现规划目标，以及其他户外活动家具的组成和选择中需要重点关注的问题。

中国的景观设施出现得很早。宋代画家张泽端的《清明上河图》真实地描绘了北宋京都汴梁的繁荣景象。其中商店、路牌、门道、门面等街道设施细节丰富。

国内对景观设施的研究始于20世纪80年代初，引进了国外城市设计理论，仅作为对少数城市设计和景观设计内容的简要介绍。从1984年6月到1985年3月《建筑师》杂志第19到20期发表的凯文·林奇（Kevin Lynch）的《城市意象》；1987年5月，城市环境美学研讨会在天津举行；1988年，建设部规划部门制定了《城市规划工作纲要》。1990年4月1日，《中华人民共和国城市规划法》生效，建议在大城市和重点旅游城市中建造一些反映城市特色的美丽街区。

1990年于正伦在《城市环境艺术：景观与设施》中以城市总体环境的理论框架为基础，进一步探讨了城市景观、建筑小品和公共建筑设施的设计方法。结合国外优秀的设计案例，从整体布局到各个功能、造型、设施等主题进行了深入讨论。1999年洪得娟在《景观建筑》中对景观的各种设施进行了分类，详细地介绍了各种设施的不同类型、结构、主要位置和配置设计。可见景观设施是商业街景观规划设计的关键要素之一，环境设施与文化和地域性特色有很强的联系。

3.2.2 景观设施的概念和功能

设施与人们的生活息息相关，《现代汉语词典》（第六版）中对其定义为：为了进行某项活动或满足其中需求而建立起来的机构、系统或建筑等。“设施”一词中的“设”字从言、从殳，本义有摆设、陈设的意思；“施”字本指旗帜，亦有设置、安放的含义；也有施用，运用的意思。可见“设施”特指那些有明确使用功能的事物，强调其可用性。

“景观设施”一词最初是由美国景观设计师盖瑞特·埃克博（Garrett Eckbo）提出。它有许多代名词，如街道设施、城市装置、环境设施、城市公共设施、城市要素、园林建筑小物。在许多欧洲国家，它被称为“街道家具”，这被解释为“街具”。在法国称为“Mobilier Urbain”，在“西班牙”称为“mobiliario urbano”，在日本被理解为“步行者道路的家具”或“路的装置”。

在日常生活中，景观设施为人提供了服务和便利。它们出现在许多公共区域，不仅能满足每个人的需要，而且使人愉悦。通过人与物的交互，景观设施使商业空间更适合人类活动，增加人与环境的沟通，积极促进街道与人的共生关系。也可以说，景观设施的质量水平直接关系到商业街区的整体环境质量。

景观设施具有使用功能，景观设施的基本涵义是满足公众的基本需求，因此使用功能是其基本属性。商业区是当地居民工作和生活的地方，也是游客休闲娱乐的地方。人的使用方式是多样而复杂的，景观设施的布置应尽可能满足更多人的需求。通常情况下，景观设施应位置显眼，易于发现，并且不能在环境中显得过于冲突，破坏商业区的景观构成。因此，设计应该协调两者之间的关系。

景观设施具有审美功能，商业区景观设施将景观艺术性作为审美功能的重要体现，体现在景观设施的艺术处理、景观设施的造型、材料、色彩以及商业区整体文化背景和空间环境的呼应上。

景观设施具有文化性功能，体现在形态特征的文化语义和商业区的定位上。乡村文化是在生活习俗的延续和社会发展的变化中不断形成的，它的文化内涵可以通过景观设施的艺术形式来表达。

景观设施具有引导功能，景观设施作为街道环境的一部分，发挥着自身的职能优势，保持形态与功能的一致性。景观设施服务于商业区的居民和游客，设计师可以通过景观设施的设计，有效地规范人们的行为，促进公众与信息的交流。

3.2.3 景观设施的分类

根据景观设施的基本功能和属性对其进行分类。可大致分为9个系统（表3-1）：

景观设施分类表 表3-1

景观设施	构成要素
卫生系统	垃圾箱、饮水器、洗手器、雨水井、公共厕所等
休憩系统	休息椅、凳、路亭等
信息系统	公用电话、信息终端、城市标识导视系统、户外广告、招贴等
建筑小品系统	雕塑、围墙、大门、亭、棚、廊、架、柱等
绿化系统	树池、花池、花坛、种植器、绿地等
照明系统	道路照明、广场照明、公园照明等
交通系统	台阶、通道、人行天桥、连拱廊、路障、候车亭、停车处、交通入口、护栏、加油站
服务系统	书报亭、售货亭、游乐设施、大门等
管理系统	电线柱、路灯、电器管理、控制设施、消防管理设施等
水景系统	水池、喷泉等
无障碍系统	步行道、升降电梯、坡道、专用厕所、标识等

3.2.4 乡村文化传承下景观设施设计影响因素分析

1）街道景观设施自身影响因素分析

景观设施作为设计产品，其设计因素会受到人的需求（物质需求、精神需求）、使用环境（规划布局、空间环境）和科学技术（材料、生产技术、加工工艺）的限制，这三者对景观设施设计最终的功能、造型和色彩均会产生影响（图3-1）。

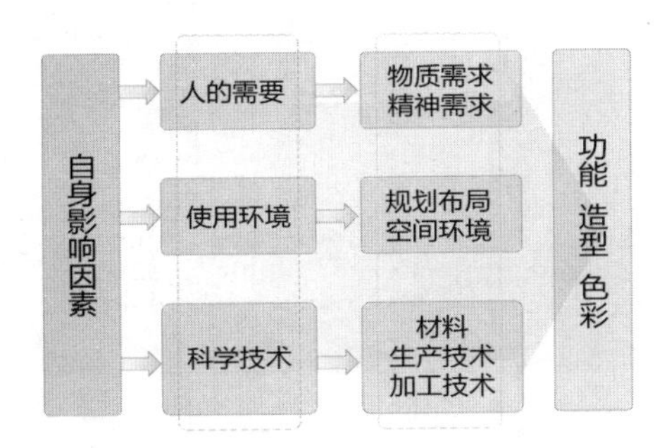

图3-1　景观设施自身影响因素

2）乡村文化影响因素分析

乡村文化的影响因素具体表现在设计者的思维方式、产品使用者的审美、景观设施的外观和景观设施设计价值的提升几个方面（图3-2）。

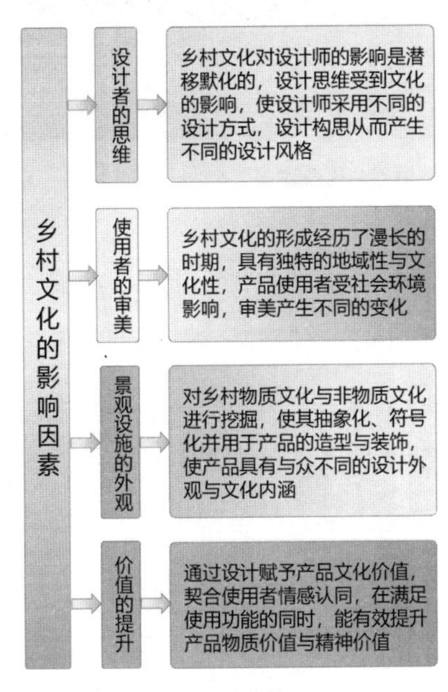

图3-2　乡村文化影响因素

景观设施是展示商业街环境必不可少的组成部分，与人们的生活息息相关，不仅为街区提供功能性服务，同时也提升了商业街道的文化氛围和地域特色。随着现代化进程的加快，许多传统的生活习俗已经不适应现代社会的生活需求，导致许多有价值的民间传统文化面临时代的尴尬和艰难的境地。许多优秀的古建筑、传统技艺、传统民俗被随意毁坏和丢弃。人们追逐城市化的脚步中，往往忽视本土文化，文化传承面临后继无人的危机。对景观设施进行艺术设计，有利于增强商业街的地域文化特色，也有利于当地乡村文化的传承，增强本土文化自豪感。

3.3　乡村文化的调查与分析——以桑枣镇为例

“全域旅游”的提出促进了国内越来越重视乡村度假旅游，并且正在全国范围内开展乡村度假旅游项目。桑枣镇项目位于四川省绵阳市安州区西北部。项目距成绵高速公路出口40km，距绵阳火车站55km，距绵阳南郊机场60km，交通优势十分突出。该镇是集康养度假、山地休闲、温泉娱乐和民俗体验为一体的罗浮山温泉康养特色小镇。

乡村文化的调查主要采用文献调查法与实地调研相结合，通过查阅相关文献获取桑枣镇乡村文化的具体内容，主要依据为《安县志》与《桑枣镇志》。我们通过实地观察法了解了桑枣镇乡村文化的实际情况，通过大量的实地访谈深入了解了桑枣镇乡村文化内涵。

调研分析乡村文化，需要对文化类别进行归纳。总体来说，一个地区的乡村文化可分为物质文化和非物质文化。其中物质文化有生态文化、居住文化和生产文化，非物质文化有风土人情文化、制度文化和行为文化（图3-3）。

3.3.1　物质文化分析

1）生态文化

生态文化资源主要以罗浮山风景区为主，其中包含地文景观、水域风光、生物景观和天气气象景

图3-3　罗浮山风景区

观。地文景观包含山丘型旅游地、独峰（罗浮十二峰）、奇特的象形山石（飞来石、仙人石、海豚石、石象迎宾、镇山佛掌等）、岩壁和岩缝（一线天）、岩洞和岩穴（白云洞、白羊洞、清风洞、白熊洞）和地震遗迹。水域风光包含河段（茶坪河）、湖泊（水景园）、瀑布（罗浮飞瀑）和泉水（各种温泉、药泉）。生物景观包含当地的各种树木花卉和野生动物栖息地，主要集中在罗浮山景区。气象景观包含日月星辰观光地、云雾多发区、避暑区、海市蜃楼现象多发区。

2）居住文化

居住文化分为民居建筑、景观建筑和商业建筑。其中民居建筑分为特色社区和乡土建筑（传统低矮木建筑）。景观建筑有古羌王城、飞鸣禅院、罗浮山白石塔、钟楼鼓楼、望佛廊、云水亭、揽胜亭、牌坊门楼。历史上桑枣镇是该区的商业重镇，商业建筑有会馆、会所（图3-4）。

3）生产文化

生产文化分为农耕文化和商贾文化。桑枣镇是

图3-4　桑枣镇部分传统建筑

一个农业重镇，盛产水稻、玉米、小麦、油菜、红枣、蚕桑、斑竹、楠竹、魔芋、黄连、杜仲、生姜、辣椒、生猪等，是安州区的粮食主产区和生猪基地、蚕桑基地、魔芋加工基地。另外桑枣镇的雕刻文化、制陶工艺、藤编都是该地区独特的传统手工艺。其中雕刻工艺有木雕和石雕，九龙杯木雕堪称巴蜀一绝。制陶，烧陶，出售陶器的桑枣镇花庙村，是代代相传的一项技能。为了让更多的人了解和感受传统民间工艺，花庙村还建立了以陶艺为主题的陶艺体验，陶艺教学，陶瓷艺术创作（图3-5）。

3.3.2　非物质文化分析

1）风土人情

风土人情文化包含了名人名士、宗教文化、民

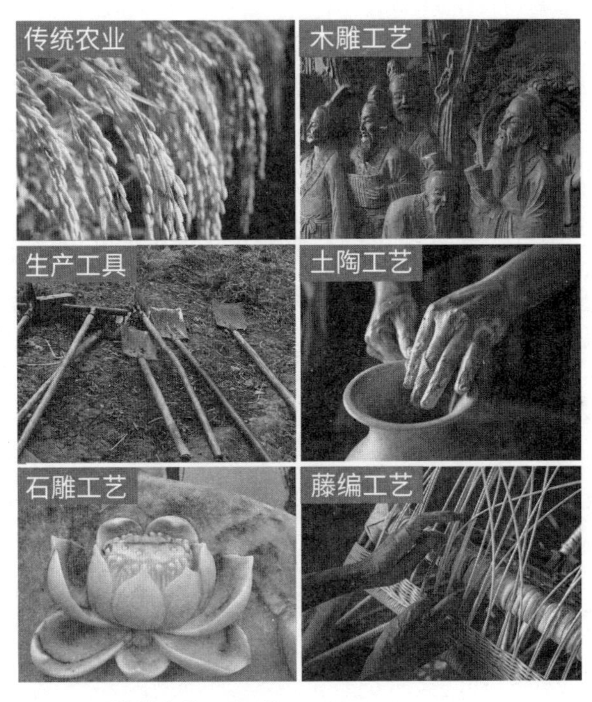

图3-5　桑枣镇农业及手工艺

风民俗、饮食文化。其中名人名士的代表人物有清代蜀中才子李调元、中国现代作家沙汀、民间文艺学家萧崇素、佛教禅宗大师惟觉、抗美援朝二级英雄陈开茂等（图3-6）。

图3-6　李调元与沙汀塑像

唐武宗年间，随着佛教传入中国，在桑枣镇建立飞鸣禅院，宋宣和年间道教传入该地区，建立祥福观。民风民俗包含民间的演艺活动、民间风俗和民间礼仪，桑枣镇人民的文化生活非常丰富，其中民间演艺活动就有龙灯、蚌壳舞、金钱板、唱道筒、诗歌文化、川剧打击乐和民间棋艺等，民俗礼仪包括跳端公、丧葬习俗、婚嫁习俗、成人仪式、浮山庙会、羌族民歌、罗浮山温泉节等；饮食文化包括茶文化、酒文化、羌民族饮食文化和地方特色美食。

2）制度文化

桑枣的制度文化分为两类，一种是政治制度，一种是宗族制度。政治制度分为军事文化和历史遗迹，比较典型的是古羌王城。据《安县志》载："安县见《周书·庸蜀》，羌鬃县即古地，孔安国注。羌在西属为冉珑国"。《太平寰宇记》云"安县，至始皇末，汉初犹为蜀郡之地。"故安县在秦汉时是冉驼岷山庄王统辖。汉宣帝地节元年（公元前69年）安县为涪县，属广汉郡。此时期战乱频繁，为抵御朝廷兵进剿，涪江地域设多处羌兵关隘，在罗浮山构筑军事城堡。

桑枣镇有着自己独特的宗族制度文化，就是"家风"。在桑枣镇，随处可见传统的"家风"宣传标语，例如"为人父母天下至善，为人子女天下大孝"，"十月胎恩重，三生报答轻"。这些传统的"家风"塑造了村民的优良品德。

3）行为文化

桑枣镇行为文化分为语言文化和耕读文化。语言文化中比较典型的就是川剧，川剧打击乐备受人民群众的喜爱。"金钱板"是一种民间说唱艺术，已被列为非物质文化遗产。另外就是耕读文化，优越的自然环境和社会环境给这里的诗词和文章提供了创作灵感。如李调元和沙汀等历史文化名人，都是当地有名的诗人和作家，为这里留下了优美的诗词文化，这些作品在桑枣镇代代相传。

3.3.3 文化符号的提炼

通过对桑枣镇乡村文化的调研，从桑枣镇乡村文化的载体中提取出如下设计元素，可用于设计创意的灵感来源。

1）生态文化

地质景观：含山丘型旅游地、独峰（罗浮十二峰）、奇特的象形山石（飞来石、仙人石、海豚石、石象迎宾、镇山佛掌等等）、岩壁和岩缝（一线天）、岩洞和岩穴（白云洞、白羊洞、清风洞、白熊洞）和地震遗迹。

水域风光：包括河段（茶坪河）、湖泊（水景园）、瀑布（罗浮飞瀑）和泉水（各种温泉、药泉）。

生物景观：包括当地的各种树木花卉特别是千年古树景观，主要集中在罗浮山景区。

天气与气象景观：日月星辰观光地、云雾多发区、避暑区、海市蜃楼现象多发区。

基于以上生态文化元素，可提炼出罗浮山“山”“水”“古树”“云雾”等典型元素进行设计创作。以地域风光特色进行符号的提炼，融入商业街道景观及景观设施设计，反映当地乡村景观特色。

2）居住文化

民居建筑：特色社区和乡土建筑（传统低矮木建筑）。

景观建筑：古羌王城、飞鸣禅院、罗浮山白石塔、钟楼鼓楼、望佛廊、云水亭、揽胜亭、牌坊门楼。

历史遗留建筑：会馆、会所等。

以上居住文化元素中，可提炼建筑结构、建筑材质、建筑色彩、建筑装饰等元素运用于设计之中。

3）生产文化

包括农耕文化与商贾文化：当地农业、农产品、手工艺品、木雕、石雕、土陶、藤编特色产业与产品。从中可提炼“农耕”元素与“传统手工艺”元素。

4）风土人情

名人名士：有清代蜀中才子李调元、中国现代作家沙汀、民间文艺学家萧崇素、佛教禅宗大师惟觉、抗美援朝二级英雄陈开茂等。

宗教文化：当地历史悠久的佛寺道观。

民风民俗：包含民间的演艺活动、民间风俗和民间礼仪。

饮食文化：茶文化、酒文化、羌族特色饮食文化和地方特色美食。其中当地有名的地方美食就有焦鸭子、张包蛋、红酥和谷花糖。

5）制度文化

历史遗迹古羌王城、宗族制度文化等，以及新时代新风貌重要的组成部分“党建文化”与“乡情乡愁”的表现也是设计中可以注意的创意点。

3.4 基于POE的商业街景观设施设计调查研究

POE的研究以用户为中心，从用户的角度引出问题，根据用户需求解决问题，体现了以人为本的设计理念。以桑枣镇枣园正街、桑园路和文化广场为设计目标，对街道景观设施的现状做用户使用感知的调查研究（图3-7）。

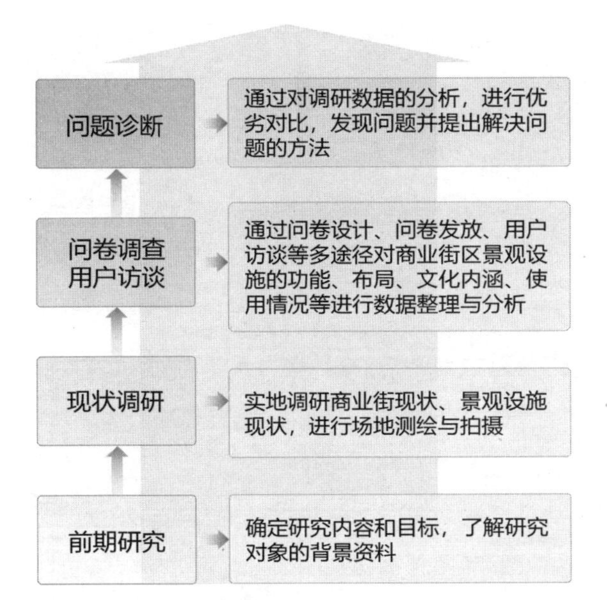

图3-7　POE法研究流程

调查目的：深入挖掘桑枣镇乡村文化的内涵，调查商业街景观设施的现状，明确桑枣镇商业街区景观设施类别、功能、使用方式、空间环境设计、造型设计与乡村文化的哪些因素有关，并对这些因素的重要程度进行排序，为设计实践提供设计依据。

调查方式：采用实地调研，观察法，测绘、访谈等。通过POE法对桑枣镇景观设施的使用状况进行深入的调查研究，了解桑枣镇景观设施的现状，找出景观设施设计中存在的不足并讨论分析，最后以人机工程学作为设计指导，选择环境设施尺寸参数。

调查对象：以桑枣镇枣园正街、桑园路街道的居民和外来游客为调查对象，采用随机抽样的方式，在当地发放关于桑枣镇商业街区景观设施设计调查因素的问卷，获取调研数据。

3.4.1　调研过程

1）实地调研

通过对桑枣镇入口广场、枣园正街、桑园路、文化广场的走访和实地调研，以观察、拍照、录像的形式记录桑枣镇商业街空间环境的现状，对道路两边建筑风貌和景观设施做全景拍摄，并对建筑进行编号，以便展开后期对建筑风貌的改善和街道景观设施设计。实地调研的优点在于帮助研究人员从专业的角度对街道空间环境和基础设施的现状实现准确、全面的了解。

（1）街道现状分析

建筑现状：桑枣镇街道建筑以现代民居为主，没有经过精心的规划设计，基本由当地居民自行修建，街道缺乏文化氛围。有少许保留至今的传统木建筑，由于缺乏修缮，建筑陈旧破败（图3-8）。

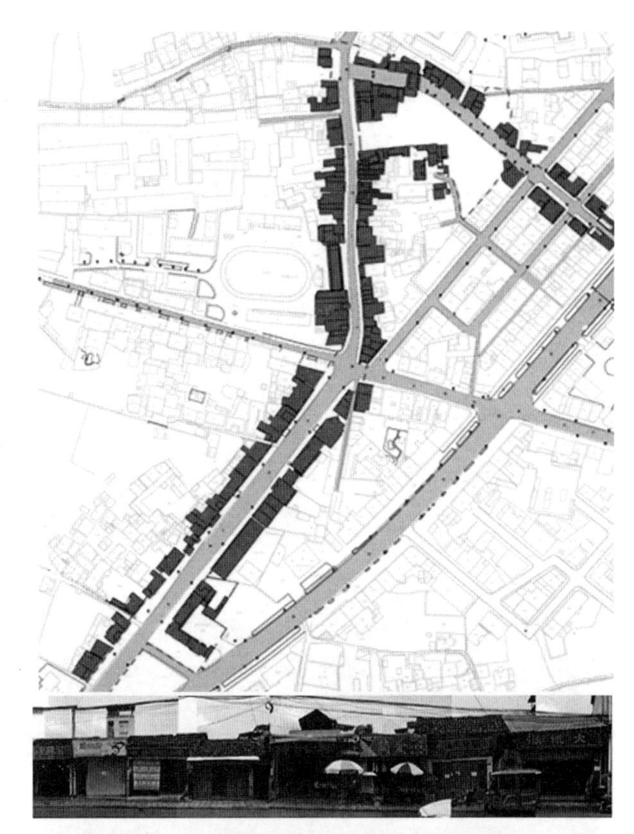

从此处可以看出，曾经的桑枣镇街区建筑形式是以小型砖瓦结构建筑为主，建筑低矮，多是单层建筑。虽然现在很破败，但是其在一定程度上展示了曾经桑枣街区的街道风貌，可以对其进行拆建或者翻新处理。

随着城镇化的推进，居民的住房普遍是砖房为主，没有形成鲜明的地方特色，砖房大小不一，高低不同，后期进行改造时，有利于形成优美的天际线。整体砖房建筑，改造立面时可以进行统一化的处理。

图3-8　街道建筑现状

街道空间现状：A-A街道空间总宽28m左右，道路宽10m，人行道9m宽，西面建筑基本上3层左右，极少数楼房超4楼。东面建筑总体比西面建筑高，最高楼房单栋6楼，最低单栋2楼，普遍是4楼。B-B街道空间围合现状总体同A-A街道。C-C街道空间总宽12m左右，道路宽6m；街道两边的人行道狭窄，只有约1m宽。街道电缆、通信等线路杂乱，缺乏统一的规划和整理。D-D街道空间是枣园正街和桑园路的过渡段，后期规划为罗浮诗乡广场。北面临街的是5层居民楼，南面是一段以罗浮十二峰为主题的围墙，东面是一片绿植。整体空间空旷，缺乏规划与设计，功能性与文化性均欠缺（图3-9）。

图3-9 街道空间现状

街道风貌现状：桑枣镇商业街区整体建筑以现代砖房为主，少量木建筑已经破败不堪。调查发现仅党建文化街和文化广场处有少量文化元素的运用（图3-10）。

图3-10 文化元素使用现状

街道立面：枣园正街前端绿地，植被长势茂盛，但植被与道路的界限不明，导致车辆乱停乱放（图3-11）。街道立面均为自建民房，房子高低不等，新旧程度不等，建筑风格不统一，街道东南面建筑较高，平均4层，西北面建筑稍低，平均3层，街道两边一层均设有卷帘门作为商铺使用。枣园正街后半段，整体建筑在4层左右，最高6层（图3-12）。

图3-11 绿地西立面

图3-12 枣园正街立面

（2）街道景观设施现状

桑枣镇街道景观设施分类，分别是卫生系统、休息系统、信息系统、建筑小品、绿化系统、照明系统、交通系统、服务系统、管理系统、水景系统、无障碍系统。

卫生系统现状：枣园正街和桑园路街道边无垃圾桶设置，文化广场区域有少量垃圾桶，不能满足基本生活需求（图3-13）。

休憩系统现状：整个调研区域缺乏休息设施，仅文化广场处有3个休息座椅（图3-14）。

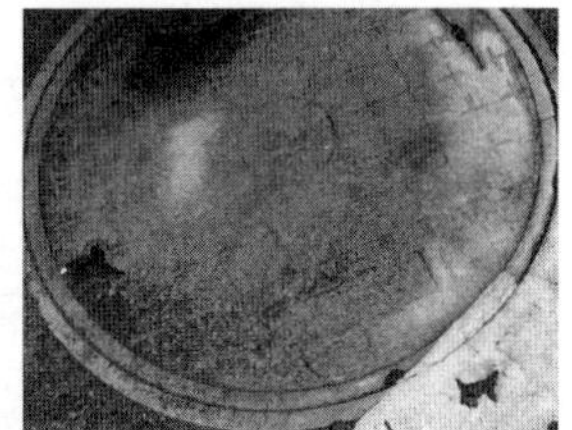

图3-13 卫生系统现状

图3-14 休憩系统现状

信息系统现状：调研区域信息系统有户外广告、标识导视系统、电子信息屏。信息系统不完善，设计缺乏地方文化特色（图3-15）。

图3-15 信息系统现状图

建筑小品系统现状：建筑小品设施以围墙居多，仅文化广场区域的部分围墙对地方文化有所展示，但设计手法过于单一，展示效果需要提升。

绿化系统现状：枣园正街树池属于市面上工厂大批量生产，缺乏地方文化内涵，种植树木树龄较小，街道绿化效果较差。文化广场区域景观设施考虑到当地居民对该场景的使用频率，提供了带座椅的景观树池，但景观设施外观缺乏文化内容，仅满足使用功能。广场入口处和党建文化区入口处设置少量花池，阻挡大型车辆入内（图3-16）。

图3-16　绿化系统现状

照明系统现状：照明系统仅满足功能需求，设计上缺乏文化内涵，灯光设计缺乏层次和变化（图3-17）。

交通系统现状：该区域交通设施较少，有人行横道、步行道、盲道、护栏和路障。枣园正街十字路口处和学校附近有人行横道，小学门口和文化广场区有路障。文化广场区设置了栅栏，用于区分广场和绿地空间（图3-18）。

服务系统现状：服务设施包含书报亭、售货亭、游乐设施、大门等，调研发现桑枣镇项目区域未发现此类设施。

水景系统现状：项目地区域未发现任何水景系统。

图3-17　照明系统现状

图3-18　交通系统现状

无障碍系统现状：街道两边步行道均设计盲道，道路两边的商铺多数设置坡道，道路交叉口设置缓坡。

（3）街道景观设施空间布局现状

通过对桑枣镇景观设施的实地调研，我们对桑枣镇商业街区景观设施空间布局现状进行了还原。枣园正街十字路口前均设置有树池，但并没有种植树木，枣园正街后段由于街道较窄没有设置树池，文化广场区立体浮雕围墙前设置有带休息座位的树池，桑园路有树池。街道景观设施空间布局整体不满足用户的使用需求。枣园正街没有设置垃圾桶，也没有休息座椅等常用设施。街道电线杂乱，影响整体风貌。十字路口交通设施不完善，没有方向导视牌、红绿灯等，人行横道设置只有一个方向，需补充其余三个方向。文化广场、桑园路、党建区的休息设施、垃圾桶等，不能满足基本需求（图3-19）。

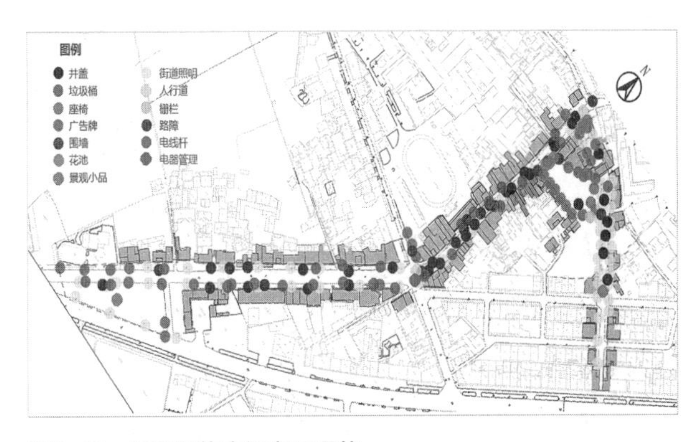

图3-19　景观设施空间布局现状

2）问卷调查

根据桑枣镇枣园正街和桑园路附近实际情况及实地调研分析，我们设计调研问卷。通过用户填写调查问卷，再回收数据资料，通过综合分析法找出多数人对同一问题的看法，帮助设计者做出正确的判断。

通过了解被调查对象的性别比例、年龄构成和从事行业分布；被调查对象对街道景观设施的需求状况；被调查对象的出行目的和出行方式；被调查对象使用景观设施的种类和频率，以及自身对景观设施的附加需求，为景观设施重新规划过程中设施种类、数量提供依据。通过各类景观设施的满意度调查，了解对不同类型景观设施的总体评价、街道景观设施是否能够满足被调查对象的功能需求和审美要求。从使用者的角度出发，了解其对景观设施的功能需求、审美需求对设计实践有重要指导意义，例如问卷中对景观设施设置位置的评价，有助于设计者把控景观设施整体功能布局的合理性与科学性。

3）用户访谈

在诺曼的《情感化设计》书中这样表述：“情感要素远比功能要素对产品的成功更有指导意义”，所以他把最终的设计目标分为三个层次，“本能层、行为层、反思层”，反思层处于最高层次，它强调通过产品传达出的信息和意义，高于产品本身，注重带给使用者体验的力量和舒适的使用感受，能给使用者留下深刻的印象（图3-20）。

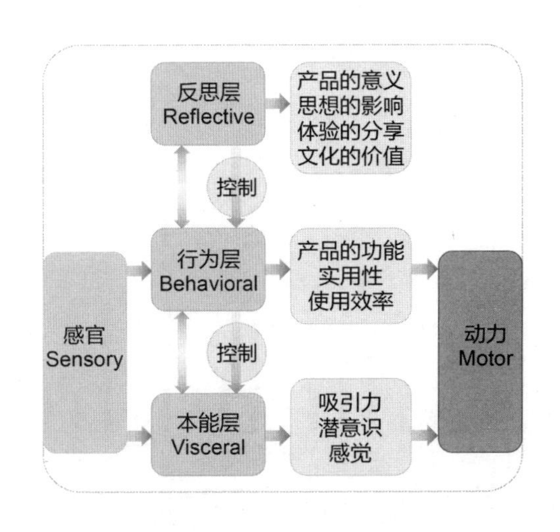

图3-20　情感化设计的三个层面

通过对目标人群的访谈，我们可以进一步了解景观设施的使用情况和用户的心理感受。在采访过程中，通过记录被采访者对桑枣镇商业街景观设施的看法和感受，探索公众对景观设施情感需求、审美需求。

3.4.2　调查数据结果统计和分析

1）问卷调查数据统计

课程团队于2019年6月在桑枣镇枣园正街和桑园路附近发放调查问卷100份，实际收回有效问卷98份。

（1）被调查对象基本特征

从98份有效问卷中进行统计分析发现，被调查对象中男女比例约为 2：3，女士比较多。其中（77/98）78.6%的人属于本地人，（21/98）21.4%是外来游客。被调查对象中年龄段集中在31～60岁之间，其中41～50岁的最多，占比（22/98）22.4%。调查对象（42/98）42.9%的人处于在职，（20/98）20.4%处于无业，（24/98）24.5%处于退休，（12/98）12.2%是学生。大家普遍的出游方式是步行，其次是公交车和自行车，最后是汽车，其中步行占比高达（48/98）49%（图3-21）。

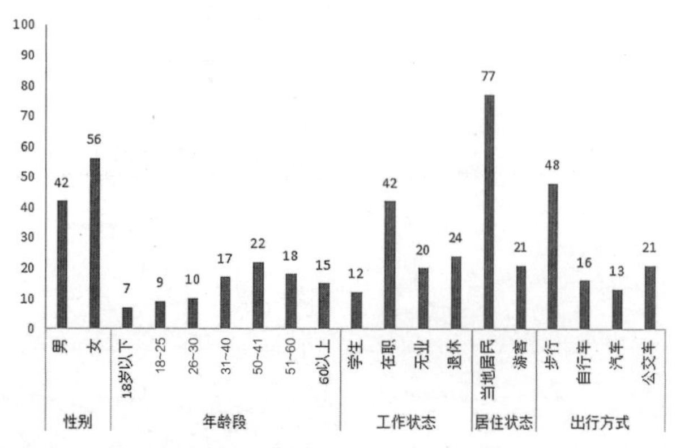

图3-21　被调查对象基本特征

（2）景观设施的种类和使用频率

经过对桑枣镇商业街区现场调研，针对当地景观设施，对垃圾桶、路灯、建筑照明、公交车站、标识导视牌、自行车停放处、广告牌、景观小品、树池、座椅、井盖、护栏、路障、消防栓、公厕进行调研。从学生、退休人员、职工、无业人士、当地居民和游客对景观设施的使用统计，发现大家对垃圾桶、景观小品、树池、座椅、公厕的需求程度比较大（图3-22）。

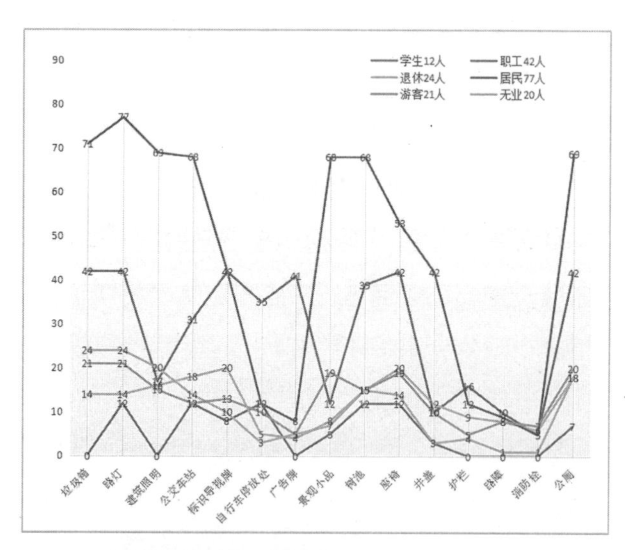

图3-22　景观设施的种类和使用频率

（3）对不同种类设施的满意度

根据桑枣镇现有的景观设施对其满意度打分，满意度满分5分。以下是被调查对象的打分情况，从图中我们能明显地感受到当地居民对此街道景观设施的满意度整体比较低，评分均在3分以下（图3-23）。

（4）对景观设施的功能、布局和审美评价

统计表明景观设施基本需求的满足、外观的设计、空间布局以及文化内涵的表达都不能达到被调查者的基本要求（图3-24）。

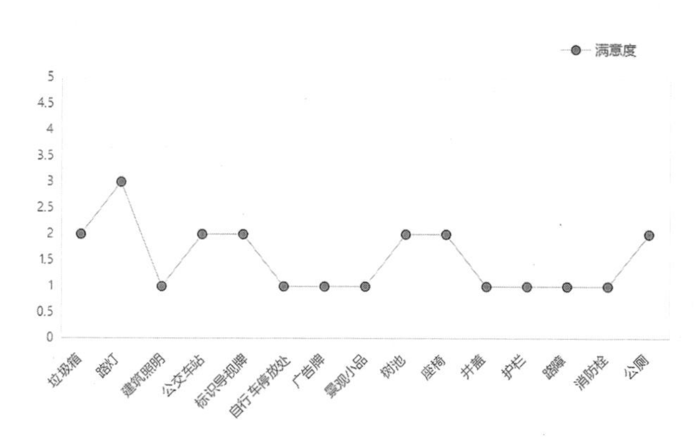

图3-23　对不同种类设施的满意度

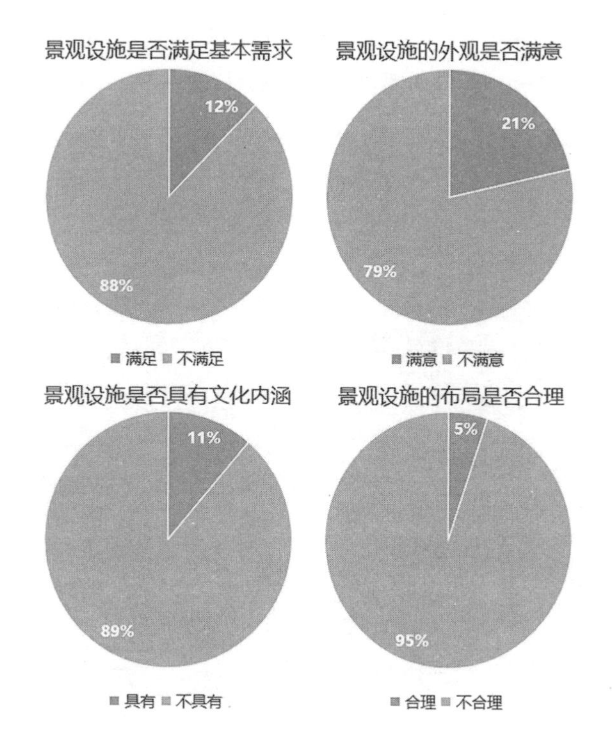

图3-24　景观设施用户使用感知度评价

（5）对景观设施设计内容关注度

据调查统计发现，被调查对象对景观设施的功能和文化内涵比较重视，功能占比39%，文化内涵占比37%，其次是造型，占比13%，对材质和色彩的关注度是最低（图3-25）。

（6）景观设施文化要素代表及排序情况

根据问卷调查数据统计发现，桑枣镇商业街被调查对象普遍认为罗浮山自然风光能代表其文化形象。据统计资料显示，文化要素重要程度的排列依次是：罗浮山、药浴温泉、名人名士、土陶、石雕、古树文化、飞鸣禅院、海绵生物礁、古羌王城、木雕、民俗文化、农耕文化（图3-26）。

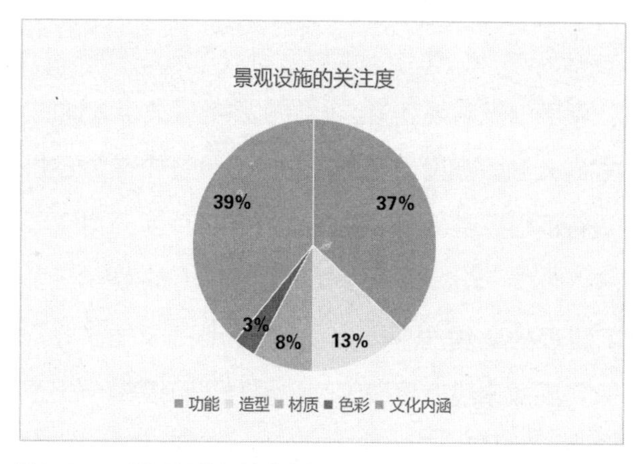

图3-25　对景观设施设计内容的关注度

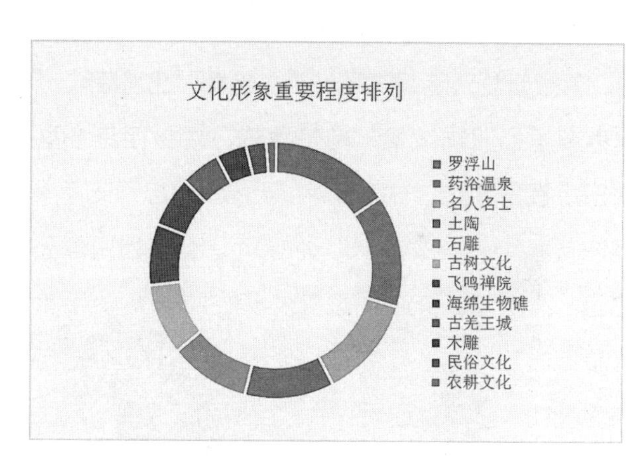

图3-26　文化形象重要程度

2）访谈调查数据统计

访谈结果数据整理有：被访谈者普遍对景观设施的功能和文化内涵比较关注；桑枣镇商业街区景观设施比较缺乏，不能满足人的基本需求；景观设施功能布局不合理，缺乏垃圾桶、树池花池、休息座椅等基本设施；现有的景观设计手法表现过于单一，缺乏文化创新；被访谈者希望景观设施设计达到审美的要求；桑枣镇文化资源丰富，但没有得到合理的运用；桑枣镇最突出的文化资源是罗浮山风景资源及药物温泉，被访谈者对当地的手工艺都比较关注，手工艺在3个访谈中普遍排在前面。

3.5 桑枣镇商业街景观设施设计

3.5.1 景观节点分析

桑枣镇景观规划将当地文化脉络以故事叙述的方式融入到景观设计当中，对各个景观节点文化主题进行精心打造，并串联成一个整体。

1）景观故事线

景观故事线就是以策划的视野，用叙事的方法充分展现其历史古韵、民俗生活、乡愁乡韵等。按照空间序列分别设定是：桑枣序语、桑枣记忆、浮山圣水、罗浮缘起、沧海桑田、罗浮掠影、桑枣风韵、昔影新妆、吟词浅唱、清影起舞、红韵情结、桑枣絮语，旧物浓情、前情再续，星火相承（图3-27、图3-28）。

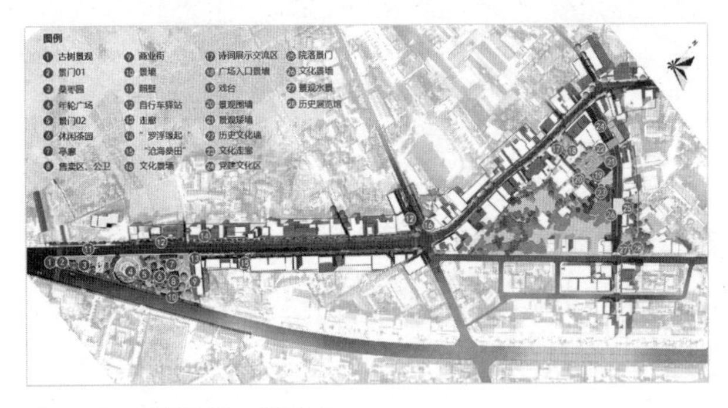

图3-27 课程设计 总平图

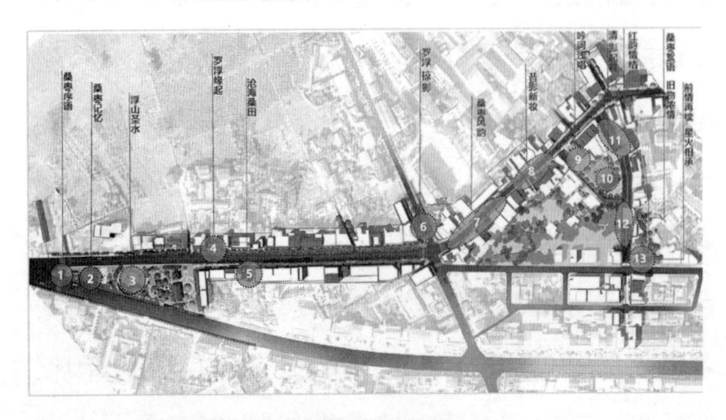

图3-28 课程设计 景观故事线分析图

2）景观节点设计

桑枣序语：在全镇入口广场移植当地古树作为标志性景观。在灰砖砌成的景观墙上，采用活字印刷创意，雕刻桑枣镇每个乡的乡名，引发居民对“乡情”“乡愁”的情感共鸣。

桑枣记忆：展示桑枣镇历史风貌和人民农耕生活状态，唤醒人们旧时情感记忆，同时以浅浅的水景表现“水轮桑枣”概念。

浮山圣水：提取罗浮山山体形态，打造精美水景。罗浮山温泉水质特别，具有一定的药物治疗作物以表现“古镇年轮，水轮桑枣”的设计主题（图3-29）。

图3-29 课程设计 年轮广场景观

休息亭廊及卫生间：本次设计将“厕所革命”的概念融入到景观设计中，让厕所隐于景，融于景，并完善管理模式和商业服务功能（图3-30）。

枣园正街入口：通过收窄街道，扩宽一层建筑面积，缩小了街道视觉范围，重点打造的一层建筑，配合景观设计营造了商业街的商业氛围。一层青砖配合木建筑的设计平衡了砖建民房和古建筑的突兀。

罗浮缘起：年轮景观的打造寓意时光的流转，桑枣经过漫长的积淀，形成如今的风貌，可推动的滚轮，寓意桑枣的变化每个人都参与其中，不可分割。

沧海桑田：凹凸不平的景观墙面设计，寓意沧海桑田的变化，通过展示海绵生物礁，让大家了解桑枣的独特地质资源（图3-31）。

图3-30　课程设计　年轮广场景观节点

图3-31　课程设计　枣园正街景观节点

罗浮掠影：将原文化广场罗浮十二峰墙面石雕移至十字路口，过往的游客都可以驻足观看，并设立便民设施自行车停放处（图3-32）。

桑枣风韵，昔影新妆：建筑风貌提升，拆除老旧门窗，增加绿化，对街道门牌进行仿古设计，一层采用砖木结合修建，二层以上统一外墙涂料色彩。整理街道两边道路边界，铺设仿古地砖，营造商业街整体氛围，使商业街凸显地方文化特色（图3-33）。

图3-32　课程设计　枣园正街景观节点

图3-33　课程设计　枣园正街景观设计

红韵情结：拆除原墙面浮雕，重新进行设计，景观墙面以红色为主，凸显党建文化氛围，增加了党建区绿化和红色书形座椅，使景观设计更人性化（图3-34）。

图3-34 课程设计 罗浮诗乡广场和党建文化区

前情再续，星火相承：桑枣镇的名称起源于枣园和枣园，通过对景观墙面的打造和古树的种植，以陈列设计的方法讲述桑枣的历史由来的故事，展示桑枣发展历史（图3-35）。

图3-35 课程设计 桑园路景观节点

3.5.2 景观设施设计

根据 POE 调查结果得出被调查对象对桑枣镇商业街区景观设施的使用感受，及景观设施空间布局现状调查，结合桑枣镇商业街区景观规划对设施的种类做了调整，对设施的位置、距离、空间比例关系做进一步优化。

1）卫生系统设计

垃圾箱的造型语言来源于桑枣镇乡村文化中的“水”元素和“诗词文化”元素。垃圾箱顶部采用类似水波纹的弧形设计，箱体表面采用诗词或绘画在不锈钢材料上进行转印装饰，具有传统美感的同时体现了桑枣镇文化特色（图3-36）。

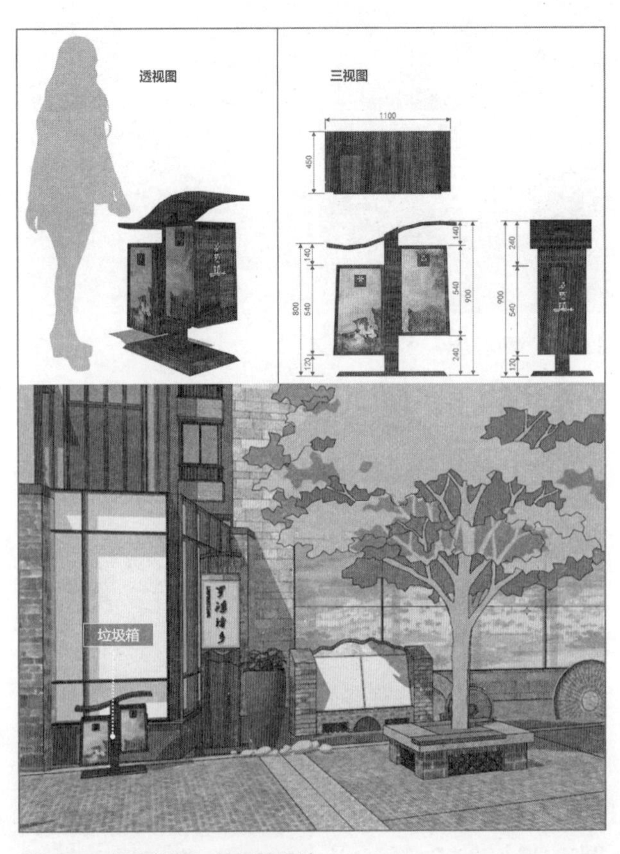

图3-36 课程设计 垃圾箱设计

2）休憩系统设计

街道休息座椅设计结合当地传统手工艺“石雕”文化，将“石雕”作为装饰用于座椅的下方，就地取材，节约建设成本的同时又凸显了当地石雕工艺。

景观设施人机工程合理性分析：休息座椅的造型简洁；座椅长度为1800mm，可供3人并排使用，高度450mm，符合大多数人坐姿尺度；座椅材质为木材和石材的结合，其中椅子的表面是木材制成，其余是石材制成（图3-37）。

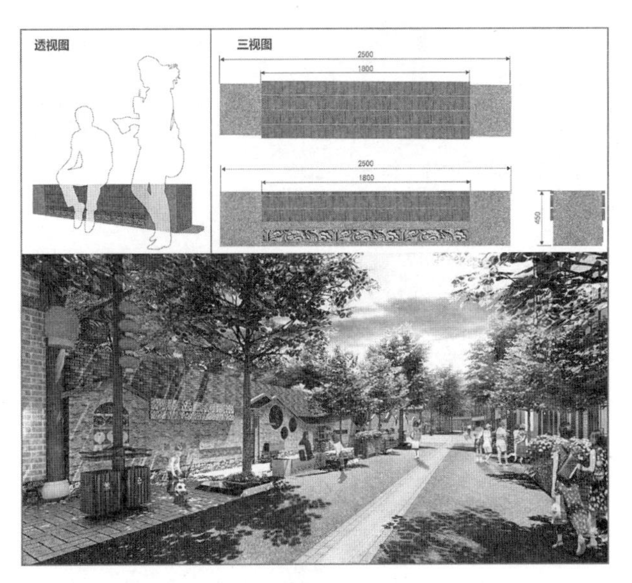

图3-37　课程设计　休息座椅设计

3）信息系统设计

信息导视系统设计运用的主要乡村文化元素有“山”“水”“诗词文化”元素和手工艺“石雕”“土陶”等元素。

“山”形元素包括罗浮山远山的轮廓、远山图形化对山体进行艺术表达。信息指示牌设计方案一，主要运用了远山的轮廓，并用木材质进行包边，大部分的材质采用了青砖，底部运用瓦片进行图案组合进行装饰，该设施主要运用于文化广场和景观小品的介绍。方案二均采用远山概括后的图形化设计，并通过材质颜色深浅的不同，营造景观的近实远虚。材质使用青砖、木材和石材相结合，青砖作为主体，木材作为装饰、石材表现“山”形。信息展示以木材为底，采用白色的文字，以白色为底，则采用黑色文字，突出指示信息。指示信息以图形的方式显示，方便识别（图3-38）。

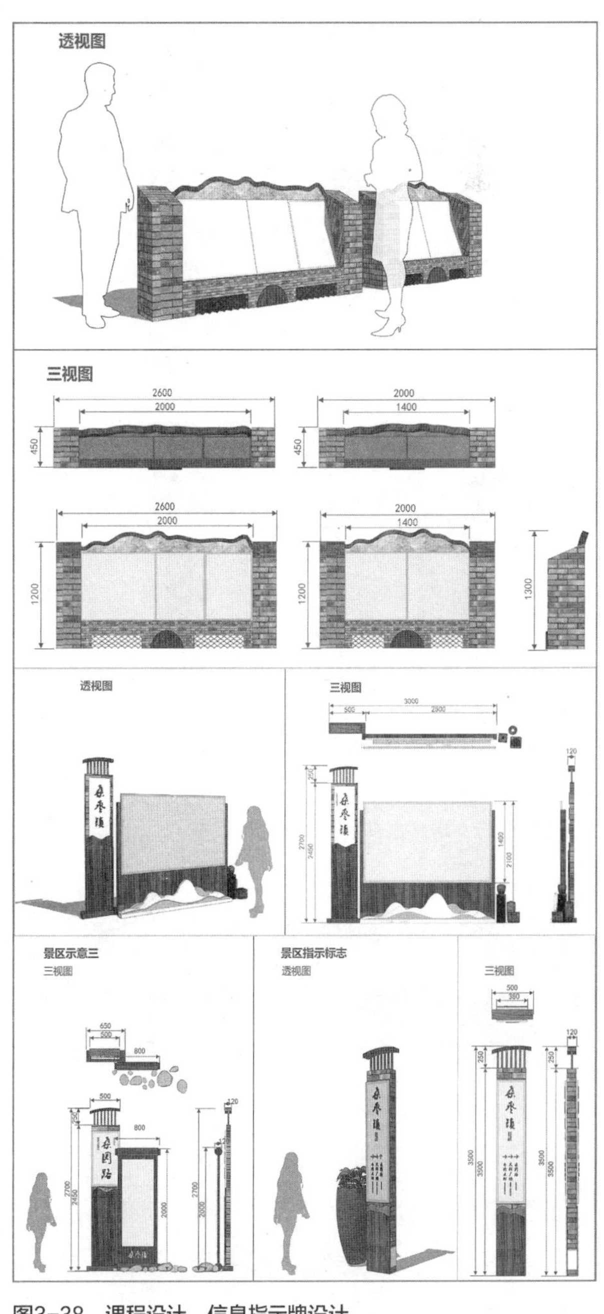

图3-38　课程设计　信息指示牌设计

“水”元素主要指代罗浮山温泉水，形态以圆形水轮体现，主要运用在导视牌顶部作为装饰，顶部呈弧形，体现了“水”元素，也呼应了桑枣镇“古镇年轮，水轮桑枣”的主题。

“诗词文化”元素主要作为景区信息示意牌的造型设计。桑枣镇因其独特的自然风光吸引了众多名人墨客到此游览，也为此处山水风光留下了优秀的诗词文化，以“书画卷轴”为造型的导视牌设计，凸显地方浓厚的诗词文化氛围。

“土陶”作为装饰元素，与导视系统搭配使用，展示当地传统手工艺的同时，凸显地方乡村文化内容（图3-39、图3-40）。

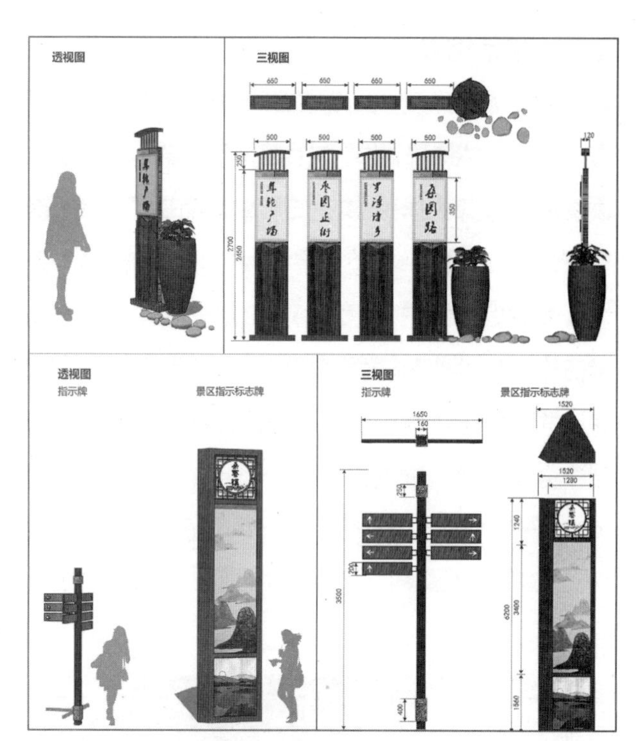

图3-40　课程设计　指示牌设计

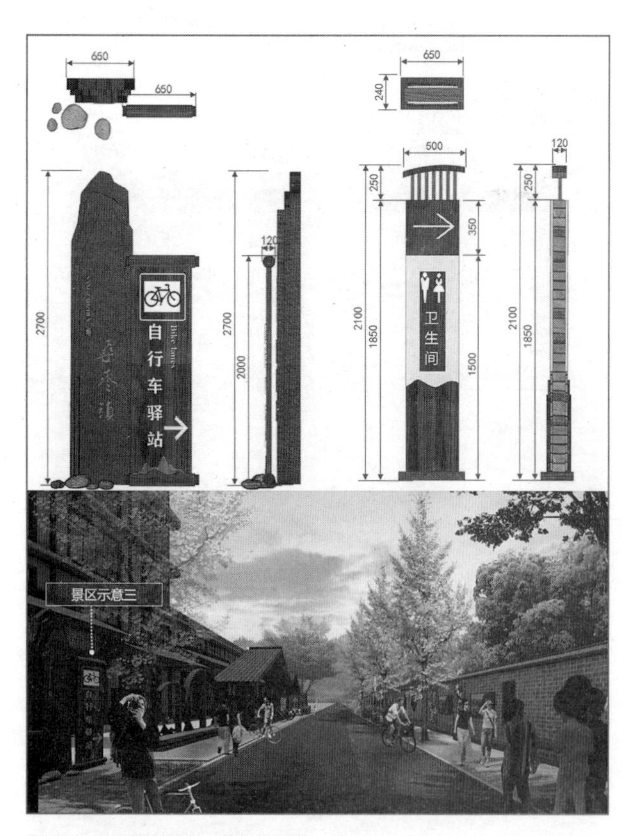

图3-39　课程设计　指示标志

4）建筑小品设计

景观大门：桑枣镇是由众多村组成的小镇，景观大门的墙面展示了桑枣镇各村庄的名称，凝聚“乡情”的认同感。景墙的材质选用当地石材并聘请当地雕刻师傅进行雕刻，充分反映乡村民间工艺（图3-41）。

图3-41　课程设计　景门设计

照壁的造型语言基于对当地照壁形式的考查，与桑枣镇乡村文化中的传统手工艺“石雕”相结合，材料和工艺来源于当地，展示桑枣镇精美石雕工艺的传统文化。

景观设施人机工程合理性分析：照壁的主要目的是将年轮广场与街道形成一个整体的空间。照壁总高5m，厚度0.5m，照壁中心图案高1.5m，其设计尺寸及视线高度均符合人机要求（图3-42）。

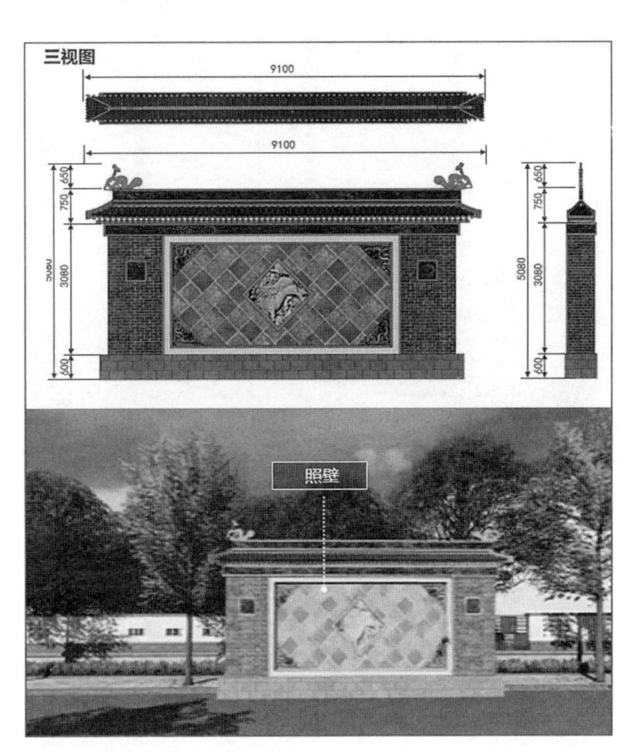

图3-42　课程设计　照壁设计

桑园路景观围墙的设计集中反映了“农耕文化”，用陈列展览的设计手法将一些有造型美感的农具和生活用品展示在文化墙上（图3-43）。

桑枣镇人民的文化生活非常丰富，戏台的搭建有助于丰富桑枣人民的业余生活，也有助于宣传当地传统的民间演艺文化。戏台的建筑风格与当地传统建筑风格相符合，戏台的抬高设计有助于演艺对象更加明确，满足更多观看者的观赏需求。戏台两边可以进出，有利于演员的出场和进场（图3-44）。

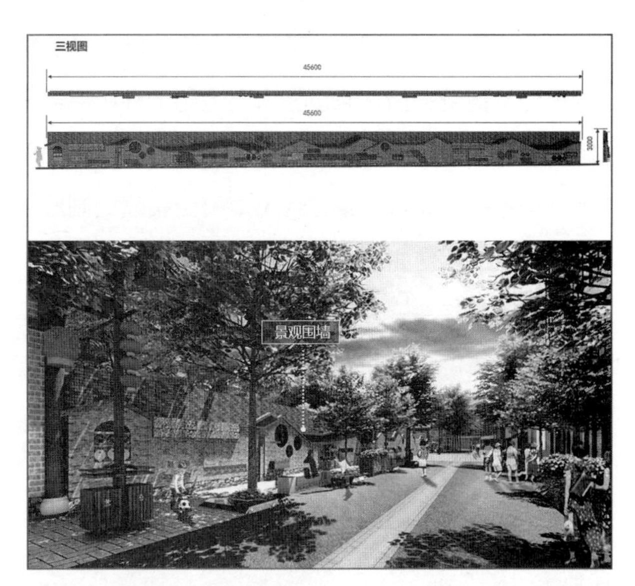

图3-43　课程设计　景观围墙设计

图3-44　课程设计　戏台设计

5）绿化系统设计

树池的设计有三种形式，第一种采用瓦片和水泥相结合的圆形树池，通过使用老旧建筑瓦片，加强旧物设计的设施给人的亲切感，年轮造型设计呼应商业街“古镇年轮，水轮桑枣”的主题。第二种是座椅与树池一体，此设施主要运用于文化广场，树池呈方形，中间种植，四周座椅，树池下部采用瓦片进行拼贴装饰。第三种由混凝土和喷绘制成，通过喷绘的手法将桑枣镇居民曾经的生活状态与树池的外观相结合。外来游客可以通过这些黑白图案了解桑枣镇的过去，当地居民可以通过这些照片唤醒对桑枣镇的记忆（图3-45）。

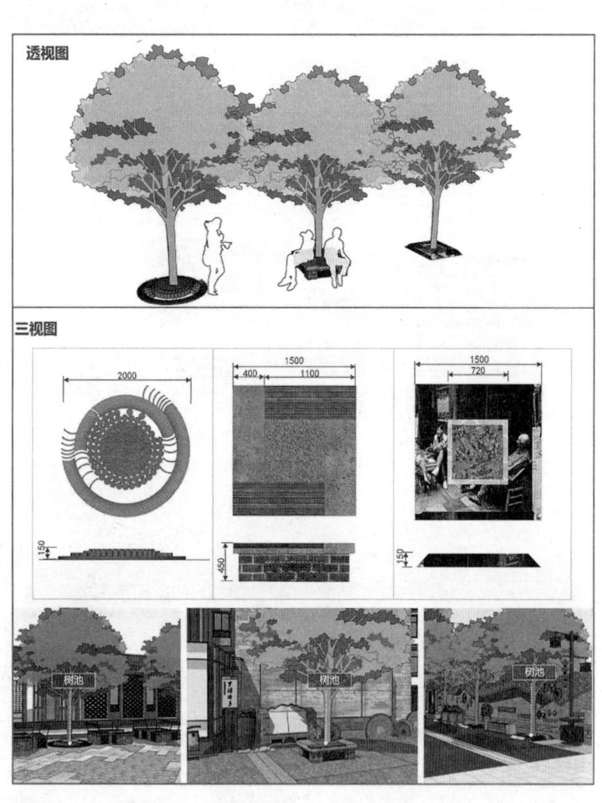

图3-45 课程设计 树池设计

6）照明系统设计

路灯设计的文化元素主要包括“水”和“传统建筑”。设计将垃圾桶和灯具融为一体，灯罩的部分采用了水元素，呼应“古镇年轮，水轮桑枣”的主题。连接灯具和主干的部分采用了传统建筑窗户的图案进行装饰，用灯笼符号烘托喜庆氛围，可以同时满足对街道和人行道的照明（图3-46）。

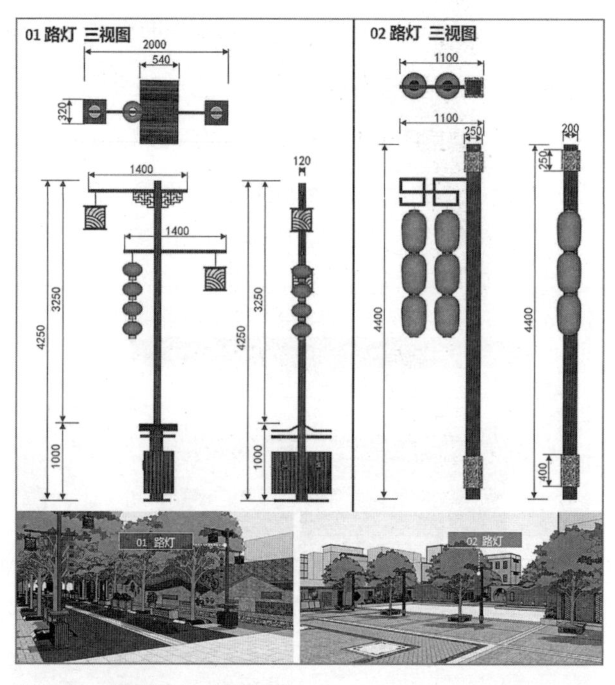

图3-46 课程设计 路灯设计

7）交通系统

自行车停放驿站的造型语言来源于桑枣镇传统建筑的框架结构和罗浮山的“山”元素。驿站自行车停放区域顶部采用了传统建筑的框架结构和顶部设计，建筑框架的背后设计了以“山”形元素装饰的文化景墙，使之与街道内侧店面形成遮挡。驿站左边设置了休息等待的座椅，可供用户休息等待。

自行车停放站设置在枣园正街入口处和十字路口附近，方便游客自行车停放和步行游览，包括自行车停放区和休息等候区，配备了标准的自行车停放设施，休息等待区域设置座椅（图3-47）。

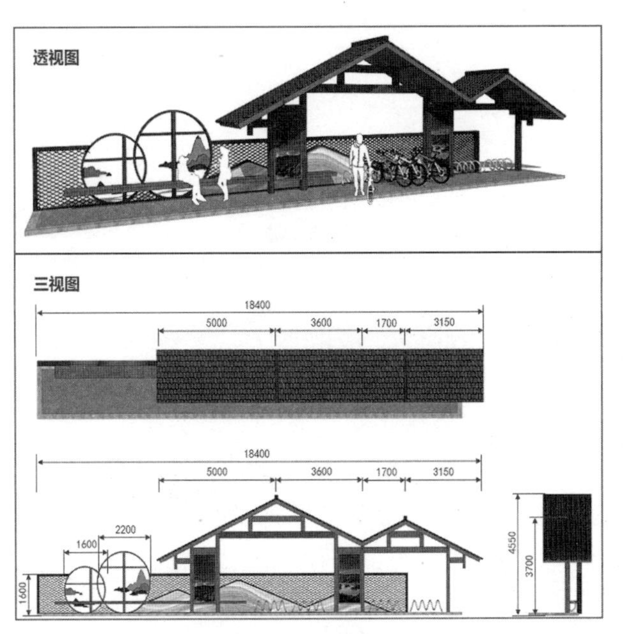

图3-47 课程设计 自行车停放驿站

课程思政目标：

（1）让学生深刻认识国家实施“乡村振兴战略”的伟大意义，“实施乡村振兴战略是传承中华优秀文化的有效途径。”实施乡村振兴战略“有利于在新时代焕发出乡风文明的新气象，进一步丰富和传承中华优秀传统文化。”鼓励学生通过设计赋能乡村振兴伟大事业并奉献力量；

（2）通过我国乡村发展的历史、现状调研，感受脱贫攻坚的丰硕成果，充分认识并塑造“以人民为中心”的思想觉悟，认识乡村发展的需要，进一步培养学生吃苦耐劳的精神，引导其立足乡村、扎根乡村，解决乡村社会发展中面临的现实问题；

（3）通过对“POE”调研法的学习与实践，将专业课程学习的小课堂与乡村社会大课堂融合在一起，对国情、社情、党情、世情形成亲身体验，使学生加强“实事求是”求真精神，在乡风、乡情中激发家国情怀和社会责任意识，引导其成为新时代筑牢中华民族共同体意识的坚定践行者；

（4）将环境设计专业理论知识与实践运用于乡村振兴的社会服务工作之中，培养学生爱国爱乡、学以致用、勤俭感恩、勇于创新的精神；

（5）通过对村镇商业街的景观设计实践，让学生真切感受国家发展和社会进步，深刻体会国家“乡村振兴”战略的重要意义；通过对乡村文化保护、传承的实践，强化责任担当。

04

The Postmodern Performance Method of Traditional Architectural Culture in Environmental Design

第4章

传统建筑文化在环境设计中的后现代表现方法

中国传统建筑及其建筑装饰艺术是我国悠久历史文化发展的产物，同时也是我国传统文化重要的组成部分，因其独特的技术与艺术体系而屹立于世界建筑之林。中国文化最显著的特征就是历史悠久和生生不息地持续发展，中国传统建筑装饰艺术也表现出强有力的生命力，影响着当代的建筑设计、景观设计、室内设计等领域。

优秀传统文化在社会发展的历史进程中，其继承与发扬一直以来也是社会各界关注的重要议题。在中华民族复兴大业驱动下，提倡文化自信，对中国传统建筑装饰艺术的创新提出了更高的要求。

在当代，后现代主义艺术思潮不断发展，对当代的艺术与设计起到重要的影响作用，对环境设计也不例外。后现代主义对历史文脉的重视及其丰富的思想理论和实践积累，这对中国传统建筑装饰艺术的创新表现有很大启示。

在后现代主义发展的初期，便是通过寻找历史元素来丰富建筑创新形式的。罗伯特·文丘里发表的《向拉斯维加斯学习》等论文就提出了可以从两个方面来丰富建筑，其中一个很重要的方面就是历史建筑元素。他提到包括古希腊、古罗马、中世纪、哥特式、巴洛克、洛可可等所有西方建筑历史风格都可以成为元素借鉴，运用在现代建筑上。后续有许多设计家都受到他的影响，把他提出的这一思想用来指导设计创作，建造出了丰富的后现代主义作品。

历史上世界文化有交融也相互借鉴，从当代更广阔的国际视野来看，东西方传统文化的表现内容虽不同，但仍然有相通之处，站在人类命运共同体的认识高度上以及在“一带一路”的伟大实践中，可以看到人类文化互鉴是可行的。在艺术领域和设计领域，人类都是在解决传统与现代相结合的问题。下面通过研究广义后现代主义艺术理论和方法，来分析探索我国传统建筑装饰艺术在新时代的创新表现。

4.1 后现代主义的理论基础

4.1.1 后现代主义的成因和发展背景

建筑学上的后现代主义起源于1970年代国际主义风格垄断设计三十年之时，因国际主义风格慢慢被视为单调、缺乏人情味的设计风格，所以一批设计师意图改变这种风格，开拓一条新的装饰性道路。

后现代主义发展的其中一个原因是受当时西方社会发展进程影响。1970年代由于西方各国经济跌宕、社会不安定、反战等原因，使人们开始在文化思潮上反对主流文化。青年一代强烈主张自由，后现代主义就在这样的背景下开始发展起来。另一个原因是国际主义风格成为当时的主流建筑风格，它的形式被青年一代视为冷漠的、单调的、毫无人情味的。反对主流文化之风也波及建筑设计，试图去探索新的形式与风格。1969年美国建筑家罗伯特·文丘里设计的“文丘里住宅”算作（狭义）后现代主义设计的开始，1970年代出现了几个迄今为止都是（广义）后现代主义先驱的人物，罗伯特·文丘里、查尔斯·穆尔、迈克·克利夫斯、彼得·艾森曼等人。

在现代主义时期与后现代主义时期之间发生过一段时间的国际主义风格，这三者存在一定的联系。从文脉思想、结构和形式三方面分析它们之间的关系，能更好地明白后现代主义产生和发展的缘由。

现代主义的设计思想是：设计是为大众而不是为少数权贵服务的活动。以此发展而来的表现是功能性、民主性、非个人性、工业性等，是对于当时设计的一种全新的革命。有了这样的设计思想支撑，现代主义从德国包豪斯时期开始迅猛地发展起来。现代主义的新技术，如钢筋混凝土结构、钢结构、玻璃幕墙等取代了以往西方古典主义时期的砖石结构等，这样的结构本身也是现代主义的形式表达。所以现代主义是一个有自己独立思想理论并且有新技术结构、新形式产生的反传统的革新运动。因现代主义的设计思想是为大众所设计，功能性就比装饰性更重要，因此它提倡形式追随功能。

在现代主义发展得非常完善之时，新技术、新结构等产生的形式成为人们追逐的建筑潮流，以密斯·凡·德·罗的主张“少即是多”为代表的国际主义风格应运而生。国际主义风格看似和现代主义有一样的外在形式，但是意识形态和目的却不同。国际主义风格不太在意建筑本身的功能性，一味追求现代主义产生的形式表达，致使国际主义风格把现代主义的结构形式作为一种装饰放在设计的第一位，这一点是国际主义风格和现代主义最大的不同，所以国际主义风格是只追求形式的风格运动罢了。因此导致国际主风格呈现出来给人的印象是单调的、冷漠的、毫无情感的，这也是导致后现代主义产生的原因。

1970年代各国经济衰退、社会动荡、越南战争等各种原因使一批青年们开始反对主流文化。在建筑设计领域，他们意图批判和改变国际主义风格，由此狭义的后现代主义率先开始发展，其中心是反对“少即是多”的主张。狭义上的后现代主义是从历史中去寻找某种装饰元素，到后来越来越多的思想理论和设计作品的探索不断涌出，这些现代主义之后的探索可以统称为广义后现代主义。

广义后现代主义的所有探索都是对于现代主义和国际主义风格形式上的批判，是在寻找新的形式表达。王受之先生在《世界现代设计史》里指出“后现代主义是现代主义加上一些别的什么的混合，一方面是技术因素的影响，另一方面则是符号学的影响”。技术因素就是结构和构造，后现代主义在这方面就是对现代主义技术的沿用和发展，“加上一些别的什么”就是设计对于符号学的运用了。

拉菲尔·莫内欧设计的西班牙梅里达国立古罗马艺术博物馆，将传统古典建筑元素作为符号应用；约恩·乌松设计的悉尼歌剧院应用了符号的象征性。所以，简单地理解后现代主义就是在现代主义技术的外面加了一层装饰的外壳，正如艺术评论家里查·赫兹说的那样“如果要谈后现代主义，可能要花2/3的时间来谈现代主义”。后现代主义是对现代主义的批判，却又依附于现代主义之上，这是它的矛盾性，这种矛盾性也促使后现代主义不断发展（图4-1）。

图4-1 梅里达国立古罗马艺术博物馆（上）与悉尼歌剧院（下）

4.1.2 后现代主义的概念

在西方建筑设计思潮中，后现代主义这一术语很容易混淆，大致有两种名称叫法。一种是采用“Post Modernism”这个术语，可称之为狭义后现代主义设计。美国评论家、建筑家查尔斯 · 詹克斯最早提到和采用了“ Post Modernism”这个术语，并出版一系列著作如《后现代主义》《今日建筑》《后现代主义的故事》等来阐述后现代主义设计；另一种采用“After Modernism”这个术语，是指现代主义之后对设计的各类探索，可称之为广义后现代主义。约翰 · 萨卡拉编辑的《现代主义以后的设计》和布莱恩 · 瓦里斯编辑的《现代主义以后的艺术》就运用这一概念。上述两者术语的涵义是不一样的，前者是指采用各种历史风格作为装饰，并加以折中处理的设计方式，单纯指运用这种方法的后现代主义设计风格。而后者的范围则广泛很多，它并不是指哪一种风格或流派，而是指现代主义之后设计上对于经典现代主义形式批判的各类活动和新的探索。因此广义后现代主义包括了狭义后现代主义、解构主义、新现代主义等。

4.1.3 广义后现代主义分类概述

1）狭义后现代主义

英语中的“Post Modernism”可以称之为狭义后现代主义，它是从建筑设计活动中发展起来的一个风格明确的设计运动，也是在现代主义以后的各项设计探索中最先发声反对现代主义和国际主义风格的运动。它的设计方式主要采用各种历史中的装饰作为符号，加上折中的处理手法来反对国际主义风格冷漠、单调的无装饰风格。

最早在建筑上提出这种风格主张的是罗伯特 · 文丘里，他提出了“少则烦”的主张来批判密斯“少即是多”的主张。不过从他的著作《建筑中的复杂性与矛盾性》，或是他的论文中表达了他并不反对现代主义核心，并且高度赞美了现代主义是人类文明很重要的提升。他抨击的是现代主义的无装饰形式，他认为人文主义和古典主义风格对现代主义的形式是一个重要的补充、促进和完善。他指出设计师不应该忽视当代社会中的各类文化特征，反而应当将这些文化现象和特点充分吸收到自己的设计中去，这样建筑才能丰富和发展进步。他很好地把现代和传统恰当的融汇在一起，在蕴涵历史装饰符号的形式下又能保持设计的功能性和实用主义。

例如他的代表作——英国国家艺术博物馆圣斯布里厅就是一个典型的后现代主义作品，在这个设计作品中，建筑与室内空间采用大量严肃的历史建筑细节，与现代结构完美地融为一体，具有独特历史韵味（图4-2）。

图4-2 英国国家艺术博物馆圣斯布里厅

2）解构主义

建筑上的解构主义是从“结构主义”演变而来的，因此要真正理解解构主义必须要对现代主义有一个充分了解。了解了解构主义的设计目的，才会更容易理解解构主义的设计形式。在乔治·格鲁斯伯格的《解构主义·导论》中指出“解构主义不是一个学派，也不是一个符号，它不过是一个激进的方面”。解构主义就是对于结构内在的一种反叛，在对自我的批判中重生得到新的东西。最早这样设计的思维方式是受到了贾奎斯·德里达哲学思想的影响，王受之先生在《世界现代设计史》一文中指出“德里达的批判方法其实就是解构主义的方法：从批判对象的理论中抽出一个典型的例子，对它进行解剖、批判、分析，通过自己的意识而建立对于事物真理的认知”。这就像是解构主义表现出来的那样，从构成主义中抽出一个典型案例，对它的结构进行解剖和破碎，通过重组来得到新的空间形态。解构主义其实就像是结构主义自我否定的结果，德里达认为对于单独个体的研究比对于整体结构的研究更重要，这样的思想为当时的建筑设计带来了新的选择。

在建筑上最早运用德里达哲学基本原理的是弗兰克·盖里的设计作品，他的作品典型带有对于现代主义整体性的否定和对局部的强调，例如华特·迪士尼音乐厅（图4-3）。

图4-3 华特·迪士尼音乐厅

丹尼尔·李伯斯金很擅长用解构语言来设计空间，他设计的柏林犹太博物馆就用建筑的空间语言来表达杀戮与战争。这样夸张的空间并不是简单的造型，他用空间代替文字去说话，是后现代主义运用符号表达某种特定涵义的典型作品（图4-4）。

扎哈·哈迪德又不同于上述几位解构主义代表人物，她是对传统观念的批判，以打破传统建筑为目的而进行设计。她设计的出发点并不是打碎空间而是使空间有连续和流动，扎哈擅长用流线设计使得建筑具有前卫感和独特造型美感（图4-5）。

图4-4 柏林犹太博物馆

图4-5 广州大剧院

从这些作品可以看出在解构主义中，不同人对于解构的不同理解会产生不同的形式，不过它们的共性都体现了解构主义设计并不是随意地追求一个夸张的造型，或者随心所欲地去设计那么简单。很多的形态都是通过计算机科学的运算和建模得到的，它是对结构主义重新思考的方式，并不是简单对设计天马行空随意的想象。

3）新现代主义

新现代主义（New Modernism）是现代主义之后，一部分设计师认为必须利用历史主义对建筑设计进行修正。他们依然坚持现代主义，根据不同的需求给现代主义加入新的形式并产生一种象征性。新现代主义的典型作品有贝聿铭设计的法国卢浮宫水晶金字塔、西萨 · 佩里设计的洛杉矶太平洋设计中心等（图4-6）。

图4-6 卢浮宫玻璃金字塔与洛杉矶太平洋设计中心

这些作品从结构上都延续了现代主义基本原则，但却被赋予了象征主义的内容。新现代主义是在现代主义经历了国际主义风格后的一个回归的过程，使建筑回到现代主义本身而不是像国际主义风格那样只是追求一个形式，这些新现代主义的设计家们潜心研究，使现代主义继续在理性和秩序下进一步发展。在新现代主义中的很多作品都有表达某种涵义或解决了一部分人与建筑、人与自然的关系等问题。

4.2 传统建筑文化在后现代主义影响下的创新思维

4.2.1 中国传统建筑装饰的概念及内容

中国传统建筑装饰的概念具有两方面含义，其一是指广义的中国传统建筑装饰。王受之先生指出："中国传统建筑装饰的内容极其丰富多样。广义的中国传统建筑装饰包括了建筑物的表面装饰、建筑周围的环境布置、建筑室内装饰三方面。在中国传统木构建筑上，几乎每一个局部的建筑构件都可以作为独立的装饰对象，如梁、柱、枋、檩、檐、门、窗、墙、砖、石、瓦、天棚、栏杆、地面等，每个细微部分的装饰都各具特色，尽善尽美"。

其二是指作为中国传统建筑文化的装饰符号。如中国传统建筑的空间构成、结构和构件等，随着当代建筑观念、形式的发展，特别是新技术、新材料的发展以及当代人们追求美好生活的新需要，使中国传统建筑的空间构成、结构和构件失去了原本的结构功能。但它们恰恰作为中国传统建筑的装饰符号，是中国传统建筑文化的重要体现与象征。因此，从符号学的角度把它们纳入到中国传统建筑装饰的范畴去讨论与探索新的表现形式。例如中国传统建筑的平面组织关系，从门堂之制到建筑与院落的整体关系，都显然成为中国传统建筑文化独特的空间符号。从美学的角度去看，这种平面组织关系已经转化成了在现代空间运用中的装饰符号。

中国传统建筑装饰体系包含了广义的中国传统建筑的表面装饰和周围的环境布置及每一个构件，也包括从符号学意义上的中国传统建筑文化其他装饰符号。具体内容有：中国传统建筑的平面制式、立面的组成部分（台基、屋身、屋顶）、主要结构构件、主要构件的形制（柱与柱础、斗栱、雀替、框槛）、内檐构件（天花与藻井、门窗与隔扇、隔断）、色彩、装饰与彩画等。

4.2.2 后现代主义对传统建筑装饰创新的启示

1）历史主义

罗伯特·文丘里在1966年发表了著作《建筑的复杂性与矛盾性》，率先提出要采用历史建筑风格、波普艺术等作为装饰来修正国际主义风格的刻板面貌。他特别对西方人文主义和古罗马、巴洛克等古典风格进行深入探讨，对历史主义风格如何对建筑进行补充和完善做出深入研究。狭义后现代主义采用历史中丰富的装饰形式，如建筑构造、建筑符号、建筑比例、建筑材料、建筑色彩等，强调在现代建筑上体现历史的特征，增加建筑的文脉性。后现代主义建筑应具有历史因素和现代结构两方面的因素，历史主义自然成为后现代主义非常重要的构成因素和精神实质内容之一。

从后现代主义思潮的特征来看待中国传统建筑的创新表现，为我们提供了切实可行的路径。中国传统建筑装饰历史悠长，形式丰富多彩。我国疆域辽阔，民族众多，反映在建筑上呈现出变化丰富的地域性特征。这些丰富的传统建筑装饰中的历史元素，与现代建筑与空间需求的结合，能够创造出新时代丰富的建筑装饰。如独属于中国传统建筑的穿斗式、抬梁式构架，雀替、斗栱等构件，或是立面三段式台基、屋身、屋顶之间的比例、各类门窗构件的花纹、建筑色彩等历史元素都是可以成为基于后现代主义的表现方法的创意源泉。

2）意义的传达

在后现代主义理论与实践的研究和发展中，建筑的意义和意义的传达是一个重要的内容。设计的风格和类型是传达意义的核心内容，后现代主义理论中认为风格通过形式与功能结合，并由此形成以研究风格和类型为核心的理论体系——类型学。后现代主义理论家都把类型的研究视为研究中心，德里达认为类型研究就好像研究语言的结构一样具有重要意义。后现代主义设计的内容不光满足最基本的功能，还要在形式上具有像语言一样能传达信息的功能。类型和风格代表了时代特征，造成了建筑发展的延续性，因此类型学概念就能赋予室内、建筑、环境、城市一种文化性、文脉内容、知识性特征。

后现代主义认为，意义必须通过可以设计的形式传达，讲究形式的象征性、美观效果，追求形式的历史内涵。大部分的后现代主义设计都采用历史建筑的某些特征、符号、构造进行折中处理，从而进行意义的传达。后现代主义代表人物格雷夫斯指出，后现代主义设计的动机就是要表现建筑与自然以及古典传统之间的关系。他的后现代主义设计具有明确的意义：对历史主义的象征性表现，使用大量的历史符号、色彩和装饰来显示建筑所包含的历史意义。而这些装饰传达的意义正是文化性、历史性、民族性和地域性的内容。

中国传统建筑装饰与文化密不可分，其装饰内容也是中国传统文化不可或缺的组成部分。如传统建筑门上装饰的对联、楹联、年画等文化符号反映不同的美好愿望。藏羌地区的碉楼建筑与客家围楼的装饰也反映出截然不同的地域文化与历史源流。中国传统建筑装饰在意义的表达上具有丰富的内涵与形式，为利用后现代主义设计思潮进行创新设计提供了丰富的语汇。

3）建立人与空间与环境的关系

哲学家海德格尔提出人类与自然的关系是因人类的经验而丰富的，这个论点被绝大部分的后现代主义理论家如格里戈蒂、安藤忠雄、诺伯格·舒尔兹等人所接受。他们认为地点仅仅是一种客观存在，但可以被人类的经验加以丰富，赋予“精神内涵”。

理论学家诺伯格·舒尔兹提出，建筑的实际目的是探索以及最终找寻到“精神内涵”在地点上创造符合需求的构造，并提出应通过建筑设计来强化建筑所在地点的自然属性，而不是消极地等待和应付日常需求。

格里戈蒂则进一步提出一种思想：当在地点放下第一块基石的时候，就改变了地点的意义，使之变成建筑。创造空间的过程就如同创造一句话一样，是把词汇组合起来的综合活动，词汇通过语音、语法、语意三大范畴的活动组成意义。而建筑一个空间也是通过功能处理、构造处理、类型和风格的综合达到意义表达的。

安藤忠雄提出无论设计怎样的建筑，有意识或无意识地都创造了新的风景。他在《走向建筑的新地平线》一文中指出：人不但应该改造自然，也应该通过设计把自然引入人造的环境中。这样不是人为自然服务，而是自然为人服务，不是人的环境去适应自然，而是自然要适应人的需求。这种理论具有强烈的改造自然的特征，被称为后现代主义对抗派理论。

4）地域风格

地域风格是指地方、民族的建筑在满足现代建筑的结构、功能的同时，在建筑的立面、空间布置、装饰细节上采用地区、民族的历史传统特点，形成具有民族性、地域性风格的现代建筑。英文称之为“Regionalism”或是“Localism”，即“地方主义”“本土主义”。

复兴传统建筑是比较全面地突出传统建筑的特征，其特点就是把地方建筑的构筑和形式保持下来，加以强化设计，突出文化特色，删除琐碎的细节，基本是把传统建筑简单化处理，注重形式特征，而结构上则依然是钢筋混凝土等现代框架结构。

发展传统建筑是重新探索传统形式的建筑，这种方式具有比较明显地运用传统建筑典型符号来强调民族传统风格，更加讲究符号性和象征性，在结构上不一定会遵循传统的方式，如贝聿铭先生设计的苏州博物馆（图4-7）。

图4-7 苏州博物馆

扩展传统建筑是指使用传统形式，扩展成为现代的用途，如教育机构、度假酒店、居民区等。扩展是指功能的扩展，而形式上则相应地保留传统的一部分。由建筑家吴良镛设计的北京菊儿胡同住宅群使用了北京传统四合院的形式，加以重叠、反复、延伸处理，也是扩展了传统建筑的形式特征，使之具有现代的功能和内容，被称为“有机更新”。

近几年扩展传统建筑的类型在国内的乡村地区得到许多试验，由gad · Line+ Studio设计事务所设计的杭州农居，依然保留传统的集体生活模式，使用与该地区建筑历史相关联的形式和材料，构建了全新的村落。这些建筑被分成六组，围绕着共用的庭院，平面布局就像当地传统村庄的情况一样。建筑整体在美学上反映了杭州的乡土建筑风格，唤醒了当地的乡土气息与乡愁，充分体现了中国传统建筑在后现代主义影响下的创新（图4-8）。

图4-8 杭州富阳东梓关回迁农居

4.2.3 基于折中性特征的创新思维

王受之先生在《世界现代设计史》中指出“后现代主义对于历史的风格采取抽出、混合、拼接的方法，并且这种折中处理基本是建立在现代主义设计的构造基础之上的”。折中性特征是指恰当地把历史元素，如某些特征、符号、构造等与现代主义相结合，而不是复制或直接运用。折中性体现了后现代主义在现代主义与古典主义两者之间的权衡，使设计作品都能够表达出这两方面的内容。在狭义后现代主义中最常运用的手法便是采取各种各样的历史装饰，而处理历史装饰最大的特点就是对它的折中性立场。灵活地对历史元素、符号进行混合、拼贴，常常带来强烈的视觉冲击力。例如罗伯特 · 文丘里设计的英国伦敦国家美术馆的圣斯布里厅就采用古罗马建筑的拱券造型与现代钢结构骨架混合来表现，折中的处理使整个设计具有古典与现代融合的气息（图4-9）。

图4-9 英国伦敦国家美术馆圣斯布里厅

中国传统建筑装饰要达到狭义后现代主义折中性的表现，首先就需要将丰富的传统建筑装饰内容作为设计原型，提取其中某些元素加以混合、抽离、拼贴等艺术处理。它们可以不再具有原本的某些功能性的作用，而是作为一种代表历史的符号来使用。

把古典元素运用现代主义的方式表达出来，这便是传统装饰在后现代主义影响下的折中性创新思维。如贝聿铭设计的苏州博物馆，建筑体现了苏州古典园林与现代主义折中处理的结果。博物馆屋顶设计的灵感来源于苏州园林古典建筑的坡顶景观“飞檐翘角”这一建筑细部作为历史符号，再运用现代主义“几何”构成将复杂、弯曲的飞檐原型进行象征性表现，恰到好处地把古典与现代有机折中在一起。

4.2.4 基于含糊性特征的创新思维

含糊性是后现代主义反对现代主义的一种具体体现。由于现代主义、国际主义风格强调明确和高度理性化、功能化，反对任何多余的装饰，因此后现代主义提倡建筑空间的复杂性和多义性，有了这样的思想为设计动机，设计产生的形式变得具有含糊性，包括装饰细节的含糊性和空间的含糊性。

1）装饰细节的含糊性

装饰细节的含糊性反映在狭义后现代主义中，是指提取古典主义中的元素作为装饰，但不注重古典主义装饰细节的严谨再现，因此在装饰细节的处理上就十分含糊。例如詹姆斯·斯特林设计的德国斯图加特国立美术馆新馆的室内展厅大门造型中，门洞取材古罗马典型元素，取其轮廓外形，形成“正负形”两种形式的三角门楣，在利用历史元素的同时混合了强烈的现代主义几何形态（图4-10）。

图4-10 斯图加特国立美术馆

含糊性是处理传统与现代之间矛盾的平衡方式，后现代主义的设计思维以装饰的含糊性融合现代与古典之间文脉联系。中国传统建筑装饰应用后现代设计思维含糊性处理是具有可行性的，传统建筑丰富的装饰元素同样可以在当代设计中对其进行含糊性的表现。例如成都远洋太古里商业中心的建筑群就体现出了中国传统建筑具有后现代装饰细节含糊性的创新思维，建筑的外形是对中国传统木构建筑外轮廓的概括，对传统建筑的装饰细节进行了省略，提炼出的外轮廓符号则运用钢结构、玻璃等现代材料和构建方式，使整个商业街区具有历史文脉的古典韵味（图4-11）。

图4-11 成都太古里商业中心

2）空间的含糊性

在解构主义中同样具有含糊性，与狭义后现代主义装饰细节含糊性不同的是，它主要体现在空间的含糊性上。在人们固定的认知中，建筑空间内部是被准确定义为顶、地、墙的不同界面的围合关系。空间的含糊性就是指把组成空间的顶、地、墙界面混合在一起去考虑，让三者之间相互交融或产生关联，转折点处理模糊，打破界面之间明确的分界线，产生夸张的空间含糊性。如弗兰克·盖里设计的沃特迪士尼音乐厅（图4-12）。

图4-12 沃特迪斯尼音乐厅室内餐厅

基于解构主义处理空间含糊性的方式来探索中国传统建筑空间装饰，是一个有趣的尝试。由建筑营设计工作室改造的北京某四合院“扭院儿”，一改以往四合院四方匡正的感觉，在院子里“扭”出了两个曲面墙，将地面与墙面含糊在一起并延伸至房屋。改造后的中国传统建筑空间具有解构的气质，以全新的后现代形式呈现出来，体现了中国传统建筑基于后现代主义空间含糊性表现的创新可能性（图4-13）。

图4-13 “扭院儿”

4.2.5 基于象征隐喻性特征的创新思维

后现代主义为了在建筑的表现上追求多样性，把建筑的类型、风格作为主要研究的内容并赋予建筑以文化性、地域性、知识性等。后现代主义设计是为特定的设计对象定义特殊的符号，因此，象征隐喻性是后现代主义独有的。

悉尼歌剧院是后现代主义具有隐喻象征性的典型作品（图4-1），歌剧院建筑在大海港口伸出的一片陆地上，而“白色贝壳”的造型如同漂浮在海上的巨大帆船向大海驶去，这是为特定地点提供了独属于该环境的设计符号，目的是让建筑与环境相融合，体现了明确的场所精神。正是由于这种定制的设计意义，设计出的形式并不适用于复制在其他的地方，具有独属于该特定地点的象征隐喻性。

由建筑师矶崎新设计的卡塔尔国家会议中心以当地席德拉树为原型，设计的钢结构架支撑起外挑的大屋顶，采用了代表伊斯兰“七层天堂”中最高境界的“极界树”概念，通过对树枝抽象的表现以象征隐喻的手法表达独特地域文化（图4-14）。

图4-14　卡塔尔国家会议中心

由建筑家何镜堂设计的上海世博会中国馆就是根据中国传统建筑斗栱构件的形式进行创新，居中升起、层层出挑，整个建筑造型以斗栱符号对中国传统建筑文化进行象征与隐喻，创造新的线条组合简洁表达传统复杂的结构形式（图4-15）。

图4-15　上海世博会中国馆

4.3 后现代主义思潮下中国传统建筑文化创新表现方法

4.3.1 图形与形体元素表现的方法

1）元素的几何形体提炼

运用几何构成归纳、提炼复杂的历史元素是后现代主义最常表现的形式。后现代主义提出对于历史元素的借鉴，这种借鉴是适当地运用而不是照搬与复刻，对元素原型进行合理的几何简化，就可以把几何构成与历史元素结合在一起。几何形体提炼法以恰当的、折中的方式，把现代主义与古典主义结合在一起。

后现代主义建筑师罗伯特·文丘里设计的母亲住宅就是一个典型案例，建筑立面造型是对罗马古典三角山花墙与拱券原型的几何化再造。由建筑师飞利浦·约翰逊设计的美国电话电报公司大楼的顶部造型，也同样采用了古罗马建筑中的三角山花墙，并融合了18世纪欧洲家具之父Thomas Chippendale设计的“齐彭代尔风格”家具造型，是将较为繁琐的装饰元素进行几何化再造的结果（图4-16）。

图4-16 文丘里母亲住宅与美国电话电报公司

2）元素的抽象与变形

元素的抽象与变形在解构主义中表现得最为淋漓尽致，它是从抽出的原型进行拆分、打散、重组，建立对于原型事物新的认知与表现。这样的方法会使新的设计形式具有原型某一部分的内容，但这个形式对比原型是破碎的、抽象的、残缺的。建筑设计师矶崎新设计的上海喜马拉雅中心外立面就运用了元素的抽象与变形法，他将中国文字进行解构重组，拆分成各个偏旁部首并进行抽象与变形，打散后把他们重组在一起，以此得到新的图形。（图4-17）。

图4-17 上海喜马拉雅中心

4.3.2 材质表现的方法

材质和形体的表现是相辅相成的，材料不仅是空间环境设计的基本物质条件，其本身也是文化表现的载体。后现代设计中对传统材料或地域性材料非常重视，材料的色彩、肌理、形态等因素的精心组织，给空间带来装饰的同时也表达了某种文化性。

中国传统建筑装饰中主要运用的材料是木材，从建筑的结构框架到门窗构件、家具几乎都使用到了木材。屋面瓦也是中国传统建筑的特殊材料，到明清时期陶土烧制的砖得到广泛使用，在某些部位起到代替木材的作用，形成砖木混用的形式。另外，可塑性强的竹材和坚固的石材也常常被使用。由畏研吾设计的中国美术学院民艺博物馆采用了大面积的瓦片，形成通透的界面围合，瓦片在这里已经不具有功能性，而是成为代表传统的装饰符号，体现了后现代主义装饰的混合与拼贴风格（图4-18）。

图4-18 中国美术学院民艺博物馆

材质的创新可以从二维平面向三维空间方向发展，通过不同排列的方式使二维平面形成有韵律的节奏感。图形变化也可以在三维方向形成具有起伏的立体效果，这种立体效果还是依附在二维平面上，形体会随着人在空间中移动而在视觉上形成有趣的韵律（图4-19）。

图4-19 传统材料三维创新

卡洛·斯卡帕是较早关注材质之间组织关系的建筑家，他提出“要仔细关注不同材质的组织结构，热爱并关注细部的设计”。不同的材料组织于同一空间，由于各自具有不同的审美特征，组合在一起就会产生互补、融合、对抗等视觉效果。材质可以依据本身具有的色彩、肌理、质感等属性进行相互组合，可以是传统材料之间相互组合，也可以是传统材料和现代材料相互组合。在其一系列的案例中，深入地研究不同材质相互组合的关系。他提出了“辩证的并置”的观点：这些不同材质的材料、不同时期的材料并置在一起，他们之间会发生辩证关系（图4-20）。

图4-20 卡洛·斯卡帕对于不同材质组织结构的研究

中国传统建筑装饰材料的后现代主义表现也可以用混合、拼贴的设计思维，来再造装饰的趣味性。在现代空间中使用中国传统建筑装饰材料，它本就是一种历史文化符号，与现代空间环境结合，隐喻了传统神韵。传统材料与现代材料的拼贴（如混凝土、玻璃、钢筋、新科技材料等），既能创新出丰富的效果，与空间使用的功能性更好结合，也能造成传统与现代的矛盾统一，传递历史文化的某些意义。

中国传统建筑装饰材料主要有木材、石材、竹材、砖瓦，建筑师王澍先生就特别关注传统材料的创新应用，其设计的中国美术学院象山校区，将传统材料的肌理作为一种装饰的手法。校园建筑室内外共使用多达700万片回收旧砖瓦，这些带有历史的痕迹砖瓦具有强烈的装饰性，同时也使用了竹编、木材等传统材料唤醒历史记忆（图4-21）。

图4-21 中国美术学院象山校区

运用材质肌理效果的另一种手法是把传统材料的肌理纹样转移到另外一种材料中去，现代材质的属性中加入了传统材料的肌理特征，强化了现代材料的表现力。建筑师刘家琨设计的成都西村大院的墙面，就把旧竹席的肌理纹样转移运用在混凝土材质上，使简约朴实又较为冷漠的混凝土得到了竹席肌理纹样的装饰效果，显得柔软而有温度。这使得传统材料肌理在与现代材料结合的方式上，让传统材料的历史装饰符号得以新的面貌出现（图4-22）。

图4-22 成都西村大院

4.3.3 色彩表现的方法

后现代主义对于现代主义形式的批判和发展不光以历史元素为动机，同时运用色彩对现代主义建筑单调的黑白灰色调进行丰富的补充，通过色彩表达了文化内涵。这些色彩一般来自环境、地域、历史文化、传统艺术中。

地理环境色彩的运用是指提取场所所在地理区域的环境色彩，并把这种色彩作为一种符号体现在空间环境设计中。美国后现代主义建筑师迈克尔·格雷夫斯设计的埃及塔巴洲际酒店就运用了地理环境色彩，在整个建筑立面设计了当地环境所独有的沙漠黄昏色彩，通过色彩达到了极好的装饰作用，整个建筑极具特色，也使建筑与环境融合得恰到好处（图4-23）。

图4-23 埃及塔巴洲际酒店

在传统文化中一些固定的色彩搭配和用色习惯总会使人产生对应的文化现象的联想。中国传统建筑装饰运用的色彩包括人文色彩和地域色彩两大类，无论它们存在于何种空间中，它们的出现都会使人联想到对应的传统文化，这些色彩是一种可以代表传统历史的装饰符号。由日本建筑师矶崎新设计的深圳文化中心采用“白、绿、黑、红、黄”五色，蕴含了对应的中国传统五行文化——“金、木、水、火、土”。白色运用在天花、地面、构件中；绿色运用在场馆外的景观绿化上；黑色运用在一些立柱的表；红色运用在场馆内；黄色则运用在了进门大厅的结构构件上。整个建筑空间除了运用代表五行的色彩之外，建筑的造型颇具解构主义形态，充分融汇了传统与现代文化（图4-24）。

对于少数民族地区，各个民族都有本民族的传统用色习惯。如苗族以黑、红、青色为主，彝族以黄、红、黑色为主。地域色彩与民族色彩运用在空间环境中，也是一种地域文化和民族文化的象征。

在中国传统建筑装饰中，比较具有代表性的颜色是红色。红色在北方建筑、特别是宫殿建筑中广泛使用。而在我国的南方地区，传统建筑用色就与北方不同，例如苏州园林、徽派建筑等南方建筑多用白墙、灰瓦等，虽然色彩不鲜艳饱满但却能形成

图4-24 深圳文化中心

娟秀淡雅的气韵。这种不同的地域性差异，反映了传统建筑装饰丰富的文化现象。

4.3.4 结构与构件表现的方法

1）传统结构与构件的形式运用

传统结构与构件的形式在现代空间环境设计中往往作为中国传统建筑的装饰符号，是中国传统建筑文化的重要体现。按照后现代设计思潮的特征，传统构件形式的选择不一定是完整地，可以是局部地、片段地选取或进行混合与解构。

对于传统建筑而言，构件是建造房屋的结构方式。不同地区的传统建筑之所以不同，很重要的原因是搭建房屋的结构与构件形式的不同，由此造成了不同的建筑形式与风格。如中国传统建筑的屋面结构最终发展成独立构件“斗栱”。中国传统建筑的结构看似复杂，其实最本质的组成部分并不多，大致是“梁”“柱”“枋”“檩”等，主要结构构架为穿斗式和抬梁式。

由美国后现代主义建筑师迈克尔·格雷夫斯改造的上海外滩三号建筑，从建筑到室内设计体现了东西方古典建筑风格的融合。在室内改造后的沪申画廊内部，格雷夫斯运用了西方古典建筑结构与构件的造型外观，把它们作为一种西方建筑装饰符号。沪申画廊中庭则运用了中国传统建筑构件——立柱的局部造型来表达东方韵味。但即使是完整的柱也只使用了柱身的部分，柱头和柱础却并未使用。从格雷夫斯选择的元素形式可以看出，后现代主义设计对于历史建筑元素的运用可以是局部的、细节的、不完整的、片段式的，形式的表现没有局限性，带有强烈的后现代主义设计风格（图4-25）。

图4-25 沪申画廊中庭

“彻上明造”是把中国传统建筑的屋顶梁架结构暴露出来的室内顶部做法，这些暴露的结构所表现的形式是能够代表中国传统建筑区别于其他建筑所独有的装饰符号。运用结构构架时，一方面可以把整个框架作为一种装饰搭建在空间中，如成都博舍谧寻日间水疗中心，几乎是完全采用了传统建筑结构形式，也可以截取其中某一部分进行组合，如苏州“中泱天成”项目售楼处中心，就只采用了抬梁式结构的顶部作为装饰造型，并在材料上进行重构，选择金属材质模拟结构的形式，呈现出的效果巧妙地把古典和现代融合，带有强烈的后现代主义意味（图4-26）。

图4-26 苏州“中泱天成”项目售楼处（上）与成都博舍谧寻日间水疗中心（下）

中国传统建筑中的构件种类比较繁多，主要的结构构件有柱、斗栱、雀替，非结构构件有大门、隔扇、槛窗等。运用时可以选择原本的材料或是现代的材料灵活地表现，既可以整体采用也可以局部使用。

2）传统结构与构件的创新运用

传统结构与构件的创新运用是指在后现代设计思潮影响下，采用象征、解构、拼贴等多种手法对原本的形式进行再创造，与原型似是而非的模糊化设计。日本建筑师隈研吾对结构与构件的创新做过许多尝试，例如由他设计的日本CAFÉ KURENO咖啡店、日本高知县梼原木桥博物馆都能够体现出对于传统构件的创新探索。这些设计大量运用了传统建筑中梁柱结构的形式，梁柱穿插、斗栱层叠的形态依然存在，但形式和整体造型又有别于原型（图4-27）。

图4-27 日本CAFÉ KURENO咖啡店（上）与日本高知县梼原木桥博物馆（下）

在当代，空间环境设计受后现代思潮的影响下，将传统与现代的结构混搭运用是可行的创作途径。如将中国传统建筑的抬梁式、穿斗式结构与当代钢筋混凝土结构、钢结构等进行合理的碰撞搭配，乡土材料与现代材料也可混搭与拼贴，可以使传统建筑的审美性与文化性更科学地服务于当代环境意识与审美意识。

4.3.5 布局表现的方法

不同历史时期的传统建筑在空间规划和平面布局中有各自不同的典型特征，这些空间格局上的特征与其使用功能、文化内涵及审美意识方面都有紧密的关系。如中国传统建筑的“门堂之制”，有“堂”必另立一“门”，这也是中国传统建筑以“堂”围合成院落的根本原因。中国传统建筑群落在空间组织上就形成了门、堂、廊的基本构成形式，反映了我们独特的居住文化。

由建筑营设计工作室设计的唐山有机农场便是受到了传统合院建筑的启发，以组成中国传统建筑群最基本的单位“门”“堂”“廊”这三者综合在一起进行设计，再运用更具有当代审美与现代的材料构造出现代的院落，与田野风光、乡村生活结合为一体，乡愁与传统文化的情怀油然而生（图4-28）。

图4-28　唐山有机农场

课程思政目标：

（1）通过中国传统建筑装饰与西方后现代主义的交叉融合研究，使学生在更高的国际视野中认识中国传统文化连绵不绝的传承，中国传统建筑区别于西方建筑体系屹立于世界建筑之林，强化文化自信；

（2）通过对中国传统建筑的赏析，使学生深刻认识到，中国传统建筑及其装饰与中国传统文化的紧密关系，它们是古代劳动人民智慧与汗水的结晶，激发学生严谨、认真、细心、敬业的专业追求，对精益求精的工匠精神的追求；

（3）借用后现代主义的启发，应用于中国传统建筑装饰的创新设计，契合了习总书记在文艺工作座谈会上的论断“传统中华文化，绝不是简单复古，也不是盲目排外，而是古为今用、洋为中用、辩证取舍、推陈出新”“以古人之规矩，开自己之生面”，实现中华文化的创造性转化和创新性发展；

（4）通过设计作品赏析，讲解何镜堂院士、美籍华裔建筑师贝聿铭和中国建筑师王澍的经典作品，学习其中的儒雅气质与中国文化基因。让学生感受到中华文化的力量，增强文化自信，为把中国传统文化融入当代设计而努力探索，激发学生民族自豪感与使命感，将中国传统建筑文化发扬光大、推陈出新，让中国的设计走向世界的舞台。

05

Contemporary Contextual Expression of Traditional Material in Environmental Design

第5章

传统建筑材料在环境设计中的当代语境表达

材料是人类生产、生活的物质基础，用来建造房屋、制作工具等。从历史上来看，人类对古代文明的时代划分也是基于材料来的，比如石器时代、青铜器时代等。因此材料不仅仅是个人生活的物质基础，更是人类社会文明发展的重要条件之一。传统材料作为传统文化的载体，通过当代语境对传统材料进行解析，探寻传统材料在新时代的创新应用具有强烈的现实意义。

“当代语境”是一个开放的理论和艺术思潮的大背景。在不同的艺术门类，例如文学、艺术、建筑、设计、电影等都有使用，再加上不同的视角和研究深度，对当代语境的论述也不尽相同，这也体现了“当代”的开放性、多元化。因此，在当代这个多元化社会和当代的艺术设计思潮的影响下，我们的设计思维也发生了转变，研究传统材料就应该呈现出一种不拘一格的创新思维。

在环境设计领域，随着技术的进步，涌现出各种不同的新型材料。而这些材料的优点正是传统材料所不具备的，坚固耐用、标准化批量生产、创造新的装饰风格等。从工业革命开始，混凝土、玻璃、钢铁等现代材料就逐渐替代传统材料成为建筑与装饰的主力。传统材料因为其自身的物理属性限制，其运用大多只出现在当代建筑表皮以及室内空间的装饰层面上，这使得对传统材料的研究更多地是在其视觉领域和文化传承方面。

传统材料具有很强的地域性和文化性，在传统文化复兴的时代背景下，研究传统材料的创新运用是宣扬传统文化、保护历史文化的意义所在。

中国最早期对材料的认识应该要追溯到“五行”之说。作为古代的哲学观，五行被认为是构成事物的基本元素。五行学说也通常被视为古代的朴素唯物主义哲学，《五帝》中记载：“天有五行，水火金木土，分时化育，以成万物。”可见五行学说源自人们对大自然的五种基本元素的认识。

春秋时期齐国的官书《考工记》，主要记载了关于材料技术性层面的问题，对材料的使用做出了规定。宋朝时期的《营造法式》，也对材料的使用做出相关规定，内容大多是对有代表性的细部与结构样式和尺寸的记载。20世纪40年代，梁思成先生编著的《中国建筑史》绪论中提到“土”“木”为中国传统建筑的主要材料。到20世纪末期，李允鉌先生在其著作《华夏意匠》中探讨了我国古代关于材料的研究，他指出中国古代对建筑材料的使用上讲究“五材并举”，即以“土”“木”“砖”“瓦”“石”为主要代表。

到21世纪，建构思想传入国内，在建筑学领域对材料的关注热度慢慢就多了起来。郑小东编著的《传统材料当代建构》一书，对传统材料与建构文化进行理论上深度剖析，对当代案例也进行了分析与总结。王澍编著的《设计的开始》以他进行建筑创作的项目为主线，记录了他在使用传统材料以及一些相关哲学问题的思考。邱晓葵编著的《建筑装饰材料：从物质到精神的蜕变》以室内设计为视野，对材料的使用以及美学进行介绍，同时总结了清华大学美术学院和中央美术学院对材料的教学研究，在材料的实际运用上提供了一些指导性方法。李朝阳编著的《材质之美——室内材料设计与应用》系统地梳理了各类装饰材料的基本属性和材料的审美体验，提出了一些材料运用的创新思想，同时对室内装饰材料的未来发展进行了分析。

国外关于材料的研究要追溯到古罗马时期，维特鲁威的《建筑十书》也是从实践层面展开讨论，意在解决建造建筑时遇到的问题。到了文艺复兴时期，阿尔伯蒂的《论建筑》将材料问题归结为"坚固、实用、美观"三个基本范畴。帕拉第奥在《建筑四书》中写道："准备建造房子的人必须首先向专家咨询木材的特性以及哪种木材最适合做什么。"木材的特性是指色彩、纹理、质地等属性，包括美学特性和力学特性等。他们都倾向在建造之前就开始讨论材料，并且讨论了材料对建筑空间、构造和装饰的影响。

19世纪德国建筑理论家戈特弗里德·森佩尔总结了人对材料的三种观念，并且在当代设计仍然能看到这三类的存在。第一种是"材料决定论者"，用材料决定建筑，认为通过使用的材料就可以推演出建筑的基本形式，这种观念的缺陷是忽视了人与空间的关系，太过于客观。第二种是"历史主义者"，用一种新的材料去模仿历史上的建筑形式，其缺陷就是一味地复古，而忽视了现代社会环境和现代技术的发展。第三种是"思辨主义者"，认为材料应该脱离知觉，而这种观点过于形而上，使材料脱离了现实。

到了现代主义时期，人们都着重研究空间，而忽视材料，这使得现代主义的建筑成为冰冷的空间，没有人情味。这也正是阿尔瓦·阿图所意识到的问题，他认为建筑师应该给予材料更多的关注，从而使空间具有人情味。

当代传统材料研究比较多的当属日本建筑师隈研吾，他在做项目的时候提倡使用当地的传统材料。就地取材不仅可以节约成本，更是为了建筑能很好地融入周围的环境。他的著作《自然的建筑》记载了他在做项目时对材料和环境的思考过程。

5.1 材料科学中蕴涵艺术思维

5.1.1 材料的概念与分类

在人类的社会活动中，材料是人类用于制造物品、建筑、机器或其他产品的物质，是可供制成成品的东西。材料是人类赖以生存和发展的物质基础，是人类活动的基本物质条件。

在中国历史上，"材料"这个双字词最早是分开使用的单字词"材"和"料"。《说文·木部》中对"材"的解释是："材，木梃也"就是指"材"是树干的意思或者说"材"出自树干。而《说文》对"料"的解释是："料，量也。从斗，米在其中"是指"料"是一种计量单位。《营造法式》中，"材"的概念是指规格与尺度，而对材料的颜色、质感、肌理等几乎没有说明。"料"则一般是指材料的数量。

材料（Material）在《牛津现代高级英汉双解词典》中被定义为："that of which something is or can be made or with which something is done"，即材料是用来制造或构成某种东西的物

质。因此，在建筑和室内设计领域，材料就是用来建造建筑的建筑材料或是用来营造美感的装饰材料。材料不仅是实现设计构想的基本元素，同时，不同材料的各种属性也是我们设计语言表达的灵感来源。

1）建筑材料

人类文明从洞穴中走出来所需要解决的首要问题就是居住，栖身之所的建造解决了人类的居住问题，而要建造可供居住的建筑就不得不掌握材料的物理属性。纵观东西方的建筑历史，它们的建筑结构和形态都是由材料的物理属性决定的。以西方为代表的石结构建筑和以东方为代表的木结构建筑，都把材料的物理属性发挥到了极致。在建筑材料的使用上，取决于诸多物理属性，如强度、刚度、韧性、保温隔热、防水耐候等。

到了工业革命以后，现代材料的出现，特别是钢筋和混凝土的完美结合，把材料的抗压和抗拉性能发挥到极致，从而在建筑结构上逐渐淘汰了传统的结构式样。在当代，一些传统建筑材料的作用逐渐从结构和围护作用慢慢向建筑表皮和室内装饰方向发展。

2）装饰材料

装饰材料即用作建筑室内外装饰部分的材料。在中国古代的营造制度中，都是以材料的种类和材料的功能来分类的。例如《营造法式》中在大木作分类里的木材都是作为建筑结构来使用，把作为装饰部分使用的木材归类在小木作中。在装饰工种分类里除了小木作还有石作、竹作、泥作、彩画作等分类。

在现代，装饰材料由于更加多样化，分类方法也没有一个固定统一的说法。按化学性质分类，可分为无机材料和有机材料。无机材料又可分为金属材料和非金属材料；有机材料又可分为天然材料和人造（加工）材料。最常用的分类是以材质、状态、作用等来命名。

装饰材料常常分为实材、板材、片材、型材和线材等。实材也就是原材，主要是指原木以及原木制成的规方，以立方米为单位。板材主要是指把各种木材和石材加工成块的产品，板材以块为单位。片材主要是把石材及陶瓷、木材、竹材加工成块的产品，通常以平方米为单位。型材主要是指钢、铝合金和塑料等，以重量为单位。线材主要是指木材、石材或金属加工而成的线材料，以长度为单位。

在室内空间中，除了作为基础使用的材料，装饰材料都是作为饰面材料出现，是可以被直接观察到的，因此，装饰材料的属性直接影响到观察者的视觉和心理感受。

3）传统材料的定义

“传统”是一个相对的概念，要搞清楚传统材料首先得明白传统的定义。传统是指历史沿传下来的风俗、文化、思想、艺术等，传统是历史发展具有继承性的表现。传统材料，一般来说，是指历史上某一个地区一直沿用流传至今的材料，是天然形成或经过人工加工的材料。

从中国建筑历史来看，作为建筑结构使用的材料是“土木”。梁思成先生在《中国古代建筑史》中提到中国古代建筑主要使用的材料是土和木。在古代，“大兴土木”一般泛指大规模的建造活动，或以“土木之功”来概括建筑活动。

西方对传统材料的定义与中国差别不大，英国学者史密斯 · 卡彭在《建筑理论》中认为传统材料主要为：木头、石头与砖；现代材料主要为：混凝土、钢和玻璃。因为英国是工业革命的发源地，所以，对于是否传统材料的界定，基本是以工业革命为时间界限。我们可以总结出“传统材料”主要分为以下几大类：木材、石材、竹材、砖、瓦等。

5.1.2 材料的文化性

材料不仅在日常生活中与我们息息相关，从文化的角度上理解，设计活动在物化的过程中，也就是材料被“文化”的过程。设计师借助于不同的材料进行创造，形成了丰富的非物质语言。

设计是技术与艺术、理性与感性的结合。在处理空间问题的时候，不仅要解决技术问题，人文关怀同样是要考虑的因素。在工艺美术运动时期，在大工业化的背景下，提倡手工艺，提倡回归中世纪，就是为了打破工业体系下设计的冰冷与单调，强调设计需要有感性和人文情怀。

5.1.3 传统材料的感官属性

随着人类社会生产力的提高，在建筑满足了基本居住功能的前提下，人们开始关注建筑美观的问题，而建筑美观的问题不仅涉及建筑的形式、造型，还跟室内空间密切相关。相比建筑外观，室内空间的装饰更多是建立在小尺度的造型上，同时它与使用者的距离更近，因此对室内装饰的评价就离不开材料的感官属性的研究。

材料的感官属性也可称为材料的表面属性，是人类通过感官系统如视觉、味觉、触觉等所感知到的属性。而在人类的感官系统中，视觉的感知处于最重要的地位，因此环境设计中材料的表达都与视觉密切相关。

传统材料的感官属性主要可以归纳为色彩、肌理、质感、尺度四大属性。传统材料的感官属性不仅是客观存在，而且可以被人为改变，同时随着不同的人对其有不同的认识，它也是在不断变化的（图5-1）。

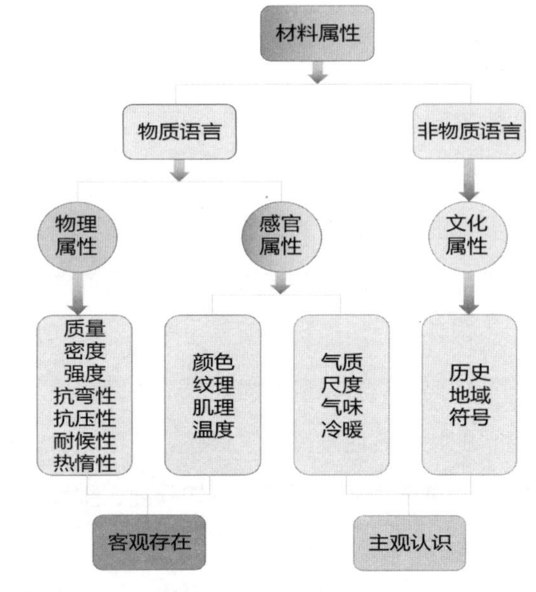

图5-1 传统材料的属性

1）传统材料的色彩属性

色彩也就是材料的固有色，它是客观存在的，是在自然光照下，物体对光线进行吸收和反射之后所呈现的色彩。从视觉感官来说，在建筑空间中，人眼所感知到的第一个信息便是色彩信息。所以，材料的色彩属性不仅是客观存在的，同时也与人的主观感受密切相关。对于传统材料的色彩属性，根据工艺和人工介入程度，大致可以分为固有色和人工色。

由于传统材料大多是天然形成的材料，所以传统材料的固有色就是材料在自然生长过程中所形成的颜色。这种颜色与纹理变化丰富，在材料无需人工修饰的情况下就能呈现丰富的表现力。同时，传统材料的固有色也跟生长环境密切相关，不做表面处理和修饰是传统材料真实性表达的手段，也使得建筑和室内空间与环境相协调。

通过人工加工的传统材料，会因为工艺不同或者不一样的表面处理方式形成色彩上的差异，这种能通过人为改变的颜色属性就是传统材料的人工色。比如砖，一般分为青砖和红砖，因为不同的烧制技术使之含氧量不同。红砖在烧制过程中充分氧化，而青砖因为未得到充分氧化，其中的氧化铁发生了还原反应使砖呈现青色。除了烧制技术不同而产生不同颜色的砖之外，砖的原材料成分的细微差别也能使砖的显色出现差别。同时，由人工烧制的特点，温度控制以及烧制时间难于准确地量化，传统的砖与工业化生产的面砖也存在不同之处。传统烧制的砖每一块会有不同程度的色差，在大面积铺设的时候会使整体看上去变化更丰富更有层次，而工业化的面砖每一批次都无色差，显得统一而无变化（图5-2）。

图5-2　青砖与红砖

木材经过不同的表面处理，也会呈现出不一样的色彩。经过封闭漆处理的木材会完全改变自身的颜色，并且木材的肌理和纹理都被油漆完全覆盖。经过开放漆处理的木材会一定程度上改变自身的颜色，但保留了木材自身变化丰富的木材纹理。经过碳化处理的木材不仅会改变自身的物理特性和自然纤维结构，同时也会改变其固有色。

2）传统材料的肌理属性

材料表面的一切纹理现象都可以称之为肌理，无论这种现象是自然形成的或是加工创造的。在艺术活动中，艺术家可以用主观的意识结合材料的纹理进行组织与表现，创作一种特定的表面现象。在环境设计中，利用传统材料丰富的肌理进行空间艺术的创作，充分体现了艺术表达的再现性与表现性，达成客观因素与主观因素的统一。

肌理与人的视觉感知、触觉感知以及视觉诱发的触觉联想（视触觉）关系紧密，促使人通过感官对环境信息进行识别与感知。一般来说，传统材料的肌理可以分为自然肌理与人工肌理。

自然肌理一般具有偶然性与随机性，是材料在自然生长过程中形成的，或是通过自然力量影响而产生的变化。例如木纹、石纹均是自然生长形成的，而风化、锈蚀等肌理又是受自然的影响变化形成的（图5-3）。

图5-3　木材与石材的自然肌理

人工肌理是指经加工处理过后的材料表面纹理。人工肌理最大的特点是人为的创造，设计师利用材料的组织与结构有意识地使材料表面造成一定的纹理组织，进行形式美感的表现。人工肌理是可控的，是通过刻画、打磨、镂雕、刮削等方法改变传统材料原有的自然肌理，按照设计的主观意图创造新的纹理效果。对人工肌理应用比较广泛的是石材，比如光面石材，通过抛光打磨，使石材变得光滑。一方面提高了石材表面的反射率，使石材产生类似镜面般的反射效果，另一方面使体验者的触感变得更加细腻。因此，光面石材一般应用于室内空间中的立面装饰、家具或地面铺装。再如荔枝面石材，是通过锤击的方式，让石材表面形成如荔枝果皮般凹凸的肌理感，降低了石材表面的反射率，在一定程度上还原了石材表面的自然形态，使石材变得庄严、厚重、朴实。同时，石材表面粗糙的肌理使石材提高了摩擦率，起到了一定的防滑作用。因此，荔枝面石材或者其他粗糙表面的石材适用于室外地面铺装和建筑外立面的装饰（图5-4）。

图5-4　不同表面处理的石材肌理

3）传统材料的质感属性

质感是人对材料的物理性质或结构等质地特性的认知与感受，传统材料的质地是指材料本身的结构与组织，属于材料的自然属性。传统材料表面的质地不同会引发人在视觉、触觉上不同的感知，主要体现为：粗糙与光滑、硬与软、冷与暖、光泽与透明等。

传统材料的质感和人的触觉是紧密联系的，是传统材料审美的重要的艺术特征之一。材料的不同质感决定了材料的独特性和差异性，它给人造成的触觉心理差异也比较大。如金属材料质感带给人坚硬、强大、冷漠等感受；石材带给人大气沉稳又有庄重、凝重之感；木材带给人亲切、安全、温暖之感；毛皮质感会给人舒适、柔软、典雅之感等；砖瓦会使人联想到朴素的乡土之情。

4）传统材料的尺度属性

建筑装饰材料无论是天然的还是人工的，在设计与建造中都是以“规格”的形态出现的，呈现出大小的区别。卵石、砖瓦、竹木都具有尺度大小之分，而规格尺寸的大小则属于视觉辨析度和艺术图形的探讨范畴，因此，材料的尺度属性关乎于环境设计的艺术创作。

传统材料的尺度属性是由材料的尺寸、规格、形态和比例构成的。传统材料由自身的力学特性限制，以合适的尺寸和形态才能发挥出传统材料最佳的物理属性。《营造法式》中的“材分制度”所规定木材截面高宽比为3：2，这种比例恰为从原木中锯出的方料的抗弯强度的最大值。自古以来，在材料的选择和运用上，都是按照一定的尺寸和规格来加工使用才能发挥材料的优势并且便于施工。到了当代，结合新的工艺和施工技术，除了已有的一些固定的模数，传统材料在尺寸和规格上也有了更多的可能性。

材料以一种规格铺装在一起，自然形成了图形与肌理，规格图形的大小变化与审美结合在一起，成为材料使用中的创新设计点。在视觉感官层面上，材料的尺度作为能被人视觉观察到的属性，其尺寸大小跟人的视觉感受也密切相关，比如，大空间适合用大尺度的材料规格，这样使得材料尺度跟空间尺度的比例协调，同时让空间有高大、恢弘的感觉；小空间适合用小尺度的材料规格，会让空间充满亲切的感觉。装饰材料规格大小的对比，在一定程度上赋予空间以形式美感。利用规格与尺寸的变化，有组织地进行图形创意，可以塑造不同的视觉感染力。

5.1.4 传统材料的当代困境

1）传统材料的技术困境

到了工业革命时期，人类社会生产力的飞速进步，科技的发展，使人类文明进入了一个新的时期，因此建筑材料也随之发生巨大变化。1851年，英国举办第一届世界博览会，场馆开创性地由钢铁和玻璃建造，钢铁的力学性能使得建筑跨度被做得很大，而玻璃的透明属性使建筑采光良好，因此得名水晶宫。气势恢宏的水晶宫对当时人们的震撼非常大，现代材料钢铁和玻璃也开始进入人们视野。到了18世纪末期，出现了钢筋混凝土结构，钢筋和混凝土的结合完美解决了建筑中的力学问题，建造更高更大跨度的建筑成为可能。到了20世纪，新材料与新技术使得传统材料逐渐退出了主流的建筑结构舞台。

传统材料相较于现代材料和现代工业的各种优势，在技术层面上存在以下困境。

生产方式的局限：在传统材料还未进行技术更新的情况下，生产方式还大多是手工作坊式生产，不利于大规模化、模块化生产，产能低下。由于技术落后，生产所消耗的人力、能源占比也大于现代工业化材料。同时，手工作坊式生产不利于管理，天然材料的过度开采和不符合环保规范的加工方式都对环境的破坏和污染程度较大。

寿命的局限：与现代材料相比，传统材料的耐久性都远远弱于现代材料，并且需要定期的维护保养。比如石材表面会受到天气的影响，木材不做表面处理会腐朽。

性能局限：传统材料的力学性已经不能满足现代建筑的需求，即使是在装饰领域，比如木材或是其他木质板材，其防火等级和防潮防水性都远远低于现代材料。

施工工艺的局限：传统材料是一个地区历史上沿用至今的材料，那么其施工工艺也是从历史流传至今的，正是因为这种原因，导致传统材料施工工艺落后，形式单一。

2）传统材料的创新困境

在当代我们依旧可以看到一些设计，对传统材料、传统符号不经再创造地直接使用，一味地复古。传统材料遇到的创新困境往往有如下方面。

思维的局限：许多案例和现象都表明，在当代对于传统材料的使用还是以传统的思维方式和形式来表现。探索材料的属性，展开艺术的再创作，须以当代的设计思维为指导。

风格的局限：在中国只要提起传统材料，就会想起“中式风格”。也有经过改良并和现代生活需求结合的“新中式风格”的演变，更契合了当代的审美。然而，传统材料的应用并不等于传统的中式风格，传统材料所体现的也不仅仅是风格这个层面，而更多的是传统文化韵味。

5.2 艺术的当代语境特征

5.2.1 语境与当代语境的概念

1）语境的概念

语境属于语言学中的概念，对于语境的研究，作出重大贡献的当属社会语言学流派。而社会语言学流派的观点最早要追溯到伦敦学派。伦敦学派的创始人，人类学家马林诺斯基（Bronislaw K.Malinowski）在1923年提出，把语境分为两类，一是“情景语境”，二是“文化语境”，也能把它们表述为“语言性语境”和“非语言性语境”。语言性语境就是指在语言交流中（包括口语和书面语）

的前后句和上下文，它直接影响了我们交流中对语言的理解。非语言性语境，即非语言性的影响因素，它包括了社会、文化、时间、场合等。它不仅影响我们对语言的理解，同时还对语言性语境也起到了限定和解释的作用。

索振羽在《语用学教程》中提出："语境是人们运用自然语言进行言语交际的言语环境"。他还进一步提出语境的研究包含三个方面：上下文语境（context）由语言因素构成；情景语境（context of situation）由非语言因素构成；民族文化传统语境。

王建华在《关于语境的定义和性质》一文中提出，把语境定义为以下四点：①语境是语用中的条件和背景；②语境能影响语用交际的成败；③语境是相对独立的，内部可形成若干子系统；④语境又可与主体和实体形成交叉。

把语境分为广义和狭义两个层面，分为言内语境、言外语境和言伴语境（图5-5）。

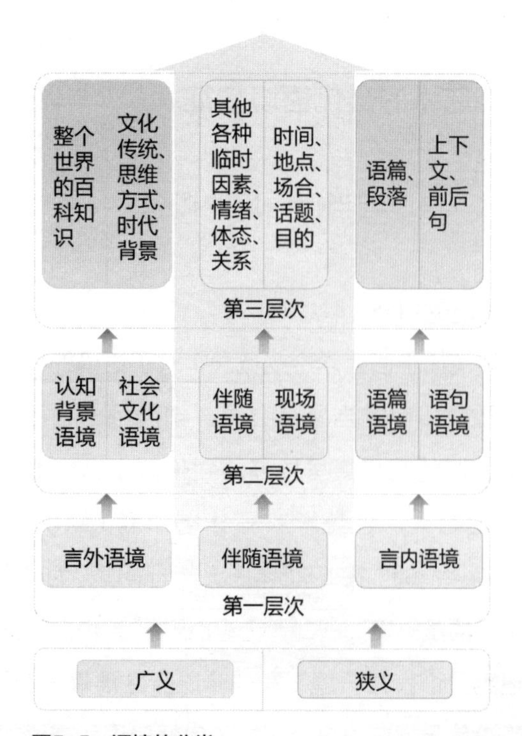

图5-5 语境的分类

我们可以看到语境概念来源于语言学，是研究语言的必要工具，随着研究的不断深入和分化，对于语境的研究慢慢从语言学中独立出来，形成了语境学。由于其广泛的分类和系统的结构，又因语言和艺术、绘画、哲学、建筑等学科都有一定程度上的相关性。所以语境的概念目前也都广泛地运用于上述学科中。

2）当代语境的概念

首先，"当代"是一个时间概念。同时，基于研究学科的范畴，在艺术设计相关学科中，"当代语境"就是艺术设计在当代的大背景和大环境。因此，我们可以把当代语境理解为当代艺术与设计思潮。它不是凭空出现和发生的，而是与社会、人文、历史等大背景都有千丝万缕的相互关系，相互交融、相互影响。因此，根据语境学理论的支撑，我们把当代艺术与设计思潮和社会、人文、历史等大背景纳入到一个系统中，就形成了当代艺术与设计的语境，也就是当代语境（图5-6）。

图5-6 当代语境的概念

5.2.2 当代语境的历史脉络分析

1)“自然之境”——传统的语境

“天人合一”“道法自然”等观点是出自中国古代的哲学思想，讲究人应该顺应自然、与自然和谐共存，天人合一的思想就代表了古人追求的最高思想境界。《庄子·达生》中写道：“天地者，万物之母也。”表达了世界上所有东西都来自天和地，而这里的天和地就指的是自然。在这种观念的引导下，自然就形成了一面巨大的镜子，它折射出了中国古代的历史、文化、政治等诸多方面，也使得中国传统的艺术、绘画和装饰都具有向大自然学习、模仿和描绘的特征。

中国的绘画艺术从对山水、动物、植物花卉的描绘，都证明了中国传统的艺术思想有着对自然模仿和提取的特征。例如始于魏晋，成熟于北宋的中国山水画，就具有非常明显的对大自然直接描绘的特征，提倡对自然和山水进行直接的写实性描绘，注重描绘对象的“真”与“实”，画风严谨且刻画细致。从审美意境的角度来说，这种注重写实的描绘，使观者能体会到身临其境、融入自然的精神境界（图5-7）。

图5-7 南宋时期的山水画

在传统语境下的设计和工艺美术也同样具有明显的对自然模仿的特征，从传统的漆艺到雕刻，从建筑装饰到室内家具。在传统的语境中，由于封建社会的结构，政治经济和不平等的等级制度的影响，不管是在东方还是西方，最好的设计都是为皇权和贵族所服务的。梁思成先生在其著作《中国建筑艺术》中记载道：“建筑活动也反映当时的社会生活和当时的政治经济制度。如宫殿、庙宇、城墙、堡垒、仓库、作坊等，有的是为生产服务的，有的是被统治阶级利用以巩固政权，有的被它们独占享受。古代的奴隶主可以奴役数万人为他建筑高大的建筑物，以显示他们的权威，坚固的防御建筑以保护他们的财产。”在这样的背景下，为皇权所服务的宫殿就代表了传统语境下最好的设计和最高的建筑标准。同时，传统的设计不重视图纸，大多数工艺匠人都是师傅带徒弟的逻辑。“然匠人每暗于文字，故赖口授实习，传其衣钵，而不重书籍。数千年来古籍中，传世术书，唯宋、清两朝官刊各一部耳。”虽然说也出现了诸如《营造法式》等官府的营造标准的书籍，但大多数时期的建筑装饰、家具、工艺美术品等，其纹样和图案的灵感很多也都来自于大自然（也有源于宗教和神话故事等方面）。因此，在传统语境下，传统的材料和装饰的表达基本都是基于对自然的描绘和模仿。

不仅是在东方，早在关于西方艺术起源的讨论中也涉及对自然模仿的观点。西方古希腊的哲学家就曾经提出：“模仿是人性的一个基本特征，在对大自然模仿的同时就产生了艺术。”

达芬奇（Leonardo da Vinci，1452—1519）就曾说：“假如你在用自己的艺术摹仿自然界所产生的形式的全部特质时不是一个万能的大师，那么你就不能成为一个好画家。”因此在传统语境中，艺术家最重要的能力之一就是对自然界的摹仿能力，这也印证了在传统语境中艺术的表现形式大多都是基于对自然和事物进行直接的描绘和摹仿。

甚至到了工艺美术运动时期，也依然主张对自然的摹仿和回归。工艺美术运动的领导人物约翰·拉斯金提出在这样的环境下设计只有两条出路："第一，对现实世界的观察和洞察；第二，基于现实的表现，设计要回归到自然的状态。"威廉·莫里斯的设计作品则引领了工艺美术运动的发展。他设计的"红屋"就大量使用了传统的红砖作为建筑材料，并具有明显哥特式风格的造型和装饰。随后他又开始从事家具、灯具、壁纸、地毯等方面的设计，带有明显的自然纹样（图5-8）。

图5-8 莫里斯设计作品

虽然工艺美术运动发生在工业革命之后，但它却主张回归传统和模仿自然，依然是属于传统语境的范畴。工艺美术运动忽视了工业化背后的经济、政治等因素，有抵触工业化的消极一面，企图回归到传统的审美和手工艺文化中，这种艺术设计思潮，显然有悖于社会大背景所产生的影响。不过正是这一点，它的思想和实践对后来的艺术设计所产生的影响还是深远的。

2）"生产之境"——现代的语境

18世纪中叶，法国启蒙运动思想家和哲学家让·卢梭发表了《论人类不平等的起源和基础》，深度地揭示和批判了封建社会不平等的制度，他认为封建专制下的私有制是人类不平等的根源。他对"人类平等"思想的提出也为后来现代主义的运动打下了理论基础。

到了工业革命之后，西方社会结构产生了巨大的变革。首先从生产方式上就发生了变革，由于工业化和机械化大大替代了手工劳动的方式，一些农民、工匠和手工劳动者大规模地涌向城市，这些原本自给自足的农业化生产者变为了以出卖自己劳动力来维持生活的"无产阶级者"。随着社会的变革和工业化浪潮的推动下，建筑师阿道夫·路斯在1908发表了影响深远的《装饰即罪恶》一文。他尖锐地指出在现代文明的发展历程下，那些存在着大量装饰的设计风格是罪恶的，是反社会进程的退步表现。他认为在工业化生产的背景下，那些复杂的装饰完全不利于工业化生产，设计的发展必须依托于工业化生产。路斯的思想很快得到支持和传播，这犹如是对"装饰"判了死刑。因此，到了现代主义时期，艺术设计思维已经宣布与传统完全脱钩。阿道夫·路斯设计的缪勒住宅，从建筑上就呈现出高度几何化和无装饰的设计特征，室内极度简洁与朴素，几乎无任何装饰，只注重功能化的设计（图5-9）。

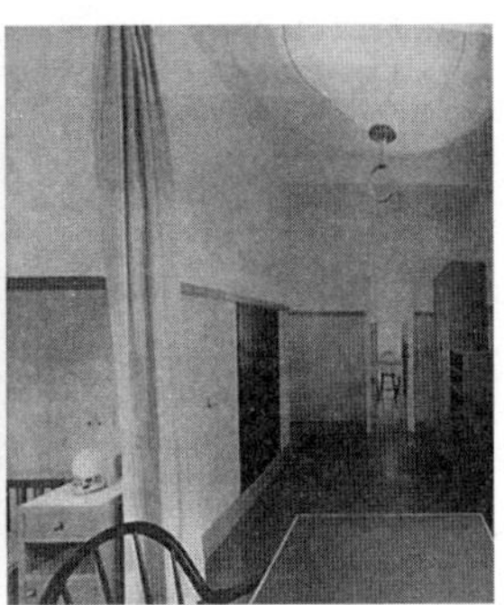

图5-9 缪勒住宅

图5-10 德绍包豪斯校舍

路斯的理论著作和设计实践宣布了工业化浪潮下的现代主义设计与传统语境的割裂，而进一步把现代主义的设计思潮推向顶峰的就是包豪斯设计学院的设计观念。由包豪斯校长格罗皮乌斯拟定的包豪斯宣言中写道："建筑家、雕塑家和画家们，我们应该转向应用艺术……让我们创造出一栋将建筑、雕塑和绘画结合成三位一体的新的未来的殿堂，并且用千百万艺术工作者的双手将它耸立在云霞高处，变成一种新的信念的鲜明标志。"格罗皮乌斯本人的设计也完全遵循了形式服从功能的设计原则，由他设计的德绍包豪斯校舍，在材料上完全使用了工业化、标准化生产的新材料，如混凝土、玻璃等等，在建筑形式上完全放弃了传统的装饰元素，以一种全新的、注重功能实用性的原则来指导设计（图5-10）。

在格罗皮乌斯离开包豪斯之后，由迈耶接替校长的职务。迈耶上任之后，希望与包豪斯之前的思想划清界限，他认为包豪斯之前艺术与技术结合的观点只是在审美上的浪漫幻想，设计应该彻底摆脱对艺术的依赖，设计思维要完全建立在功能和技术上的思考。因此按照迈耶的逻辑和功能主义的思想，包豪斯的教育放弃了以视觉审美知觉为基础的形式主义方法，走上了纯粹的功能主义的道路。

毫无疑问，现代主义反对装饰和形式，以功能为核心的思想和设计宗旨，注重功能，反对装饰的设计能更容易走进普通大众的家里。在这一时期，玛格丽特·舒特为法兰克福公寓设计的标准化、功能化的厨房成为现代化厨房设计的鼻祖。法兰克福公寓中的这种厨房设计既经济又简洁，有整齐的储物箱与挂物架，操作台的设计更加注重便于清洁。预制混凝土洗槽的设计降低了生产成本，并使所有使用需求尽可能地压缩在尽量小的空间中（图5-11）。

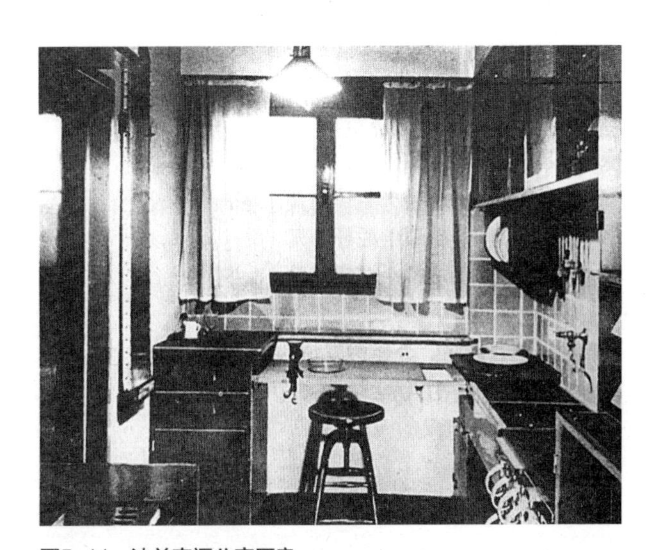

图5-11 法兰克福公寓厨房

到了第二次世界大战的爆发，欧洲许多设计师都逃亡到了美国，主要就是包豪斯的教师们，例如格罗皮乌斯、密斯·凡·德·罗、柯布西耶等。随着第二次世界大战的结束，美国作为战胜国和最大的获利者，成为世界上最富裕、最具经济活力的国家，世界的中心也由欧洲转移到了北美大陆。在资本不断膨胀的推动下，工厂、写字楼、办公楼如雨后春笋般拔地而起，在这种浪潮的背景下，企业家和资本家们最喜欢的建筑形式就是性价比最高的无装饰的功能性设计。因此，在战后的美国，延续了现代主义的核心思想，并把反装饰的设计推向了顶峰。

总的来说，现代主义的核心思想就是在工业化背景下，以功能为核心，反对装饰，希望与传统语境决裂的设计思潮。从意识形态的角度说，它是一种反精英化的思想，认为装饰是为权贵所服务的，希望让设计为更多的大众所服务。可以说，这种逻辑就是工厂的逻辑，从材料到工业产品，一切都是工业化、批量化、标准化生产，这种生产逻辑消解了传统语境中装饰是为精英服务的现象。因此，现代主义与传统的决裂就意味着，至少在设计的角度，在一定程度上实现了人的平等。但反过来说，受到社会价值观和意识形态的影响，现代主义也在某种角度上变得激进，变得过于理性和冰冷了。

3）“符号之境”——后现代的语境

如果在哲学和社会文化的背景下，来描述后现代的语境，我们可以用“符号之镜”一词来概括性地描述。后现代主义下，艺术不再是由一些标准的范式提供给大众被动接受，而是如同在商场一样，消费者在琳琅满目的商品中依据自己的意愿选择这样或那样。只要商品被出售，有消费者愿意购买，那么，这件商品就有了存在的价值与意义。比如一件衣服的样式不再是取决于设计师推销给人的创意、裁剪、面料的独特，而是取决于消费者主观选择它的理由。有时候甚至商品的质量、价格、功能都不再是标准的选择项，而是它的品牌设计符合了消费者的理想。因此，消费者购买的可能就是一种“符号”。符号成了一个多面镜，它折射了艺术从“统一、标准、范式”进化为“多样化、无标准、无范式”。

高宣扬在《后现代论》中指出“后现代主义是一种非常复杂的社会文化现象。它集中体现了当代西方社会政治、经济、文化和生活方式的一切正面和反面因素的矛盾性质；它既表现了西方文化的积极成果，又表现出它的消极性；又隐含着破坏和颠覆的因素；它是希望和绝望两方面相共存而又相互争斗的文化生命体。”在后现代艺术思潮的影响下，美学的原则发生了彻底的转变：范式化变为多元性，清晰性变成模糊性，一致性变成了矛盾性。设计的实用性原则、经济性原则、清晰性原则都不再成为主体的审美条件。

（1）艺术回归生活和日常生活审美化

在传统和现代主义的语境中，绘画一直最重要的艺术形态之一。无论是古典艺术的“再现”“摹仿”“写实”，还是现代艺术的“抽象”“感觉”“表现”，绘画都是以画布为背景，用色彩、造型、笔触、体积、光影、构图等去描绘。而后现代艺术却打破了这种固定的规则，它们要么远离了传统绘画和现代艺术的基本创作手法和技法，要么就干脆取消了绘画本身，转为对艺术“意念”的关注，以及注重观念的传达。因此后现代艺术大多是一种“反艺术”现象，它更多注重将生活与艺术融合在一起，认为“生活就是艺术，艺术就是生活”。因此，提到这种思想和观念的转变，就不得不提到杜尚以及达达主义所主张的思想了。

如果要用准确的话描述“达达主义”，那么它其实不是一种明确的艺术风格，也没有固定的形式，而是对一场文化艺术运动的称呼。在世界大战的社会背景下，艺术家们希望用一种幽默、随性和玩世不恭的态度来表达自己的艺术思想，因此，它不是一种明确的艺术风格，而是一种虚无的、什么都不是的艺术思想。张坚在《西方现代美术史》指出“达达艺术家反对社会固定的价值观，包括道德、艺术的传统观念……而本来一个毫无意义的词语‘达达’，但却表达了这场运动的本质，即否定传统艺术的价值，甚至是全盘否定。”达达主义的代表人物杜尚的作品——名噪一时的《泉》正是用一种幽默、随性的方式打破了艺术的所有法则，解放了艺术创作的所有形式束缚与思想禁锢。

达达主义运动的许多观念都对西方当代艺术创作产生了深远的影响。而后超现实主义、装置艺术、观念艺术、波普艺术等，都是受达达主义的思想所影响所应运而生的。可以说，达达主义是当代艺术的源头，它使艺术不再高高在上，而是越来越贴近生活。

雕塑家奥德伯格运用夸张的手法创造了一系列的奇异的大型雕塑方案，它把吸尘器、熨衣板、玩具熊等生活用品，设计成巨大的环境雕塑。当然他的奇思妙想在常人看来都过于“夸张”了，因此大多数方案都停留在了图纸阶段。不过奥德伯格也有建成的经典之作——《衣夹》。衣夹是我们生活中再为普通不过的物品，通过尺度上的夸张，奥德伯格把衣夹做成了巨大的雕塑并屹立在费城的中心广场。要知道通常在大城市广场上的雕像一般都是英雄和伟人，而一个普通的生活用品怎么能有资格出现在这里呢。正是这种夸张的运用带来的视觉冲击和戏谑效果，打破了艺术高高在上的姿态，使艺术回归了生活，因此这样一个普通的生活用品成为一个广场的标志（图5-12）。

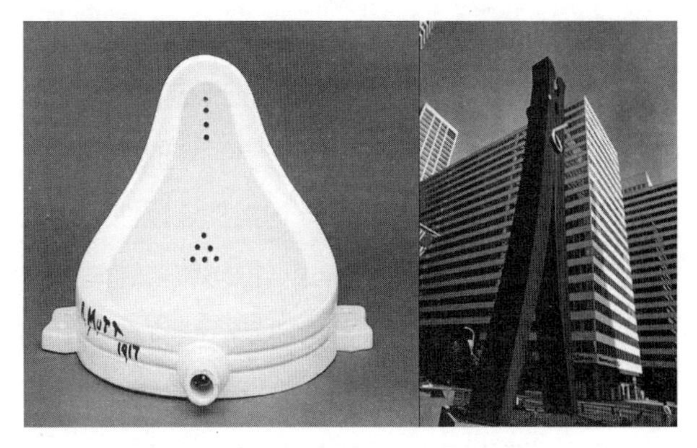

图5-12 《泉》与《衣夹》

“日常生活审美化”最早由麦克·费瑟斯通提出，他认为日常生活审美化消解了艺术与生活的距离，使艺术融入生活之中，艺术不仅可以来源于生活，同时生活也可以是艺术。在这样的观点支撑下，我们可以看出，艺术不再高高在上，它脱离了高雅和抽象的审美思维，使艺术回归到大众之中。同时，生活也被审美化了，周围的环境、建筑、商品都被审美化，审美已经深入地渗透到大众的生活中。正如“商场”的消费逻辑，我们在商场里可以任意挑选自己喜欢的商品，再也没有一个统一的、抽象的、高高在上的审美观念和原则来指导我们。这也正是说明了，“日常生活审美化”消解了“审美”的固有观念，使审美活动不再是艺术的专利，而是一种生活化、多元化、模糊化的思想观念。

（2）消费社会和波普艺术

哲学家麦克·费瑟斯通在其著作《消费文化与后现代主义》中指出：“如果我们来检讨后现代主义的定义，我们就会发现，它强调了艺术与日常生活之间界限的消解，高雅文化与大众通俗文化之间明确分野消失，总体性的风格混杂及戏谑式的符号混合。”基于社会和文化的背景下，一场影响深远的运动产生了——波普艺术不仅是在思想和审美观念上影响了后现代的艺术设计思潮，同时，它多样化的表现形式也迅速传播到世界上的各个角落。

波普艺术起源于20 世纪 50 年代的英国，张坚在《西方现代美术史》中指出“他们（波普艺术家）都对大众媒体、卡通、广告、消费品中的视觉形象有浓厚兴趣。……‘波普’一词指称流行性大众文化，电影、广告、招贴、卡通、摄影和各种时尚商品都是波普文化的载体。他们认为，大众媒体上光怪陆离的影像就是当下艺术，与传统美术作品没有什么不同，波谱艺术中的那些被艺术精英团体视为粗陋和俗套的艺术主题和表现手法，虽流于表面，却非常鲜活和率直，节奏欢快，传播力强大，形成对都市生活的包围，只是许多人没有意识到它的存在罢了。”

虽然波普艺术被一些评论家和艺术家称为“伪艺术”，在艺术领域它是小众的，但因为它更为贴近生活更为接近大众审美，因此在非艺术的视野下他又是大众的。它使艺术与流行元素相结合，是一种更容易被大众接受，是当时日常生活审美化的表现，让艺术不再游离于大众之外，以一种低的姿态回归到现实生活中（图5-13）。

图5-13 波普艺术

（3）文脉主义下装饰的回归

在现代主义设计和国际主义风格大行其道的背景下，极度强调功能而忽视形式的现代主义设计必然已经不能符合多元化社会的文化与审美多样性。20世纪60年代，建筑师罗伯特·文丘里指出了设计中的复杂性、矛盾性和模糊性，而他的矛头直截了当地指向了现代主义设计，他对后现代主义设计的影响丝毫不亚于《走向新建筑》之于现代主义设计。文丘里对现代主义的逻辑性、统一性和秩序性提出质疑，从理论上向当时现代主义刻板、单调的建筑进行批判，同时他还戏剧性地把现代主义大师密斯·凡·德·罗的名言“less is more（少即是多）”改为了“less is boring（少即乏味）”。文丘里明确提出要在现代建筑中采用历史因素，从而改变建筑单一、刻板的面貌。它指出现代主义建筑与自己所推崇的具有历史折中主义特点的后现代主义建筑的诸多矛盾。比如现代主义的纯粹性和后现代的多元性；现代主义的清晰性和后现代的模糊性；现代主义的直接性和后现代的扭曲性。他认为建筑应该是复杂的而不是现代主义只强调功能的那种单调和直接。

在文丘里的理论支撑下，后现代设计开始重提装饰，讲究历史文脉的延续，打破现代主义设计的那种单一的秩序和单调的形式。而这些讲究文脉的装饰也不仅是简单地模仿古典的风格样式，他是利用现代的技术和材料，对历史的装饰符号进行夸张、抽象、扭曲、组合等，把历史符号隐喻其中，使观看者通过自己对符号的解读进而展开丰富的联想。

文丘里用自己的作品开创了文脉主义的实践先河。他为自己母亲设计的住宅就完美契合了他的理论观点。住宅的正立面有一种对称式的温和构图，山形墙的运用，但又从中间给断开，体现了他对历史符号的运用，同时也非常注重立面形式的处理。再进一步观察，我们会发现他用了“柯布西耶式”的横向长窗，同时室内平面的布局虽然总体上运用了对称的处理，但又不是一种绝对的对称，也能看到一些讲究功能性的处理。因此，文丘里的设计实践能看出许多他对建筑复杂性和矛盾性的折中处理。

文脉主义另一个具有代表性的作品是由查尔斯·摩尔设计的位于美国新奥尔良市的“意大利广场”。在新奥尔良有一个意大利西西里岛人的聚集区，因此摩尔希望设计一个具有意大利古典韵味的广场，延续传统文脉，他大量运用罗马古典建筑的形式特征，并将这些特征符号化，通过拼贴式的重组，并结合美国流行文化，鲜艳亮丽的色彩和霓虹灯的使用，使古典建筑的符号以一种模糊性、游戏性、随意性的态度呈现在设计之中（图5-14）。

图5-14 新奥尔良“意大利广场”

严格来讲，贝聿铭先生的设计一般在文献中都被归为“新现代主义”或者“晚期现代主义”中，因为他的作品一般都注重现代主义中功能至上的原则和后现代主义注重形式的折中处理的特征。贝聿铭先生的代表作“卢浮宫玻璃金字塔”。由大量的钢结构和玻璃构成，在造型上提取了埃及金字塔的几何式语言，极具现代感同时又充满历史韵味的建筑，与后面的卢浮宫形成了一个新的“环境场”，在这个场域之内，传统和现代的固有观念和界限都被消解了，达成了传统与现代的共生（图5-15）。

图5-15 卢浮宫玻璃金字塔

文脉主义带领了装饰的回归，延续了传统，打破了现代主义功能和秩序的铁律，打通后现代设计从历史中寻找设计灵感的道路，并运用更加多元化的表现形式呈现了传统文化和符号。而设计手法却是多元化，不拘泥于传统的美学观念和形式。因此，文脉主义下的设计，虽然其设计灵感和元素来源于传统与古典，但是和“复古”“仿古”的设计有本质区别，因为不再是对传统的符号直接表面化的运用，而是通过多元化的手法如破碎、夸张、重组、拼贴等表达一种模糊性、戏谑性、随意性的思想观念。同时后现代文脉主义强调延续传统，也符合了社会文化和审美意识越来越多元化的特征。

（4）诠释时代精神的高技派

在古代时一般技艺不分，技术是人们制作物品的技巧，艺术家也可以是设计师，西方许多古典建筑都是由艺术家设计的。在当时，技术是建立在生产的直接经验和人的直观感受的基础上的，由于生产力和技术条件的限制，艺术和设计都是建立在对自然和事物的模仿和描绘的基础上的。

从工业革命开始，工业技术开始影响到设计领域，设计的发展就离不开技术与工艺的进步。柯布西耶曾经说："建筑是居住的机器"，可以看出他的机器美学的观点，他认为在设计中展现了现代工业技术就是一种美。因此在早期的现代主义时期，现代主义设计就强调设计与技术的结合，但受到柯布西耶机器美学观点的影响，他们的兴趣仅仅只是对机器本身的崇拜，以及企图用机器来创造出符合现代主义时期的表现形式。柯布西耶在《走向新建筑》中指出"今天已没有人再否定从现代工业制造中表现出来的美学。越来越多的建筑物和机器被制造出来，它们的形态、比例、材料的搭配经过多重的推敲，以至于它们中的许多已经可以称得上是艺术品了——这是由于它们建立于'数学'之上，换句话说，它们建立于秩序之上。"这种观点可以看出，现代主义时期对机器的崇拜并且提倡对机器的直接模仿，因为他们认为机器本身就是艺术品，它自身的结构就是一种秩序。所以到了后现代时期，不少评论家看到了现代主义时期机器美学的局限性，他们认为企图直接对机器的模仿来解决设计问题是极其天真的。

由詹·克朗、苏珊·斯莱辛编著的《高科技》一书中，最早提出了"高技术"这一概念。他们认为，高技术这个概念包括了两个方面：第一，注重工业技术和高品位；第二，这种成熟的风格与先进的技术结合，使得高技派具有未来性。这一理论进一步影响到许多设计师，例如建筑师伦佐·皮亚诺、理查德·罗杰斯，室内设计师德·乌尔苏和工业设计师查尔斯·伊姆斯等。

"高技派"的建筑最具代表性的当属巴黎的蓬皮杜艺术中心，这个由伦佐·皮亚诺和理查德·罗杰斯设计的建筑，似乎不存在传统意义上的外立面，把建筑立面和内外空间进行了模糊化处理。从外部观察，建筑看上去像缠绕了许多色彩亮丽的管道和设备管线，因此看上去像似一个"化工厂"。但与普通"化工厂"灰暗的钢铁管道不同，这些管道被涂上了鲜艳的油漆，不同的颜色代表不同的功能，如黄色代表供电系统、红色表示通信、绿色包裹的供水系统、蓝色则为空调设备系统。在建筑室内没有固定的墙体，人们可以在建筑中自由行走，唯一用来分割空间的是家具、屏风或不固定的展示隔断。尽管在最初的阶段这个方案受到巴黎市民的抵制，不过随着建筑的建成，人们才发现这个建筑诠释了巴黎这个古都的新时代的精神，而现在蓬皮杜艺术中心已经成为当代艺术和文化的殿堂（图5-16）。

图5-16 蓬皮杜艺术中心

（5）打破权威的解构主义

解构主义最早诞生于20世纪60年代的法国，法国哲学家雅克·德里达是最早提出关于"解构主义"的哲学思想，因为他认为传统的、固定的哲学观念已经无法符合当下社会多元化的特征。换句话说，解构主义的思维就是要打破当时单一化、程式化的秩序。从文化层面来讲，这些秩序包括思维的秩序、理解的秩序、创作的秩序、文化底蕴的秩序等等。因此，雅克·德里达的解构主义思想就成为了解构主义设计思潮的哲学和理论基础。

解构主义在设计领域来说，就是反对现代主义的一切标准，希望对现代主义以及其他后现代流派所不能涉及到的创作领域展开新的探索，并希望打破一切固有的审美标准和规范。

在设计实践中，建筑领域首先开启了解构主义设计思潮的大门。解构主义设计的代表人物弗兰克·盖里设计的西班牙毕尔巴鄂古根海姆博物馆，是解构主义最具有代表性的作品。这座建筑外观看上去更像一座雕塑或者装置艺术，复杂的外观和丰富又曲折的造型反映了室内空间复杂的结构，因此这个建筑彻底打破了现代主义功能至上的设计原则。盖里的作品带有非常鲜明的个人特性，他注重对结构部件的表达，他认为这些部分的结构部件就可以表达建筑，使建筑不再由一个统一的规律和风格所限定（图5-17）。

图5-17　毕尔巴鄂古根海姆博物馆

总的来说，解构主义是一个具有偶然的、随意的、个人的设计思想的流派，其解构、破碎、重构的设计手法也打破了设计所呈现出来的固定的形态，因此也有人说解构主义设计师的创作是一种基于潜意识的创作。同时它体现了对现代主义设计否定和批判的思想，为后来的设计提供了更多的创作思路和更多的创新可能性，强烈地冲击了人们对设计的审美观念。

5.2.3　当代语境的特征

1）风格多元化的特征

通过对当代语境历史脉络的梳理和研究，当代设计与艺术风格越来越呈现出多元化的特征。首先从社会因素来说，我们从工业化时代过渡到了后工业化、信息化的时代，单一的工厂化的生产逻辑变成了复杂的商场式的消费逻辑，简单的经济模式变为了全球化、多元化的经济模式。从文化和思想领域来说，所谓正统的文化和哲学原则也慢慢被打破，在当代逐渐产生反对中心化、反对权威、反对二元对立的非黑即白的思想。受社会、经济、文化和思想层面的多元化的影响，设计和艺术的思维方式和审美观念也发生了彻底转变，风格表现也出现了多元化的特征。

从艺术回归生活的观念开始，后现代和当代艺术的风格表现就充满了不确定性，它打破了现代艺术抽象的、高雅的审美观念，使得当代艺术风格呈现出百花齐放、多元化的特征。当代艺术不再遵循一个明确的、固定的审美观念与审美标准，审美意识发生了彻底的转变。可以说，艺术来源于生活，或者说生活就是艺术。艺术不再是需要高雅的审美才能创造和解读，它更注重的是观念的传达和解释。而对于观看者来说，每个人都可以有不同的理解。约翰·凯奇创造的惊世骇俗的音乐演奏作品《四分三十三秒》，在这场演奏中，他安静地坐在一架钢琴前面，而演奏过程中他一直未打开钢琴盖，没有敲出任何一个音符，现场也不存在任何音乐演奏的痕迹。与其说这场演奏是一种音乐表演，不如说它更像是一次行为艺术，它彻底颠覆了音乐固定的表现秩序，它不存在于任何音乐风格中，甚至可以说是没有风格。而他传达给观众的观念即，希望寻找一种没有目的性的艺术，音乐也可以是来自现实生活中的任何声音。

在视觉艺术上，当代艺术集合了达达主义、波普艺术、超现实主义、行为艺术、大地艺术、偶发艺术等诸多艺术风格和艺术观念。而在风格的表现上也不再套用某一种风格的固定表现形式，各种风格之间的界限也越来越模糊，表现为相互融合和共生的状态。因此后现代艺术和当代艺术风格的多元化是它的重要特征，我们也很难去界定某一个具体的视觉艺术它到底是属于哪种风格或流派。正是这样，才体现出当下社会多元化的特征，同时为我们从艺术中汲取营养获取思想提供了更多的可能性。

在设计领域，后现代和当代设计也同样呈现出风格多样化的特征。吴焕佳在《论西方现代建筑》中指出“后现代主义的建筑，它们没有共同的风格，也没有团结一致的思想信念。然而它们都集合在后现代主义这一把伞下面。”我们可以看出，后现代的设计风格和流派如波普风格、文脉主义、高技派、解构主义等都表现出了对现代主义的一种反叛与否定。反叛它的千篇一律的秩序，否定它固定、同质化的风格。现代主义设计的美学价值讲究一致性和统一性，而在后现代和当代多元化的思想观念下，我们对设计的美学价值观念发生了彻底的转变。周锐在《设计艺术史》中指出这种转变就是“统一性变为多元性，清晰性变成模糊性，一致性变成矛盾性。设计的实用性原则、经济性原则、清晰性原则都不再成为主体的审美条件。”从风格表现上来说，后现代和当代的设计都不再遵循固定、统一的美学原则，它们呈现出百花齐放的多元化特征和逐渐融合的模糊性特征。

2）表现形式多样性的特征

在艺术回归生活和艺术流派与风格多元化的背景下，后现代和当代艺术的表现形式也同样具有了多样性的特征。艺术和设计的思维发生了彻底的转变，艺术家和设计师不再拘泥于某一种特定的表现语言。因此，在当代语境下，艺术的表现形式是一种混合语言。当代的艺术表现形式集合了夸张、突变、解构、拼贴、幽默、戏谑、隐喻、模糊、虚无、碎片化、多元化等等的表现形式，它们体现了模糊性、随机性、自由性、开放性等等思想和原则。审美的多元化和包容性也使得当代艺术更贴近我们的生活，更注重观念的传达。当然，当代艺术的表现形式还有很多，正是这样才体现了当代社会发展的多元化特征。因此，在表现形式多样性的探索下，艺术和设计的发展才能出现更多的可能性。

在设计领域，从后现代主义开始，设计的表现形式就彻底摆脱了现代主义设计表现形式单一的局面。罗伯特·文丘里在其著作《建筑的复杂性与矛盾性》中阐述到：“建筑师再也不能被清教徒式的正统的现代主义建筑的说教吓唬了，我喜欢建筑杂而不要‘纯’，要折中而不要干净，宁要曲折而不要直率，宁要含糊而不要分明，要兼容而不要排斥，宁要丰富而不要简单，宁要不一致和不肯定也不要直截了当。”他的这一系列观点表明，后现代主义时期的审美观念和要求已经发生了彻底的转变。我们可以看到，后现代主义和当代的设计不再遵循固定原则下的单一的表现形式，不同的流派有不同的表现形式，但它们又是不固定的，甚至相互融合的，因此，在这种充满自由性、模糊性和多样性的表现形式下，对于我们进行设计创新的灵感将是一个极大的启发，因为我们不再仅套用一个固定的法则、规律和形式。

3）延续传统文脉的特征

正如文脉主义所倡导的一样，现代主义时期的设计过于激进，造成了与传统的割裂，而当代设计需要思考的一方面就是如何追寻和延续传统的文脉，同时，结合当代多样性的设计形式和多元化的审美特征来创造出不同于传统形式的当代设计。传统文化是当代设计的一个重要灵感源泉，也是一个传达民族精神的重要手段。当代设计是一个民族、一个时代的物质文化和精神文化互相结合的最终产物。当代设计是对传统文化的扬弃，而不是全盘否定，不能割裂了传统文化和当代设计的关联。因此，在当代语境下，运用当代的设计语言去改造传统的东西将是一个具有探索意义的命题。

4）技术进步与创新的特征

早期先锋派建筑师就对设计的形式展开了探索，他们认为建筑不能再遵照古典的形式，在新的社会环境下应该有新的形式，但受到当时社会生产力的限制和制约，很多都没有成功，例如建筑师列杜设计的“球”，最终也只能停留在图纸阶段。因此技术成为了他们的限制，无法实现那种超前的设计构想。随后，现代主义设计和国际主义的风靡也使得这种在形式上的探索消失了。

到了后现代时期，高技派就提出设计要结合先进的技术才能体现出未来性。而在当代语境下，我们社会的生产力和科学技术已经在不断地革新和进步。对于设计来说，在这种技术进步的支撑下，我们具有更多创新的可能性与技术的支撑，产生出更多样的表现形式和多元化的设计风格。

随着计算机技术和施工技术的进步，在建筑领域，建筑的形态表达和创作手法也越来越自由和多样化。大跨度的建筑结构如壳体结构、网架结构、膜结构等的出现，也使得在大尺度的建筑中使用自由曲面的设计成为了可能。环境设计领域，技术的进步使得室内空间中的装饰造型、界面处理、家具、装置等都出现了更多创新的可能性。

如今3D打印技术也日趋成熟，从模型到构件甚至是家具，都能通过3D打印技术来实现。3D打印技术赋予了设计极高的自由度，许多新的形式和造型都打破传统制作的限制而得以实现。由DUS建筑事务所设计和制作的一款以树脂作为材料的桌子，不仅在造型上独一无二，同时这个类似水波纹的造型在功能上也实现了展示书籍和画册的目的，这个由3D打印技术制作的桌子极具创新意味。DUS的主创设计师Inara Nevskaya说：“我们的设计过程是自由的、不受传统约束的……我们的灵感来自于日本的传统绘画和折纸艺术，并且借助于3D打印技术实现了这个桌子在造型上的微妙变化。”

当代的设计风格和形式应该是多元的、自由的，而当代科技和进步也给我们实现设计构想和设计创新提供了良好的技术支撑，因此，在当代语境下，设计师不能忽视技术进步带来的巨大变革，应该勇于尝试和运用新的科技和技术（图5-18）。

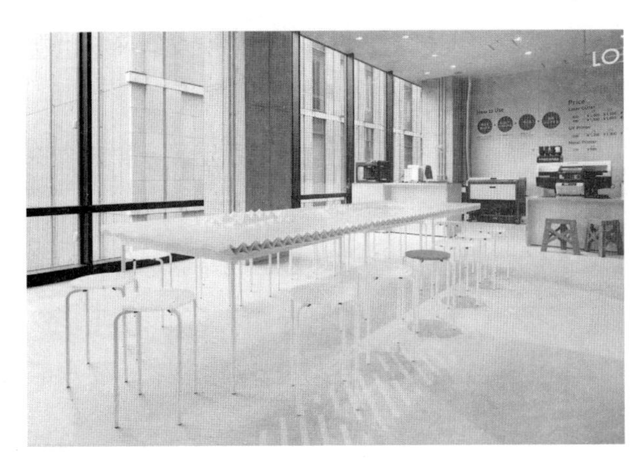

图5-18 3D打印的桌子

5.3 当代语境下传统材料的构成语言

5.3.1 传统材料的设计方法

在当代语境的理论、历史脉络和诸多特征的影响下，当代设计思维和审美观念有巨大的转变，促使我们对于传统材料的运用就有了更新的视野。我们不一定再遵照固定的美学范式和单一、标准化的表达方式。传统材料在当代语境下的设计策略和方法有了新的时代特征。

1）多样性设计

在当代语境下，由于设计思维的转变和多样性与多元化的要求，我们可以运用多种方式和手法改变传统材料自身的属性，使传统材料的各种感官属性呈现出更多的可能性，产生更加丰富、多样的视觉效果。

（1）色彩与纹理的多样性

虽然传统材料都具有较为丰富的自然色彩和纹理，但我们也可以对其进行不同方式的人工处理，使之改变自身的色彩和纹理。比较常见的就是使用不同的漆艺处理，覆盖掉材料自身的颜色和纹理，使材料表面所呈现出来的色彩具有较大的反差，这种方式一般适用于木材、竹材和砖瓦等材料。天然的纤维类材料如木材、竹材也可进行高温碳化处理，使木材的含水率降低，提高了木材的防腐性能。同时经过碳化的木材的内部结构也发生了变化，使木材的结构更加稳定、不易变形开裂。此外，经过高温处理后的木材颜色发生了变化，温度越高颜色越深，由原木色到棕色再到黑色逐步变化。这样的处理使得木材在装饰的意义上与传统的方式相比产生了极大的差异性（图5-19）。

图5-19 高温碳化木板

传统材料大多是天然形成的材料，所以传统材料的天然色和纹理就是材料在自然生长过程中所形成的颜色和纹理。这种颜色与纹理变化丰富，通常不经过多余的修饰就能直接呈现较好的视觉效果。但如果我们在不改变材料自身的色彩和纹理的情况下，通过人工光照的方式也能表现出与常规形式不同的效果，使人产生不一样的视觉体验，从而达到夸张的艺术效果。

比如对于木材和石材，人们的固有观念认为它们是没有透光性的，但是，如果我们把一些含油性较高的木材或一些具有一定玉化性的石材切割到相对薄的厚度，它们将具有一定的透光性。配合人工光照从材料背面投射出来，光线穿透材料后会呈现出平时观察不到的纹理细节，使得材料的自然色彩和纹理的变化更加丰富，并且能够使人产生不一样的视觉体验。

（2）肌理与质感的多样性

通过人工的处理，我们可以改变材料的肌理属性，使材料的凹凸程度发生变化，同时也改变了材料反射率，使其质感也发生一定程度的变化。

我们不仅可以通过人工的方式改变传统材料的肌理，还可以把材料的肌理转移到另外一种材料上去。例如混凝土是一种可塑性材料，它成型后的形态和肌理都与它浇筑时的模板有关。虽然混凝土一般作为建筑结构的材料来使用，不过因为其丰富的变化和质朴的色彩，近年来也有许多设计师把混凝土用作室内空间的界面装饰。直向建筑事务所设计的阳朔阿丽拉酒店，在建筑外立面上大量使用了混凝土砌块和混凝土界面的装饰，在室内空间，这种混凝土界面的装饰手法得以延续。他们使用传统的木条作为混凝土浇筑的模板，在模板拆除后，混凝土上留下了木材漂亮的自然肌理。使混凝土界面不再让人感到冰冷且难以亲近，同时木条的宽度与周围的老建筑的青砖为同一尺度，也让这个空间对周围老建筑有了一种回应。这种传统材料与现代材料相结合的方式，使传统材料的自然肌理在现代的建筑空间中得以延续（图5-20）。

图5-20 阳朔阿丽拉酒店

（3）尺度与形态的多样性

尺度作为传统材料的艺术特征之一，也是我们创新设计的一个着眼点。通常传统材料在其加工的时候都是具有一定的规格和尺寸的。规格与尺度不仅受到加工工艺的影响，同时跟材料自身的用途和功能有关。因此，材料的常规规格都是建立在尺度感觉基础上的。比如，在一些公共建筑的室内空间中，由于空间尺度大，往往都使用大尺度的石材，这样使得空间显得庄重、威严，同时也比较符合人的视觉感受。

在当代多元化和多样性的思维下，传统材料的尺度也变得更加的多样和自由。如图，设计师大胆使用了大尺度的天然石材，这种保持自然表面的石材在肌理上出现了更为丰富的视觉效果。同时在打破了统一尺度和规格的情况下，石材之间的构成关系也显得更加多样化。在石材之间的缝隙处自然地嵌入许多金属搁板，不仅在视觉上加强了这种构成关系，还起到了可以放置物品的功能（图5-21）。

图5-21 石材尺度的多样性

形态是视觉艺术的基本特征之一，研究形态的多样性可以使传统材料有更多样性的表现力。传统材料中取自自然的材料比如石材、木材和竹材等，在加工成型材之前都具有其独特的自然形态，展现了材料天然的形态美。当然，对自然材料的形态加工使得材料可以按照设计的目的重新被组装起来。

2）自由性设计

当代语境最大的特征之一就是自由性、开放性，不管是在审美还是设计思维上。正是这种设计思维模式的转变，我们在材料的构成和组合上也不一定再去遵照一个固定、传统的模式或标准。正如波普艺术拼贴的手法或是解构主义那样打破旧的构成原则。因此，所谓自由性策略，是指在当代语境之下不一定要按照固定的美学标准和构成法则去运用传统材料，自由、随性的创意思想才能极大地丰富我们创作和创新的可能性。

（1）二维构成的自由性

二维构成的自由性就是指，材料是基于某一个界面来构成和组合的，它们依附于同一个界面来进行构成。但与平面构成的思维不同，不一定基于平面构成的要素和法则为出发点，而更多地考虑的是表达一种自由、随性的思想。因此，对于传统材料来说，这就极大丰富了对它运用上的可能性，达到创新的目的（图5-22）。

图5-22　传统材料二维构成的自由性

基于这样的思想和原则，在室内空间界面的装饰上，不论是色彩、质感、还是位置关系都是自由的、随性的。近年来，我们可以看到许多空间细部的处理和材料的构成上都体现了这样的思想。

（2）三维构成的自由性

三维构成的自由性就是指，材料不再依附于某一个固定的界面，进而向立体维度发展，打破我们对单一界面进行装饰的思维方式。如图5-23所示，吊顶的设计采用了红色的纸张进行造型。纸张原本是二维的材料，通过纸张的三维造型与悬挂，使该空间顶部界面形成具有立体感的装饰效果。三维构成的自由创作使传统材料形成了更多创新运用的可能性。

图5-23　传统材料三维构成的自由性

（3）传统与现代碰撞的自由性

在空间界面装饰上，传统材料和现代材料的自由结合，不仅能在视觉上形成差异性的对比效果，也提供了更多的创新思路和可能性。例如泥土（夯土墙）与钢结构的结合，竹木材料与玻璃材料的结合等，新旧的矛盾和统一在当代语境下变得更加自由。

3）模糊性设计

在当代语境中，受艺术思潮的影响，在设计的表达上也会采用一种“模糊性”的策略。后现代主义的设计既区别于现代主义设计的那种明确性和直截了当，也区别于传统语境中对具体事物的直接描绘，它在设计上往往表现出一种不明确的多义性和模糊性。模糊性不仅表现于视觉上模糊的特征，在其表达的语义上也存在着多种解释的可能。因此，这种模糊性和不确定性的表达策略，体现了当代艺术设计思潮的特征，也为传统材料的创新提供了新的思维方法和思考路径。

（1）界面叠加的模糊性

在室内设计中，装饰界面都是由材料构成的，如果我们把两个由不同材料构成的界面进行叠加处理，例如错位、镂空、透明等，就会在视觉上产生意想不到的模糊性，造成观看者对装饰界面认识的“不确定性”。对于传统材料的运用上，我们可以利用不同界面的前后遮挡关系，运用不同的色彩、肌理对比，结合照明设计的光影表现力，这样就增加了装饰界面的层次感，达成视觉上的模糊性和多义性的感官体验。

（2）构成维度的模糊性

在室内设计中，空间界面被认定为天、地、墙、隔断的围合关系。这在传统的思维里他们各有位置，各自被清晰地界定和阐述。构成维度的模糊性就是要打破既有的天地墙的定义，将界面的表述进行模糊（图5-24）。

图5-24 由麻绳线条构成的曲面体

（3）功能的模糊性

在室内设计中，材料的作用不仅是对空间界面进行装饰，还可以构成一系列空间构件如门、窗、楼梯，或者其他固定家具、隔断等，具备功能性。如果我们使用材料构成某一种功能性构件的同时，还能使它具有其他更多的功能，那么这种功能上的多义性和模糊性就产生了。换句话说，空间构件的模糊性就是指它的多功能性，例如阶梯与座位功能的结合，座椅和储藏功能的结合等。

5.3.2 传统材料的设计风格语境

当代艺术风格多元化的特征，促使当代设计思维不再注重一种确定的风格、表现形式。当代的室内设计受其影响，混搭和拼贴成为较为流行的方式，呈现出百花齐放的多元化特征。

在当代室内设计中，不仅呈现出设计风格多元化的特征，还因为表现形式的多样性，使当代的设计语言变得极为丰富。从材料运用、家具选择、装饰构型等方面都有了极大的自由性。设计语言和材料的表达上也不再仅仅局限于风格所赋予它的固定范式。

室内设计风格的模糊化就是指，一个室内空间所呈现出来的装饰风格具有多义性的特征，我们很难再界定它到底是属于什么风格，它可能具有两种或多种风格的混合特征。阳朔阿丽拉酒店的接待大堂，就具有风格的模糊化特征，因为我们可以找到很多风格混搭的痕迹。这个建筑原本是一个糖果工厂，在建筑结构没有经过大改的情况下被改造成了一家精品酒店。因此，这个建筑本身就带有极强的工业风格的元素，比如老厂房式的铁门、铁窗，建筑屋顶的钢结构，还有墙面大量的混凝土饰面都体现了这个老厂房特有的年代感和工业气息。室内空间视觉中心设计成一个下沉式围合座位区，面料饰以极其鲜艳的红色，与朴素的老厂房形成了鲜明的对比。不同风格的家具如北欧风格的椅子、中式风格的沙发都被摆放在了这个空间中，以自由的思路和拼贴的艺术处理，形成了设计风格的混搭和模糊化（图5-25）。

图5-25　阿丽拉酒店接待大堂

基于这样的思想，对于传统材料来说，就具有了更多创新的可能性，它可以用来表现传统的文化精神，也可以出现在具有现代感的空间中。总而言之，在设计风格多元化的原则下，传统材料的使用不再受到单一风格的限制，它可以运用在各种设计风格之中。

5.3.3　传统材料的文化语境

当代，传统材料成为承载传统文化的重要载体，在环境设计中对文化语境的表现力是极其丰富的。

1）地域文化的塑造

地域文化就是指一个民族在历史发展中所积淀出来的本地性的、民族性的文化。地域文化反映在设计上就产生了有地域特征的材料、色彩、造型、表现内容等因素，具有较为清晰的识别性和风格特征。环境设计本身就扎根于文化，以文化的表现统筹空间行为与空间心理，从而解决人与环境的协调问题。

利用地方性传统材料塑造地域文化特征并不是一味地对传统形式的模仿，刻意和直白地表现地域环境文化的特征。而是应该通过当代的设计手法、科学技术去重塑地域性的传统材料在新的空间环境中的表现。

2）传统材料的文化象征

人们在生活中会对空间和材料有一种潜意识的认知或认同，随着时间的推移，这种认识会逐渐和材料本身建立起来一种对应联系。这时材料就会承载文化意义，成为一种带有象征性的符号。而符号的基本功能就是指代性，能代表某种事物，也是信息传播的重要组成元素。

不同的材料具有不同的符号性，而传统材料大都属于自然生长的材料，从材料形成的起源来看，都具有区别于其他材料的独特的符号。木材属于有机物，源自树木，因此它所具有的符号是生机、生长等。石材源自于大地并且质地坚硬，它象征着力量和永恒。因此，我们对于传统材料的理解和认识，不仅建立在视觉艺术的层面，同时它还包含了符号意义。合理地运用各种文化符号也是在当代语境中重要表现特征。

王向荣先生在西安园林博览会上设计的“四盒园”中，分别运用了不同的传统材料如石、青砖、夯土、木、竹等来营造园林中四种不同的空间氛围，当人们行走在这个园林之中，就会发现这四个简单的“盒子”利用了不同材料符号来表现了春、夏、秋、冬的四季变换和轮回。白色的墙面和竹子让人联想到春意盎然；木质的花架和通透的隔断上长满了葡萄藤，在阳光的照射下形成了丰富的光影效果，象征着充满生机的夏天；由暗红色石头堆砌起来的盒子代表了秋天大地的颜色；灰色的青砖和白色的卵石铺地象征着冬天的天空和雪地（图5-26）。

图5-26 四盒园的“春夏秋冬”

5.3.4 传统材料的技术语境

在当代语境中，现代科学和技术的进步也是我们不容忽视的特征之一。对于传统材料来说，在现代科技和技术的支撑下，不仅可以一定程度上弥补它自身的缺陷，还可以实现更多的创新的可能性。

1）传统材料耐久性的提升

现代科学技术的进步使得现代的工业材料在其功能性和耐久性上都有十分优异的表现。对于传统材料来说，通过与现代技术的结合，同样也能提升传统材料的耐久性，弥补传统材料在功能性上的缺陷。例如，木材和竹材经过现代工艺的表面处理（涂料保护、热处理等），使木材与竹材的耐久性和强度都得到了极大的加强。

日本建筑师隈研吾在“长城脚下的公社”项目中，为了延长竹子的耐久性和强度，他让工人对竹子进行了高温的表面处理，这样可以清除竹子里所寄生的微生物。之后再对竹子进行浸油的处理，进一步防止竹子开裂，浸油后的竹子在颜色上也呈现出了如茶色般的色彩（图5-27）。

图5-27 “竹屋”中通过高温和浸油处理的竹子

2）传统材料与数字化的融合

在当代数字化的介入下，也为传统材料的运用提供了更多创新的可能性。随着当代计算机数字化设计和人工智能的迅猛发展，数字化建造被广泛地探索与应用。把数字化设计与数字化建造应用到传统材料的创新上，将为传统材料的构成方式与建造方式引入更多的可能性。数字化设计与建造方式不仅承载了传统材料的文化意义，还展现了当代的科学美、技术美等。利用人工智能进行参数化设计并直接输出到机械臂上，通过计算机控制的机械臂能精确的按照算法去进行建造。这种由机器人进行建造的方式打破了传统手工施工的限制，使得数字化设计能够被更精确地表达。这种数字化的曲面墙体可以不经过饰面装饰就产生丰富的视觉张力，在墙面上形成夸张的肌理效果，使传统的青砖展现了当代的科技美、技术美，并与传统的构成方式形成了巨大的差异性（图5-28）。

图5-28 青砖与数字化建构

另外，在当代还有其他的技术也能运用在传统材料的表现上。例如NC加工技术（数控机床）可以让木材、竹材等表面雕刻出各种肌理纹样或者镂空造型，也能对木质、竹质板材进行自由的切割。再如数字化水刀雕刻工艺，可以切割各种坚硬的石材。在2017年上海设计周的限量馆中，扎哈·哈迪德展出一件带有明显未来感的长椅作品。它不是由几个分离的曲面体块组合构成的，而是利用水刀雕刻工艺从一整块白色大理石中切割出来的。这个具有多个自由曲面的长椅不仅体现了扎哈强烈的个人风格，也体现了在数字化建造下传统材料的科技之美。当前在智能技术的参与下，传统材料的创新迎来了前所未有的新场景，智能引领下的设计学科迎来了全新的机遇（图5-29）。

图5-29 扎哈·哈迪德的石材长椅

5.4 当代语境下传统材料语言的表达

5.4.1 传统材料的对比语言

在艺术和设计领域，色彩、质感、明暗关系、尺度、形态等都可以进行对比。强调对比与强调作品中的变化有密切的联系，诸如尺度大小、明与暗、动与静、虚与实等二元对立关系。在当代语境的影响下，这种对比语言的表现将显得更加自由，进而展现出一种突变的效果，使视觉上呈现出一种强烈的矛盾对比和让人意想不到的戏剧化效果。

1）色彩的对比

色彩的明度是视觉艺术语言重要的要素之一，西方绘画的基础——素描，就是通过不同明度的调子来塑造物体的明暗关系。在环境设计中，如何把握好材料之间的明度对比，将显得尤为关键。根据色彩原理，我们可以把明度分为9个调，并在九宫格中把它们组合起来，我们可以看出，在明度等级相差3级以上的情况，对比关系非常强烈，具有醒目视觉冲击力。如果继续扩大明度等级的差距，则会显得有些炫目，让人感觉协调感开始欠缺。明度等级相差在2级以内，对比关系会变得比较弱，整体会显得比较柔和，但也会使视觉效果比较模糊、不清晰。若较亮的色块在方格中占了较大的比例，整体调子会显得比较明亮，使人感觉干净、清爽、活泼；若较暗的色块在方格中占了较大的比例，那么整体调子就会显得朴素、庄重和严肃（图5-30）。

不同的颜色组合在一起后会有色相之间的差异，这种差异就形成了色相的对比。根据色彩基本原理，在色相环中，相邻的颜色之间的色相差别较小，对比较弱。颜色距离越远，对比效果越强烈，当距离最远的时候（两颜色之间距离为圆的直径），两种颜色之间的对比效果最为强烈（图5-31）。

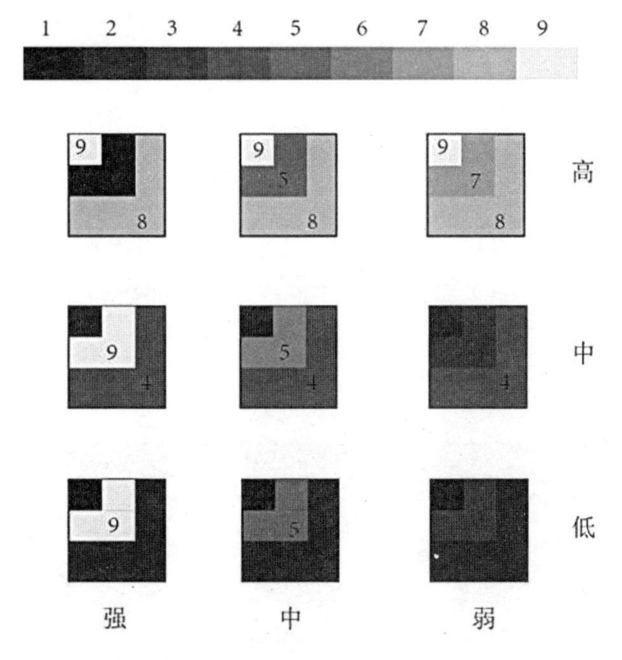

图5-30　明度对比

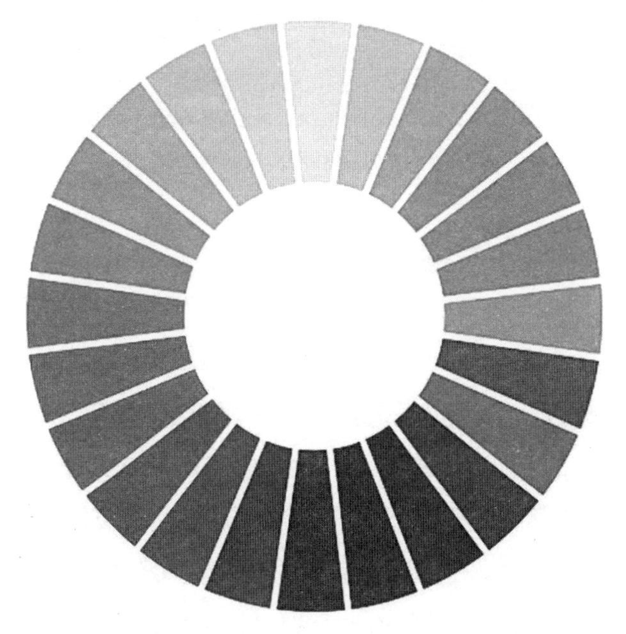

图5-31　24色色环

在设计实践中，如果使用相邻的颜色，虽然可以形成整体色调的统一，但是往往也缺乏变化和视觉冲击力。若是大量运用对比较强的颜色组合，也会引起视觉上的不适。那么如何才能在设计中找到平衡呢？我们可以通过以下两种方式：一是降低色彩的纯度，使不同色相的颜色在纯度等级上找到联系。二是控制色彩的面积比例，使一种色彩占据大多数面积，其他颜色以突变、点缀的方式出现，这样就在不破坏整体色调的情况下形成了色彩的突变式对比。

在课程教学实践泸沽湖旅游餐厅设计中，该作品将摩梭族妇女服饰色彩特征进行提炼，应用于旅游餐厅的家具配色中，与空间环境的整体色调形成对比与变异，突出了泸沽湖区域的民族风情（图5-32）。

图5-32　课程设计　泸沽湖旅游餐厅

2）肌理的对比

肌理是指材料表面的组织纹理结构，决定肌理的是材料的粗糙和光滑程度，越光滑的材料肌理感越弱，反之越粗糙的材料肌理感越强。同样，材料的质感一定程度上也与肌理有关，表面越光滑的材料反射率越高，因此会呈现出不同的质感。肌理的凹凸强弱，质感的光滑与粗糙，反射率的高低，这些都会影响到材料的感官体验。在设计实践中，如果我们把材料的这些属性有序的组织起来，就能形成丰富的视觉效果。

一些取自自然的材料，都具有丰富的自然肌理，在空间环境中组织搭配不同肌理和质感的材料容易形成独特的视觉美感并传递出地域文化的特征。

课程教学实践木里藏区民宿酒店中，该作品对四川木里藏区旅游民宿酒店进行了室内设计，利用当地特色材料，将自然的木材与粗糙的石板组合在一起形成了变化丰富的材料变化，也表达了在高原藏区的民族特色（图5-33）。

图5-33 课程设计 木里藏区民宿酒店前厅

5.4.2 传统材料的夸张语言

在当代语境下，夸张是当代艺术和设计常用的表现手法。例如解构主义的设计作品中，我们可以看到其解构、破碎、重构的设计手法使作品在视觉上造成更为强烈的冲击力和张力。夸张的表现语言可以简单描述为运动、张力、幽默与戏谑等。

1）运动与张力

运动与张力就是指在材料的构成和组合方式上能产生一种运动的趋势，进而产生一种视觉上的方向性和张力。在视觉艺术中，形态最基本的构成是点、线、面。它们的组合一定会形成运动的快慢、力度、方向的变化，这种运动的感觉是美感的基础。在建筑设计中也往往着重强调建筑形态的内力，使建筑形态产生生命力。同样，在传统材料的构成与组合中，也会产生基本的点、线、面关系。材料的拼贴与规格尺度产生线的变化，并有组织地设计其运动的方向、力度、速度，能对形态进行夸张的表现。

在课程教学实践中，该作品针对四川山地轨道交通木里站的旅游文化展示区，设计了木里藏区旅游文化展厅，天棚悬挂的彩色经幡与墙面木柱形成方向不同的线性构成，使形态产生不同的运动方向与强烈的运动感（图5-34）。

图5-34 课程设计 木里藏区旅游文化展厅

2）幽默与戏谑

幽默与戏谑是后现代和当代艺术常见的表现策略，是艺术和设计表达的重要手段之一。它以一种游戏的态度来表现对规则和权威的反叛精神，从达达主义到波普艺术，我们都能看到幽默与戏谑是贯穿当代艺术和设计中不可或缺的因素。在具体的表现上，夸张的色彩、造型以及充满游戏性的装置和主题都能在室内空间中体现出这种幽默与戏谑的态度和观念。

课程教学实践中，同上的木里旅游文化展厅设计，对木里藏区高山、雪峰的表现就采用了传统的竹材进行编织的方法，熏黑的色彩、起伏的形态、镂空的网状结构都是对雪山艺术性的夸张表现（图5-35）。

图5-35 课程设计 木里藏区旅游文化展厅

5.4.3 传统材料的情感语言

建筑师安德烈·德普拉泽斯在其著作中提道："建筑不仅是具有功能性的冰冷躯壳，它还包含了一定的情感，不管建筑最终的形态是什么样，组成建筑的各种材料都会承载着某种意义和情感。"在当代语境中，不管是艺术、设计还是建筑都强调对观念和情感的表达，而对于传统材料来说，与现代工业化材料不同的是，它自身就带有某种情感因素，比如出自大自然的传统材料就带有明显的大自然的气息，使人们感觉亲近与温暖。

1）自然与质朴

隈研吾先生在其著作《自然中的建筑》中提道："在我们头脑中，建筑就等于混凝土加装饰……但这样一来，不仅失去了大自然的多样性，也失去了建筑的多样性"，这也正是他比较偏爱使用传统材料的原因。在他设计的东京星巴克咖啡馆的室内空间中，几乎裸露了墙面的混凝土结构。在这个由混凝土构成的"冰冷空间"中，他使用了木材来作为主要的装饰材料，用原木切割出来的"木条"在三维的方向进行构成。这种构成方式使得装饰材料并没有完全覆盖住原建筑的混凝土，同时又对室内空间的墙面和顶面进行了装饰。这些木材的构成看上去更像是一种自然的树枝形态，因此，这样的装饰手法让这个冰冷的混凝土空间变得更让人亲近（图5-36）。

图5-36 东京星巴克咖啡店

2）情感与记忆

自古以来我国就有对于材料回收再利用的传统，在传统中式园林的地面铺装中我们就能发现这种妙用。利用回收的碎石、瓦片、卵石等进行组合拼装，构成一系列精美、表现力丰富的地面纹样。

到了当代，随着经济的快速发展和我国城市化进程的加快，老旧建筑的拆除数量也十分多。特别是在城乡接合部和城中村地区，大多都是砖混结构建筑，甚至一些建筑的屋顶还是瓦片。因此，在旧建筑被拆除后，这些废旧的砖瓦就承载着人们对传统的情感与记忆。这些被打上时光印记的回收材料，通过当代的设计手法和新的表现方式能够得到新生，在表达情感与记忆的同时又与传统的形式形成差异性。

在王澍设计宁波博物馆的时候，他提到："宁波是一个美丽的沿海城市，多年前在这里曾经有30多个传统的村落，但是到现在这些老建筑都被拆除了，这些传统的村落也不复存在了，宁波变成了一个'没有记忆'的城市"。基于这种状况，他把这个地区收集到的各种老旧建筑材料如：砖、瓦、石等都再次利用到宁波博物馆的建造中，使这些回收材料在这个新建筑中得到重生。不仅在视觉上展现出了丰富的表现力，同时它们也承载了历史的记忆与乡愁。用王澍先生的话说，他要重新唤醒人们对这个城市的记忆（图5-37）。

图5-37　宁波美术馆墙面细部

5.4.4　传统材料的拼贴语言

当代艺术上往往把不同的甚至不相关的事物拼贴到一起，通过这种碎片化的解构与重构，形成丰富的视觉效果和情感色彩。拼贴不仅仅是一种创作的方法，也是当代语境下对待事物的一种态度，近年来在室内设计中较为流行的"新中式风格""新古典风格"都是以拼贴的态度对传统与现代信手拈来的产物。

传统材料的创新应用也可以拼贴的态度和方式来创意。不同的材料相互拼贴、不同的形态、尺度互相拼贴；也可以将不同的色彩、质地与肌理相互拼贴；也可以将不同历史时期、传统与现代进行拼贴，包括各种物品、构件、历史符号等。这种方式不仅体现了对历史文脉的继承，使空间中体现出一种怀旧的历史氛围，同时拼贴手法的随意性和自由性也使得这种方式不再是对历史的简单复刻。正如查尔斯·摩尔设计的位于美国新奥尔良市的"意大利广场"，就运用了拼贴的手法，把意大利古典建筑的各种符号与现代流行元素拼贴在一起，使这些历史符号呈现出一种充满当代感的、幽默的、随性的态度。

课程教学实践中，该课程设计以广东开平碉楼改造为题，沿用开平碉楼中西合璧的建筑装饰艺术特征，将其典型的射击孔、柱廊、门窗、拱券、灰雕、壁画和梁托等符号加以应用，通过色彩、构建、材料的拼贴手法，既传承了开平碉楼的传统历史韵味，又赋予了新时代的特征（图5-38）。

图5-38 课程设计 广东开平碉楼改造

课程思政目标：

（1）将新时代中国特色社会主义治国理政方针融入“当代语境”教学中，以社会主义核心价值观为导向，为当代语境注入“中国语言”；

（2）发掘中国传统建筑装饰材料的生态文明意义，通过传统材料文化的解析，树立当代环境设计生态观，践行“着力推进绿色发展、循环发展、低碳发展”理念；

（3）了解传统建筑装饰材料与中国传统文化渊源和精髓，领略古代劳动人民对“土、木、砖、瓦、石”等传统材料运用的匠心与智慧，继承与发扬大国“工匠精神”，增强民族自豪感；

（4）通过学习、探索传统材料文化在新时代的艺术创新表现，将传统材料融入当代设计，“用情用力讲好中国故事，向世界展现可信、可爱、可敬的中国形象”。

06

Reconstruction of Traditional Crafts in Environmental Design
——Taking Bamboo Weaving as an Example

第6章

传统手工艺在环境设计中的重构——以竹编工艺为例

在中国源远流长的历史上，广大劳动人民“基于自身的生活和审美需求而自发创作的一种工艺美术。通常就地取材，以手工生产为主。品种繁多，如竹编、草编、蓝印花布、蜡染、木雕、泥塑、剪纸”，人们习惯把这种文化艺术称为“民间美术”或“民间工艺”。它的创作用料不一定贵重，制作有时候也比较粗简，但所体现的设计匠心和艺术审美，是中华民族传统文化的一个重要组成部分。在我国传统手工艺中，竹编是备受关注的一项非物质文化遗产，它以非文字的、以人类口传方式为主的、具有民族历史积淀和代表性的民间文化的形式流传下来。研究学习传统民间工艺的艺术特征，并创新应用于当代环境设计，丰富环境设计的创作手法并让传统文化不断延续下去，是一件非常有意义的事情。

竹编作为中国民间传统手工艺的一种，它有独特的艺术表达语言。竹编在材料、形态、编织方法、审美特征上能够给人均衡又和平、统一又多样、功能与形式统一、层次与秩序井然的感受。探索竹编的艺术特征并将其表达语言进行重构，运用在室内设计中，在丰富室内空间表现形式的同时能够让竹编艺术找到新的传承方式。因此，对中国传统工艺艺术特征的借鉴与创新运用，在室内设计中发挥着不可小视的作用。

中国传统民间竹编工艺与室内界面设计相结合，通过对竹编特有的艺术语言与传统文化内容进行提炼，一方面起到弘扬、保护与发展竹编艺术的作用，打破当今竹编工艺应用的狭窄领域，让更多的人了解、认识这一传统工艺；另一方面，在室内设计开创新的表现手法，打破以往对中国民间传统工艺继承与发展中简单复制的落后观念，研究民间传统工艺的精髓在现代室内界面装饰中的应用价值，在传统艺术形式的启迪下开拓室内界面装饰的新理念和新方法。

在新时代学习研究我国传统民间艺术具有非凡的意义，通过对竹编艺术的表现形式进行创新重构，为当代环境设计注入民族性、文化性，是这代人对民族复兴伟业的使命担当。

6.1 传统竹编艺术语言的特征

6.1.1 竹编的概念及发展溯源

竹编是指以竹子作为原材料，以竹篾的形式通过经纬交织的方式，按照一定的规律进行排列和组合所形成的物体。千姿百态的竹编作品在编织的过程中，因竹篾的排列组合的方式不同，而产生不同的艺术效果。

早在原始社会，竹编作为人类在劳动生产中所产生的手工艺之一，早早地被带入了人们的视野中。新石器时期，人们已经开始将竹编的图形和纹样作为生活器具的装饰，极大地提高了器物装饰性和审美性。殷商时期，竹编的编织方法呈现一番新的面貌。编织的纹样从以前的单一纹样衍变出了回纹、米字纹、波纹、方格纹等多种纹样。在春秋战国时期，竹编的装饰趣味越发浓厚，从普通的盛装器具延伸到竹席、竹扇、竹笥、竹篮等。竹编的发展孕育了玩具的制作，如风筝、灯笼等。普通的家用灯具采用竹篾扎骨、竹丝扎结，后用彩纸或丝绸糊上，这在秦汉时期取得了重要的进展。明初期，竹编的产品种类不断增加，人们利用竹编工艺制作竹席、竹篮、竹箱，为生活带来了极大的便利。精巧的编织工艺和漆器相结合，留下了许多精美的竹编收纳器物，用作珍藏书画、盛装女性的饰品、食品等小型物件。明清时期，竹编的编织技法得到进一步完善，编织的技法已经有150余种，编织的图案更加精美多样。在20世纪初，竹编的技法和编织的图案基本得到完善，用作于馈赠品或陪嫁品并盛行于民间。近现代，竹编归类到工艺美术的行业，并开始出现了正式的技术职务，例如“工艺美术师”“高级工艺美术师”等。

竹编以精、细编织为主，技术得到不断的提升。随着现代社会发展，我国工业化进程中，竹编艺术作为传统造物的一种方式出现衰落的现象，从造物的角度失去了竞争力，竹编的技艺因此成为“非物质文化遗产”。

目前，竹编的种类按照功能的不同分为日常生活用具类、生产工具类、文化用具类和艺术欣赏类。

日常生活用具类既有功能性又具装饰性，兼具艺术欣赏价值。它还可以细分为容器类和家具类，容器如盒、篮、包、瓶、罐、壶、杯等；家具如椅、席、桌、柜、枕头等。

工具生产类包括箩�、筴笪、簸箕、竹篓、篮、笼、筥（jǔ）、籯（yíng）等。箩筻、筴笪、簸箕分别作为盛装粮食、晾晒粮食和扬场的工具使用，竹篓则是渔民们打渔的好帮手。陆羽在《茶经》中记载了许多竹做的采茶工具，其中包括筥和籯。筥是一种圆形的盛物竹器，籯是一种拥有较大容量的箱笼器具。

文化用具类包括文具盒、笔筒、书篮、书盒、画盒等，为人们的文化生活提供了便利。

艺术欣赏类将竹编的编织工艺运用得淋漓尽致。人们创造了多种样式的竹编花瓶、人物竹编、动物竹编。人物竹编通常选取传统人物、英雄形象或者神话人物作为创作题材，编织出的人物竹编生动形象。动物竹编通常以吉祥神兽为主要创作灵感，寄寓了人们对生活的美好愿望。

日常生活用具类、工具生产类、文化用具类的竹编与人们的生活息息相关。实用性大于装饰性是它们的特点，编织的用具大多简单朴素，造型简洁，使用编织技法的难度系数不高。与之相反的艺术欣赏类竹编的装饰性更加浓郁，编织的技法难度系数较大，编织的体题材丰富，造型复杂多变。

在我国，每个地区都因为风俗习惯和原材料的不同，制作出来的竹编产品的差异性也就相对较大。浙江的东阳、嵊州；江苏的靖江、宜兴；上海的嘉定；安徽的舒城；福建的福州、泉州；湖南的益阳；湖北的广济；四川的成都、自贡；云南的西双版纳等地方，竹编久负盛名，

据史书记载，浙江竹编起源于东阳，主要是在新昌、富阳、东阳以及嵊州得到极大的发展。浙江的竹编工艺较为精美，样式和造型多种多样，主要讲究的是精细和独特的造型艺术，色泽也较为古雅。东阳竹编至今具有150多种编织技法，竹编工艺品类型大致可分为人物竹编、动物竹编、竹编器

皿、仿古品竹编、竹编陈设品、竹编家具、竹编灯具、竹编文具、竹编浴具、竹编花具、竹编装饰品、竹丝镶嵌（竹木结合）、竹编书画艺术品、竹艺园林建筑、竹艺室内外装饰、竹编墙纸等25大类，3000多个花色品种。

被国务院命名为"中国竹编之乡"的嵊州的竹编也已经有2000多年的历史了，并且首创了模拟动物、竹篾漂白、花筋、蓝胎漆四大工艺特色。

四川竹编主要分布在川西与川东的丘陵与平原，其中以成都的瓷胎竹编、自贡的竹编龚扇、梁平的竹丝画帘、渠县的竹丝字画、开县的凉席为代表。四川竹编的特点就是精细、淡雅朴实。瓷胎竹编对制作工艺要求极高，竹编必须紧扣瓷胎，经篾丝和纬篾丝纵横比例均匀，不出现竹丝接头。也正是因为这些苛刻的要求，四川的竹编作品有精选料、特细丝、紧贴胎、密藏头、五彩图的特点。

云南由于地域性文化的影响，西南地区的少数民族竹编朴素大方，简单实用，具有浓郁的地方民族特色。在西双版纳，人们除了用竹子搭建竹楼以外，在日常的生活用品中同样也使用竹子来制作墙壁、家具、地席、陈设等。在编织生活用品的过程中，考虑到器物的实用性，人们会采用两层篾丝编织，与此同时还会加入自己各民族独特的纹饰，使用价值和艺术价值得到了完美的结合。

福建竹编色彩浓郁、造型古典朴实、编织方式粗中带细，既粗犷又典雅。编织的种类都是以器皿为主，以永春的漆篮、泉州的瓶罐、古田的花篮等为代表。

两湖竹编是指湖南和湖北地区所制作的竹编。两湖竹编的起源历史可以追溯到春秋战国时期，楚国的竹编手工艺得到了广泛的应用，竹编技艺精湛。在湖南地区的竹编以益阳竹编为代表，因南方地区空气湿热，盛产翠竹，由竹篾编织起来的竹席竹扇就成了传统的消暑佳品，益阳的水竹凉席也享誉盛名。在湖北地区，竹编作坊较多，广济、云梦、江陵等地的匠人们较为擅长制作竹器，湖北的竹编因此而被流传下来。

随着工业制品大量的涌现，即使拥有实用、精美特点的竹编同样也面临着被工业制成品取代的问题。大多数传统手工制品受到了工业制成品的冲击，竹编产品渐渐地淡出人们的视线。人们的生活观念也随着时代的发展而不断改变，传统的手工艺与人们所追求的"快消"时尚相矛盾，也导致了竹编工艺市场逐渐缩小。竹编作为非遗文化，竹编从业者老龄化严重，传承研习断层，已到了亟待保护与活态传承的时刻。

6.1.2 竹编的材质特征

自然生长的竹子属于禾本科竹亚科植物，是竹编的材料。不同地区有不同的地理、气候条件，因此孕育出来的竹子也是多种多样。通过分析，竹编的材质特征可以分为竹材的特征和竹篾的特征。

竹材所具有的共同特征可以从它的物理性能、外观造型、经济价值三个方面分析。从物理性能来看，竹子作为建筑材料来说，它具有良好的强度性能，平均强度是木材的两倍。由于竹子是由大量的管状纤维组合构成，使竹材也具有很好的韧性，若将竹材顺着外力弯曲，也不会轻易地折断。一般来说，竹材的平均密度约为0.6g/cm^3，而钢材的密度约为竹材的13倍，所以竹材质地较轻。

从外观造型来看，竹有自己的特殊肌理，从竖直方向上来看，垂直纹理均匀而具有节奏感；从横切方向上来看，以圆形颗粒截面分布形成另外一种纹理。竹材颜色整体较为清新淡雅，放置一段时间，竹材会由翠绿色转变为土黄色，具有天然美丽的自然色泽。

从经济价值来看，竹材具有很大的优势。一方面竹子的生长速度较快，再生能力较强，三到四个月的时间便能发育成型，三到五年便能作为竹材使用。另一方面，竹子的成长环境要求不高，占地面积较小，适应环境能力极强。因此它的种植成本较低，是一种廉价的建筑装饰材料。

竹篾材质可细化为篾青和篾黄。被初步加工后的竹篾在兼具竹材特征的基础上，还具有轻薄、纤细、易于编织的特点，粗细宽窄可以根据竹编手艺人的想法而制作。篾黄具有较好的承载性，因此它作为竹编中的纬线部分，横向围合整个空间，将各个部分连接绑定起来。篾青相比篾黄而言具有更好的韧性和弹力，竖向受力，使竹编制品内部受力更加均匀。篾青和篾黄的搭配使用满足了竹编制品功能性与美观性兼具的条件。一方面，篾青作为经线，篾黄作为纬线，经纬交错的结构提高了使用强度。另一方面，篾青和篾黄的颜色搭配，产生色彩的变化。同时纵横交错的方式增加了肌理感和形式美感。总而言之，竹篾材质的特征使整个竹编制品功能性和艺术性自然叠加在一起。

6.1.3 竹编的色彩特征

未被加工的竹材起初是呈现青色系的，被砍伐后的竹材随着放置时间的增加会慢慢由翠绿色转变为土黄色系，这是大多数竹编制品为土黄色的根本原因。留青的竹材大多是翠绿色、青绿色、淡绿色，属于低明度、低纯度，整体给人以清爽、舒畅、青春、宁静的感受。去青的竹材大多为黄绿色，给人以淡雅、温暖的感受。

加工后的制成品竹材的颜色种类繁多。竹材色泽较浅，易于进行漂白、碳化、保青、烟熏等物理方法加工，或者使用化学药剂对原有色彩进行改变，可以丰富编织图案的样式。漂白是指将竹篾原有的绿色去掉，得到是淡黄色的竹篾，更加清新、雅致。碳化是竹材经过高温、高压的处理之后，竹纤维焦化使竹材呈现古铜色，给人以深邃、沉稳、古朴的视觉感受。保青是指通过技术处理使竹材保持原有的色彩属性。烟熏是指将竹材进行高温熏蒸，使竹材变为深褐色。化学药剂染色可以根据产品的需要进行相应的漂染，丰富了竹编制品颜色的多样性与艺术表现力。

6.1.4 竹编的图案特征

平面竹编的最显著特点就是它的图案，大致可以分为几何图案、提花图案、隐花图案、五彩图案四大类，人们通过多种多样的编织手法打造出不同的图案样式，增加竹编制品的美观性、多样性。

1）几何图案

几何图案是指以几何形状通过排列组合形成的图案。在竹编中，竹篾通过经纬交织的方式可以形成多种纹样，由挑一压一、挑一压二、挑二压二、挑三压三的编织技巧能编织成人字纹、方格纹、六边纹、十字纹、螺旋纹等纹样。这些编织纹样不断重复，具有强烈的韵律、规律和秩序感。在室内设计中，界面的装饰也经常应用几何图形，通过借鉴、重构竹编的几何图案，结合材料与尺度的变化，往往能塑造出人意料的装饰界面。

2）提花图案

提花图案是指在几何图案的基础上，将几何图案进行有组织有规律的排列，得到了有具体花纹式样的图案。提花图案编织的内容包括文字题材、诗歌题材、动植物题材三大类。在编织过程中，人们将自己对美好未来的寄托加入到这些题材中，以象征的手法来传达自己的情感。

3）隐花图案

隐花图案编织是在提花图案的基础上，运用两到三种同一色系的颜色，编织出文字题材、诗歌题材、人物题材、动植物题材等不同题材的图案。隐花图案具有若隐若现的特点，根据人的视觉特性，从不同的角度观察会得到不同的图案信息，因此，隐花图案给人以神秘、含蓄、内敛的直观感受。

4）五彩图案

五彩图案编织充分发挥五彩丝的特色，运用疏编、疏细结合编、破经编、换经编、浸色编、浮雕编、立体编等二十多种技艺，使用各种不同的色彩编织出千变万化的图案效果。五彩图案能够编织出山水花鸟、飞禽走兽、人物故事等维妙维肖的图案。多种多样的题材丰富了竹编制品的种类，多用于制作展品、礼品和高档精品。同时对竹编编织技法有了更高的水平要求（图6-1）。

几何图案　提花图案

隐花图案　五彩图案

图6-1　四大类图案

6.1.5　竹编的肌理特征

肌理从广义来说，是指物体表面的组织纹理结构，具体表现在高低不平、粗糙平滑、纵横交错的纹理变化中。人们常用绘写、喷洒、熏炙、拼贴、拓印、浸染、刮刻、自流、压印、抖落等工艺手法创造出新的肌理材质，赋予材质不同的表面纹理特征感受，丰富造型的美感。

竹编属于创造性肌理，它表面的材质肌理和组织构造给人带来了不同的触觉质感和视觉触感。这种视觉触感作为视觉艺术的基本语言形式，传达出不同的艺术美感。从竹材料本身的肌理来看，竹材就有光滑清爽的表皮质感、自然有韵律的竹节。从竹编的触觉质感来说，光滑的竹编表面带来舒爽、顺滑的感受；另一方面竹编通过编织产生的凹凸不平、高低起伏的触感。从竹编的视觉触感来说，网状的结构构成具有一定的平面构成形式，纵横交错的纹理变化使平面图案的种类千变万化。

总而言之，竹编的肌理特征为竹编的创新应用提供了扎实的基础，研究竹编的肌理特征有利于启迪室内设计中对材料肌理的再创造。在室内设计实践中的运用表明，肌理的创造不但能丰富界面的艺术表现力，而且还能增加装饰界面的生动性、趣味性。

6.1.6　竹编的审美特征

1）以形为美

以形为美主要是指以竹编制品的内外造型为

美，即正负形。我们将形体本身称为正形，也称为图，将其周围的“空白”称为负形，也称为底，正负形作为视觉艺术创作的手法大量应用于设计中。竹编制品的种类繁多，造型精美。大致可以分为竹篮、竹筛、竹蒸笼、箩筐、竹背篓、竹簟、竹席、床、竹凳、竹椅、竹躺椅、砧板、凉席、茶杯垫、窗帘；瓷胎竹编制品的种类可以分为竹编茶具、咖啡具、酒具、花瓶、文具等。以竹编的外形分类可分为：篮、筛、瓶、筐、篓、盒、杯具、茶具、酒具。竹篾经过编织组合成器物的外形，既考虑使用的实用性，符合人与器物的尺度关系，又注重器物造型独特美感（图6-2）。

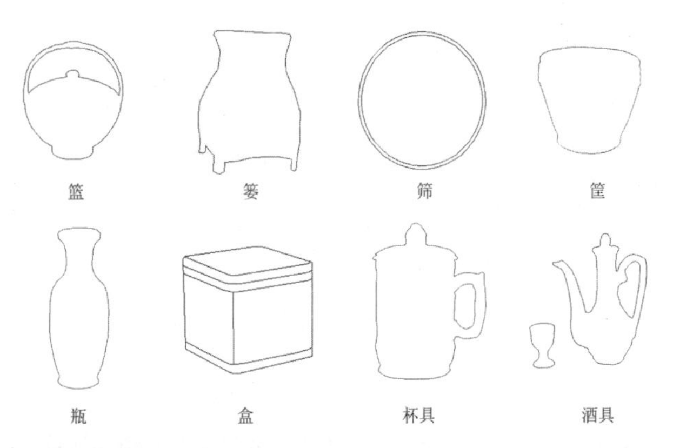

图6-2　竹编外形分类

2）以“韧”为美

以韧为美体现在竹材在受力的过程中的反弹性。竹材的韧性使竹编制品更加易于造型，并经常以曲线构成器物，让人们感受到了一种内在生命力的舒展美，增加视觉语言的张力与弹性，竹编经纬展现的有组织、有节奏的曲线美为室内设计界面装饰造型提供了借鉴。

3）以“透”为美

“透”是指光线穿过材质的能力，即指透明度。一般来说，当同一束光线照射过来，物体的密度越小，透光性越大；反之，物体密度越大，透光性越小。根据这个原理，当竹篾的厚薄程度不一样时，呈现的透光性也具有较大的差异性。竹编灯具在我国具有悠久的历史，从宋代著名诗人陆游的诗词中可以反映出竹编灯具在我国已经拥有两千多年的历史。在现代，竹编灯具满足了人们对健康家具的需求，环保无污染的绿色家具越来越受到消费者的青睐（图6-3）。

图6-3　竹灯的“透”

4）以“漏”为美

俗语说“竹篮打水一场空”，它体现在了“漏”在竹编中的特点。“漏”在新华汉语词典中的释义为：物体由孔或缝透过。“漏”与“透”是存在区别的。“透”在一方面是指空洞与空洞之间的相互通透，另一方面是指光线照射物体后，物体表现的透光感。在竹编在编织的疏密程度上的不同，会形成竹编工艺品的虚实感，虚实的结合表达使竹编在艺术造型上虚中有实，在实中又有虚的流动之美。

6.1.7 竹编的结构特征

经纬交叉是竹编的最主要的结构也是最基本的结构特征。经线作为竖向的编织线与横向的纬线上下交错编织，不断重复排列使结构更加稳固。经纬线交叉排列的密集度越大，竹编制品的变形程度越小，反之，经纬线交叉排列的密集度越小，竹编制品的变形程度越大。经纬交叉的方式使竹编制品更加结实稳固，经济实用又美观大方，完美体现了工艺美术的本质特征，同时使竹编制品具有欣赏和收藏的审美价值。

经纬交叉的编织结构中，加入疏、偏、插、穿、锁、扎、套等多种编织技法使竹编工艺的结构多样化。作为衍生结构，它增加了结构稳固的多样性变化，这样的变化创造出了各类的色彩鲜明、质朴美观的花纹图案，赋予了竹编制品独特的造型美、装饰美。

6.2 竹编艺术的语言重构与创新设计

6.2.1 竹编艺术创新应用的原则

1）整体性设计原则

室内界面作为室内空间的组成元素，它也应符合室内空间整个风格与需求，不要求过分的突兀，应遵循与整个室内相互协调，达到整体统一的和谐效果。若将竹编的艺术特征运用于室内界面设计中，首先在材料、色彩、图案、肌理、审美特征、结构特征上要选用与室内空间整体性相协调的元素，让整个空间的元素组成彼此之间相互联系；其次，界面是相互关联的，是室内空间围合的统一体，界面装饰的创意构思要和整个室内空间的完整性相互融合。

2）功能性设计原则

在室内界面设计中，装饰界面起到的主要功能作用就是分隔空间、增加空间层次、表达设计审美意图的作用。竹编在室内界面中的功能性设计原则主要表现在它的实用性、象征性和认知性三个方面。实用性是室内界面设计的第一考虑要求，它应遵循室内设计的基本原则，在合理的适用范围内灵活使用室内隔断。例如在咖啡馆的区域分割处使用书架隔断，既增加了空间的通透性，同时也具备了储物的功能。象征性是设计者将带有一定审美意图的设计理念融入室内界面设计中，使用者通过自身对艺术的理解所产生的象征意义。认知性是指人们对外界信息经过大脑加工后对信息基本规律的掌握。在室内界面设计中，使用者通过室内界面装饰的造型、材料、色彩、图案符号产生认知，这种认知会唤起人们的情感体验。因此，室内界面功能性设计原则应满足实用性、象征性和认知性三个特点。

3）艺术审美性设计原则

室内界面装饰往往是室内空间的焦点，它在室内空间中会起到画龙点睛的作用，因此，室内界面设计必须具有一定的艺术审美性来提升室内空间的美观性。竹编在室内界面装饰中的艺术审美性设计原则要在界面装饰的造型、材质、色彩、肌理等方面追求一定的美观度以外，还要讲究点、线、面的有机组合，借鉴竹编艺术的审美特征能够在室内界面中创造丰富的视觉效果。竹编的经纬交织等结构特征、肌理特征的独特韵味能丰富的室内界面装饰的造型手段。

4）人本主义原则

人本主义原则即“以人为本”，室内设计的核心是解决人和建筑空间的关系，室内界面装饰也需要全方位考虑和满足人的生理和心理需要。竹编的艺术特征在室内界面设计中的应用要符合人体工程学，充分考虑人在使用过程中的舒适度、方便度，避免带来其他影响物理指标的负面影响。例如影响室内空气流动、光线传递等因素。竹编作为中国的非物质文化遗产，作为传统的民间手工艺，它能够唤起人们的心理共鸣，从某种意义上来说，它是中国民间文化的精髓之一，具有不可小觑的精神文化价值。应用竹编艺术的特征进行室内界面设计，必然反映出传统艺术的文化性，通过视觉表现与使用者产生精神上的共鸣。

6.2.2 竹的材质重构

竹材是竹编艺术的主要创造材料，构成了竹编艺术语言的重要组成部分。对其重构的方式有两种途径，一是保留竹材特性，重构其色彩、结构、图案等特性；二是利用全新的材料替换竹材进行编织。应用这样的思路进行室内界面装饰设计，使用竹子作为原材料，改变竹编艺术特征中除材料特征以外的任何特征，由此得到一个全新的具有竹编材质特征的界面设计。例如：保持竹材的原材料不变，只改变竹编的编织纹样，竹编的其他艺术特征不变；或保持竹材的原材料不变，只改变竹编的色彩特征，竹编的其他艺术特征不变；也可保持竹材的原材料不不变，同时改变竹编的图案特征和色彩特征等。

竹编在材料的使用上主要是将竹材制作成竹篾或者竹簧的形式来进行编织，因此竹篾或竹簧就作为单个最基础的元素被用于竹编当中。竹篾或竹簧的宽度、长短、厚薄一致，颜色可以不同。在室内界面装饰中可引申为一种构成方式——横向或竖向宽度、长短一致的元素，横向和纵向垂直相互交错组合排列。在设计中以竹材为最基础的元素，可以把竹材看作是放大的竹篾或者竹簧，对竹材进行不同的排列得到新的界面形式。

竹材的颜色可以是原有颜色，也可以通过一些技术方式改变竹材的固有色以符合设计意图和使用环境。在成都IFS某商店的橱窗中就采用了竹材作为最基础的元素，改变了竹编中的色彩特征和图案特征，使用黑、白、黄三种颜色的竹材进行纵横交错排列，打造一个既时尚，又具有成都独特味道的橱窗（图6-4）。

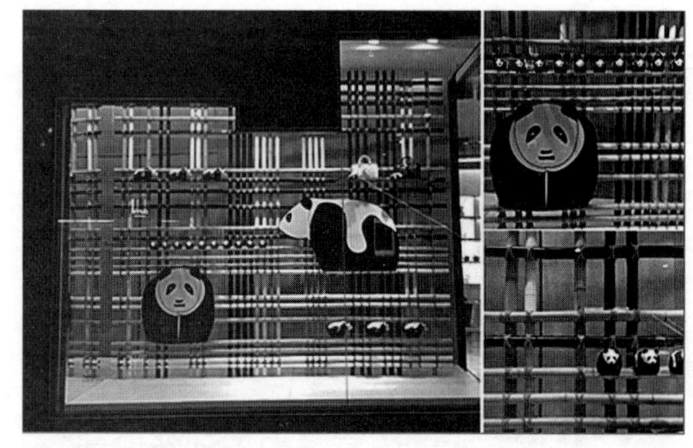

图6-4 竹材的创新应用

对竹材更替就有很多的选择。根据使用环境的功能性与氛围主题表达的不同，选用新型装饰材料替代竹材。常用的室内装饰材料有金属、亚克力、陶瓷、木材、石材、涂料、其他纤维材料等。在材料的创新应用中，改变竹编的材料属性（即不使用竹材，换用其他室内材料代替竹材），不改变竹编的其他艺术属性，重构竹编艺术的材料语言并创新应用于室内界面装饰中，体现了继承传统工艺的现代思维。

1）金属的创新应用

金属材料抵抗变形或破裂的能力较好，在高温加热处理下具有一定的可塑性。金属的这些物理属性能够替代竹编中竹材的使用，改变竹编的其他某种或多种艺术特性，与金属材料结合运用到室内界面装饰中，创造出具有竹编艺术特性的室内装饰。

应用方式可以直接运用金属材料，以细长金属条为主，也可是不同粗细的金属条，将其进行前后拼接、组合排列，模拟竹编的结构或肌理，创造坚固耐用并具有竹编韵味的装饰界面。也可以利用金属板镂空的方式进行设计，利用正负形原理创作具有竹编特色的图案。金属材料和其他材料的组合运用，表现竹编的结构和竹编的编织样式也能丰富材料的表现力（图6-5）。

图6-5 金属取代竹材的创新应用

2）木材的创新应用

室内装饰常用的木材也可以取代竹材来展现竹编的艺术特征。木材的属性是由木材的抗压强度、抗拉强度、抗剪强度、静力抗弯强度、硬度所决定的。不同种类的木材具有不同的物理属性，木材在生长过程中产生自然的纹理与密度，也产生不同的色彩变化，其艺术表现力非常丰富。木材易于加工并能进行后期的表面处理，因此成为室内装饰中大量使用的创作材料。

竹编的艺术特征应用于室内界面装饰中，用木材替代竹材的方式有多种：

在使用木材替代竹材的前提下，重构了材质语言，则保留竹编的其他艺术语言特征，如保留竹编的传统色彩、图案、肌理、结构特征。选取容易加工且具有较好的韧性的木材代替竹材进行编织，在室内界面装饰中会产生独特的艺术效果（图6-6）。

图6-6 木材取代竹材的创新应用

在使用木材替代竹材的前提下，同时重构改变竹编艺术特征中其他一种或多种特征，创作的途径和改变的效果会更加丰富。重构与改变方式和不同特征的组合不断重组，增加了竹编的艺术特征在室内界面装饰应用中的多样性。例如：保留竹编色彩、肌理、结构特征，改变竹编的图案特征；保留竹编的图案、肌理特征，改变竹编的色彩特征等组合方式。在使用木材替代竹材的前提下，改变竹编艺术特征中其他一些特征，能够丰富室内空间的构成感，丰富空间装饰的层次，为室内界面装饰融入传统与现代相结合的元素（图6-7）。

图6-7　木材取代竹材的创新应用

3）玻璃的创新应用

玻璃材质也可以替代竹材，将竹编的艺术特征运用于室内界面装饰中。在室内设计中，玻璃材料透明、易碎、容易加工成各种造型，同时玻璃又具有很好的耐腐蚀性，能够加工成多种彩色玻璃，也可改变玻璃原有的透明度。但由于玻璃材料属于平面形态，在室内界面设计中，可以将竹编艺术特征中的色彩和图案特征进行重构，结合玻璃材质运用到室内设计中。

在竹编的图案特征中，几何图案是极具现代感的。提取竹编中几何图案的特点，运用玻璃材质，通过竹编经纬结构构成图形组合，得到非常具有现代感的空间氛围（图6-8）。

图6-8　玻璃取代竹材的创新应用

4）石材的创新应用

石材材质也可以替代竹材，将竹编的艺术特征运用于室内界面装饰中。石材的材质稳定，色彩与肌理丰富多彩，不同石材具有各种天然的花纹和千姿百态的纹理。现代加工技术使石材更加容易加工，加工精度日益提升，使石材成为室内设计中重要的装饰材料。石材与竹编艺术的结合，可以在竹编的图案、肌理等特征上进行创新组合（图6-9）。

图6-9　石材在室内隔断中的创新应用

如石材切割成小块后拼接组合成具有竹编艺术特征的图案。石材同时也能够与玻璃、镜面、金属材料等自由组合拼接成具有竹编艺术特征的图案，将这些图案运用于室内界面装饰中。

5）纤维材料的创新应用

现代纤维材料加工中，一般是将线、麻、棉、丝、纸等纤维材料，用摘、砸、梳、铺、粘、缠、编、织、缝、缀等工艺手段进行艺术创作，充分体现出材料的性质与特殊构成美感，形成独特的艺术形式语言。纤维艺术常运用于室内界面设计中，能够影响空间的三维形态。利用软质的纤维材料制作而成的三维立体形态的艺术品，被称为“软雕塑”，与建筑空间交相辉映、相互融合，形成室内界面装饰的特殊效果。例如利用麻绳在餐饮空间中做隔断的装饰，软化了隔断的边缘棱角，在灯光的照射下，增加了空间的柔美度（图6-10）。

图6-10 纤维材料在室内隔断中的创新应用

6.2.3 竹编的色彩重构

竹编原本的色彩朴实大方，但颜色种类单一，虽然在竹编中会运用染色技术增加竹编制品的多样性，但是竹编的色彩特征运用到室内隔断中仍然存在一定的局限性。打破竹编色彩的这种局限性，对其色彩语言进行重构有两种方式：竹编的艺术特征中，保留竹编其他的艺术特点，只改变竹编的色彩特征并用于室内界面装饰中；改变竹编的色彩特征和其他一个或多个特征并用于室内界面装饰中（图6-11）。

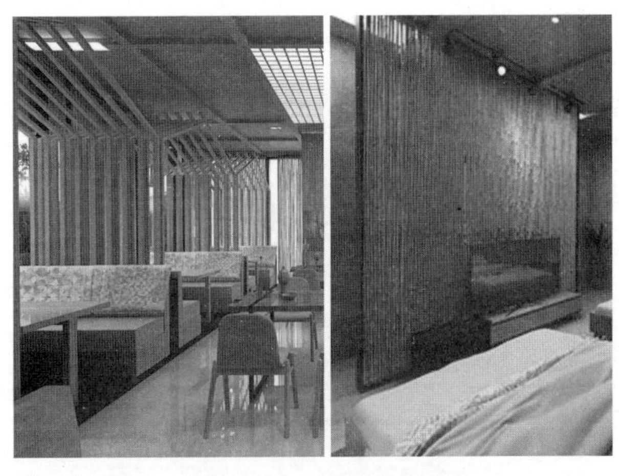

图6-11 竹编色彩特征在室内隔断中的创新应用

6.2.4 竹编的图案重构

1）传统编织纹样的应用

竹编的编织方法有多种，通过不同的编织方法会变换出多种编织纹样。传统的竹编编织纹样有方格纹、米字纹、斜纹、回纹、人字纹、十字纹、螺旋纹等图。这些编织纹样极具有竹编的特色，在室内界面设计中可以直接运用这些编织纹样（图6-12）。

图6-12 竹编图案特征在室内隔断中的创新应用

在应用竹编图案时应注意采用不同的材料进行表现，选取竹编中任何一种编织纹样，将这种编织纹样使用其他材料，灵活地应用于室内不同的界面装饰上。传统工艺与现代技术的结合，为民间工艺的传承开拓了新的方向。

在课程设计实践中，某餐厅接待区的背景墙设计结合鱼篓的编织图案提炼得来，也是结合竹编的图案特征应用在室内界面中的体现。将传统的竹编图案保留原有韵律和节奏进行提炼重组，提取了竹编鱼篓的篓嘴处的人字纹图案作为接待区的主要图案符号，来展现竹编图案的艺术语言和现代感。两层隔断与灯带的搭配使用增加隔断丰富的层次性，人站在不同的位置都会看到不同的视觉效果，从另外一个角度也体现了竹编的以“透”为美、以“漏”为美的艺术特征。视觉中心内的装饰墙采用镂空的设计形式，是虚的设计手法；局部背景墙装饰后面设有发光灯片，是实的设计手法；这种虚实结合运用能够更好地增加空间的层次感。在材质上创新应用上，采用玫瑰金不锈钢和深咖色木材作为主要的室内材料，使竹编艺术在当代材料的塑造下，产生全新的表现力（图6-13）。

图6-13　课程设计　竹编图案特征在室内隔断中的创新应用

2）编织纹样重组的应用

编织的纹样组合成比较现代的图形，这些图形可以采用竹材、或其他材料编织；也可以采用将这些现代的图形用综合材料镶嵌应用于室内界面装饰中。在室内设计中常用的室内材料有木材、石材、玻璃、金属、陶瓷、涂料、亚克力、纤维材料等。应用现代装饰材料是可以将竹编的传统纹样组合出来，得到有创意的界面装饰（图6-14）。

图6-14　编织纹样重组

6.2.5　竹编的肌理重构

1）视觉肌理的应用

竹编的视觉肌理是指竹编中的网状结构具有一定的平面构成形式，纵横交错的纹理变化使平面图案的种类千变万化。这里所指的视觉肌理是除竹材质以外，通过编织的手法对其进行组织、加工和处理得到的视觉效果，形成了为丰富的肌理样式。它与形态构成具有紧密的联系，将肌理的基本形单元按照一定的形态分布进行排列组合，产生具有竹编艺术风格的视觉效果。迪奥在成都某商场专柜展示橱窗采用LED线性灯光技术与具有独特竹编韵味的图案相结合，绚丽的灯光技术编织出具有强烈时尚感的图案，这种图案与品牌文化相呼应，使消费者对品牌产生特殊情感认同与共鸣，反映了利用竹编的视觉肌理在室内界面设计中创新应用的可能性（图6-15）。

图6-15 视觉肌理在室内隔断中的创新应用

2）触觉肌理的应用

竹编的触觉肌理是指竹篾被编织后，材料的排列组织、光泽度、凹凸感有了崭新的演绎。它打破了二维平面的束缚，形成立体式或浮雕式的特殊肌理效果。在竹编的肌理特征的创新应用中，通过多种材质应用模拟竹编的触觉立体感，为界面设计带来创新的方法。

运用单一的同种材料，在表达竹编的触觉肌理上具有整体性和统一性。它在排列组合方式上有一定的规律可循，模拟竹编构成的基本的单元，进行排列组合，最终形成一种类似于竹编肌理的装饰界面。某宝格丽专卖店的店面设计采用了白色乳胶漆统一整个装饰界面装饰，在基底造型上采用竹编的编织造型，形成具有竹编触觉的编织感（图6-16）。

图6-16 竹编的触觉肌理的创新应用

在模拟表现竹编触觉肌理时，也可以灵活组织多种装饰材料综合运用，能够从材质、色彩等更多的途径丰富界面的装饰效果。多种材料的使用，即不止一种肌理之间的组合关系。发挥不同材料的独特肌理之美。

在课程教学实践中，该课程设计作品对餐厅就餐区的墙面装饰上就沿用提炼的竹编图案，隔断背部上下的灯带让镂空的隔断投射出背后墙面的硅藻泥塑造的传统竹编肌理。天棚装饰采用将传统竹编装饰，突出表现其肌理构成的形态美感（图6-17）。

图6-17 课程设计 竹编肌理的创新设计

6.2.6 竹编审美特征的创新应用

1）器形的拆分和组合应用

竹编制品的造型随着编织手法的变化而改变，相应的正负形也随之产生变化。这种变化运用到室内界面装饰中，提供了造型设计上的借鉴，反映了对形态设计的解构能力与再创造能力。以竹编花瓶的造型为例，提取花瓶的正负形。将这个花瓶正负形拆分，解构得到两种或两种以上的拆分图形，得到的拆分图形直接应用到室内空间中或者组合后再应用到室内空间。室内界面大多采用单独的天隔、地隔、墙隔或者是三者间的组合隔断，这样做丰富了室内空间形态的多样性、增加空间的趣味性（图6-18）。

图6-18 器形的拆分组合在室内隔断中的创新应用

2）纤维属性的应用

竹编中的纤维属性是指竹材的材料属性。竹材是属于天然的纤维，那么它具有天然纤维强度高、不易腐烂、韧性好等特性。纤维材料的使用十分的广泛，括棉、麻、棕、藤、柳、木等，因为它们自身的纤维属性，因此这些材料能够替代竹编的竹材材质，应用于室内设计中。纤维艺术具有温暖、可塑、悬垂的特性，易于丰富室内空间形态，为空间界面装饰提供更多的表现手段。纤维材料既可以是三维立体形态的艺术品，被称为“软雕塑”，也可以利用纤维材料对空间进行隔断。呈现温和柔软的外观形态，达到分隔空间的功能的同时也给人亲切的心理感受（图6-19）。

图6-19 纤维属性在室内隔断中的创新应用

3）疏密和虚实的组合应用

竹编中的虚实是指竹在编织过程中，经线与纬线交织形成的镂空形式。竹编在编织技法中分为疏编和密编，编织的疏密程度的不同从侧面体现反映出虚与实的变化。这与我国传统艺术中的虚实、疏密的要求是一致的。它在室内界面设计中的应用既可以给空间做分割，透过镂空产生的虚实效果又使得各个空间互相渗透，实中有虚、虚中有实，同时也吻合了中国传统的含蓄之美，有着犹抱琵琶半遮面的隐喻，给人以无限的遐想。

在课程教学实践中，该课程设计作品就竹编的以“透”为美进行了重构，在餐厅室内设计中得到了充分的体现。左侧装饰隔断采用提炼后的竹编图案进行创作，双层隔断的结构方式体现多层竹编的艺术特点，灯光的运用增加了它“透”的视觉效果。端景和右侧墙面均采用竹编肌理特征的艺术效果，让墙隔在表面上有一定的凹凸感和韵律感，“虚”的隔断与“实”的肌理形成呼应，让整个就餐区有一定的视觉节奏感。在陈设配饰上，选取具有编织纹理特点的座椅，采用镂空编织元素的灯具和具有现代艺术感的竹编装饰品来点缀空间（图6-20）。

图6-20 课程设计 虚与实

6.2.7 竹编的结构特征重构

1）传统经纬交叉应用

竹编中的最主要结构特征就是经纬结构，横向是纬线，纵向是经线。这个结构特征用在室内界面装饰中，保留了竹编造型语言的特点，引发使用者对民间工艺的追忆之情。传统经纬交叉结构，组合模式较为固定，在形式上较为简单。应用到室内隔断中仍然可以使界面呈现多维度的变化，通过不同材料组合，在形态上、色彩上都有丰富的创作手段。结合灯光设计，形成不同的照明效果，结合经纬编织的“漏”与“透”增加室内界面在空间的装饰形式（图6-21）。

图6-21 传统经纬交叉应用

2）经纬重组应用

经纬交叉的编织结构中，加入疏、偏、插、穿、锁、扎、套等多种编织技法使竹编工艺的结构多样化。竹编的经纬结构重组后应用到室内界面设计中能够使界面产生二维、2.5维、三维的变化，让室内界面设计有更为丰富的立体变化感。

经纬交叉重组后编织成二维室内隔断，打破了经线和纬线的单一的穿插结构，可以有更多更新的图案变化，可以注重规律的严谨，也可强调疏密的变化。改变了原有编织的二维图形构成，采用现代装饰材料进行加工，最后得到的室内界面有平面构成形式，在视觉上引发有效的关注度，形成视觉焦点。

经纬交叉重组后编织成2.5维隔断指的是在二维的基础上，增加一些立体的起伏变化。这样可以使室内界面有局部的立体效果，但从整体的视觉效果上统一于二维平面。它的优势是整体效果具有创新性、构成性，在细节部分增加了更具有观赏性价值的装饰。

经纬交叉重组后编织成三维界面装饰，增加室内空间的空间层次多样性，赋予空间立体的视觉效果与变化性。经纬交叉重组的方式多样，变换间距、变换方向、变换经纬线形状都可以使经纬线在交叉重组后得到较为新颖的结构，从二维平面图形和三维立体造型两个维度，提升了造型的复杂度与变化性（图6-22）。

变换间距是指增加或减少经纬间之间的距离，使经纬线之间的空隙形成大小不同的负空间。

变换方向是指在传统编织的基础上，让经纬线编织的方向改变，最终得到的室内界面虚实变化有着明显的对比，同时增加室内界面的个性化符号。

变换经纬线形状是指改变其粗细厚薄或者变换经纬线的扭曲度。通过变形后的经纬线进行组合并应用到室内界面中，形成从简到繁的三维结构变化。

课程设计实践中，餐厅包间天棚造型采用金属材料组合排列，用编织的方式增加吊顶的形式美感。截取鱼篓元素的鱼嘴造型作为吊顶的外形，并采用不同的形态重新进行组合，体现竹编的以“形”为美的审美特征（图6-23）。

图6-22 经纬重组应用

图6-23 课程设计 经纬重组

课程思政目标：

（1）竹编艺术是我国古代劳动人民不断探索总结出来的，具有鲜明的地方特色和民族特色，共同构成了中华民族灿烂辉煌的文明，通过对竹编艺术的学习，激发学生学习传播中华优秀传统文化的激情；

（2）竹编艺术与其他民间艺术、非遗文化等在创作过程中伴随着可贵的工匠精神，如开拓创新精神、刻苦钻研精神、坚持不懈精神、精益求精精神、师道传承精神等，这些都是新时代激发学生积极进取的精神动力；

（3）竹编艺术蕴涵的中华文化特质与美学特性，在当代设计中善加应用，使学生深刻感受传统文化源远流长的传承与发展，感受当代设计与古代工艺在文化上的一脉相承，激发学生创新创造能力，让传统民间艺术在当代设计中焕发生命活力；

（4）通过对竹编艺术的创新重构，为当代环境设计注入民族性、文化性，加深学生对文化复兴、民族复兴的亲身体验，践行文艺工作者“心系民族复兴伟业”使命与担当。

课程作业选

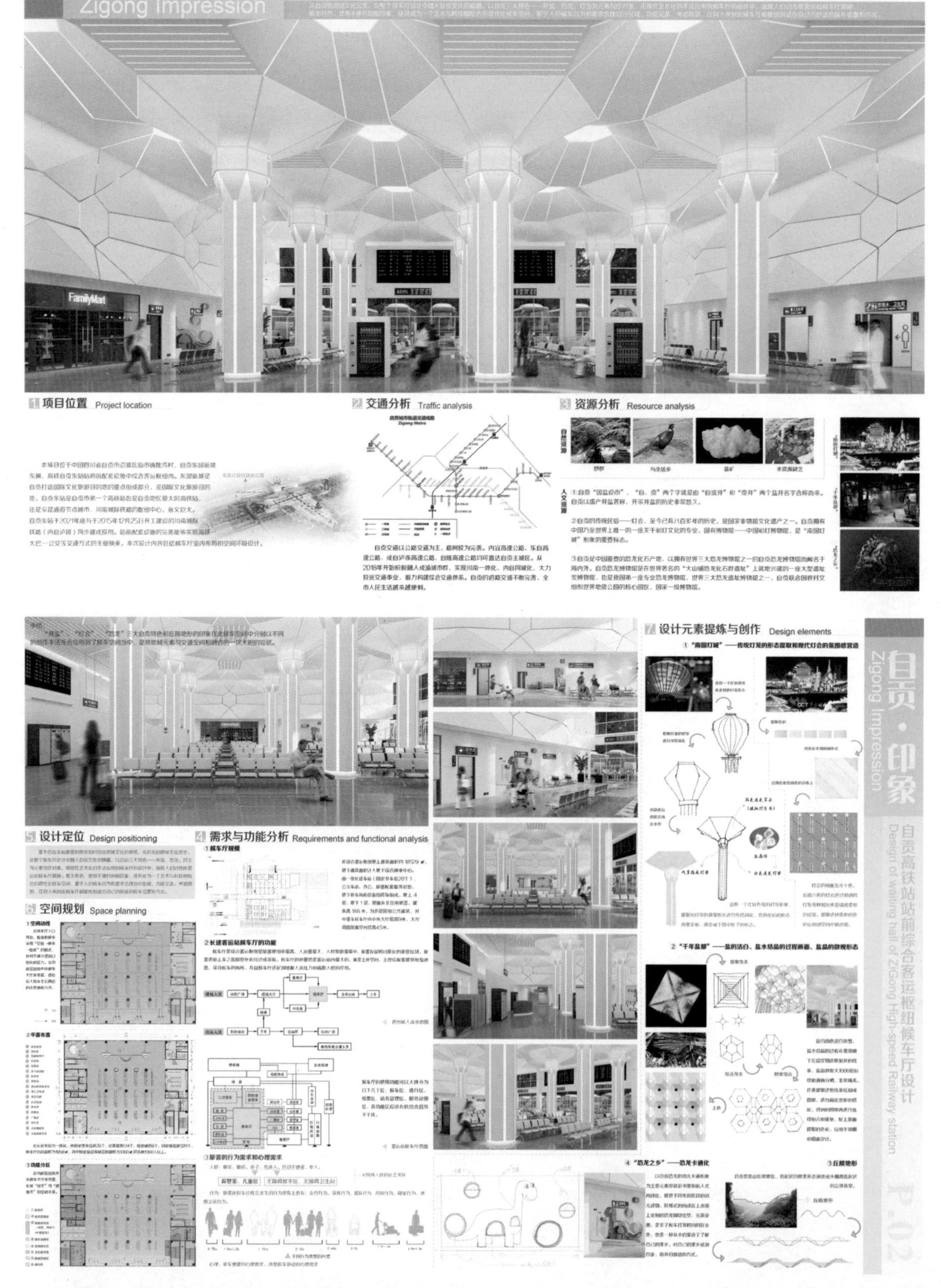

课程作业选1：自贡高铁站站前综合客运枢纽候车厅设计　赵丽雅　指导教师：胡剑忠

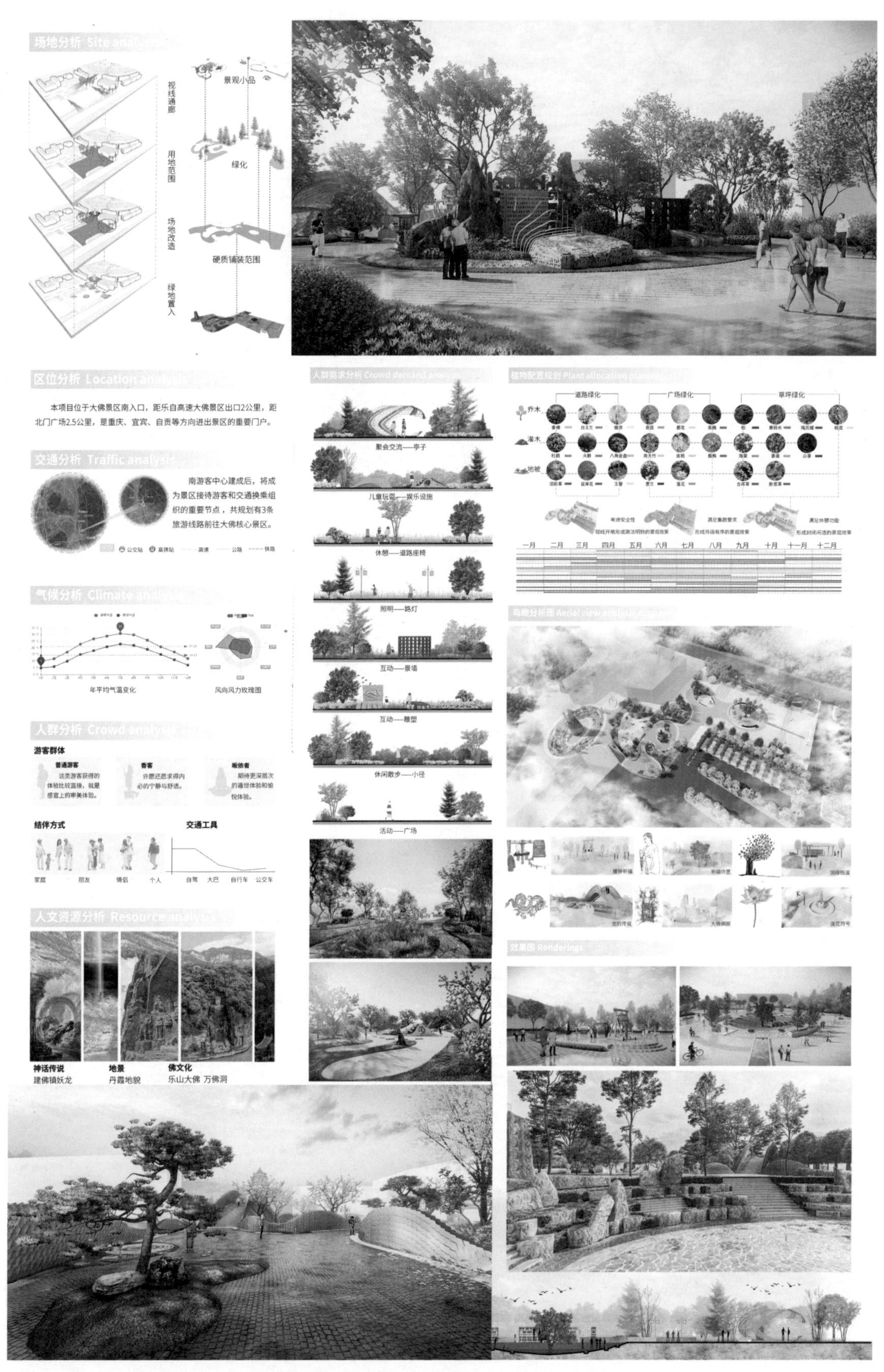

课程作业选2：旅游文化视角下乐山游客中心广场景观设计　陈欣　指导教师：胡剑忠

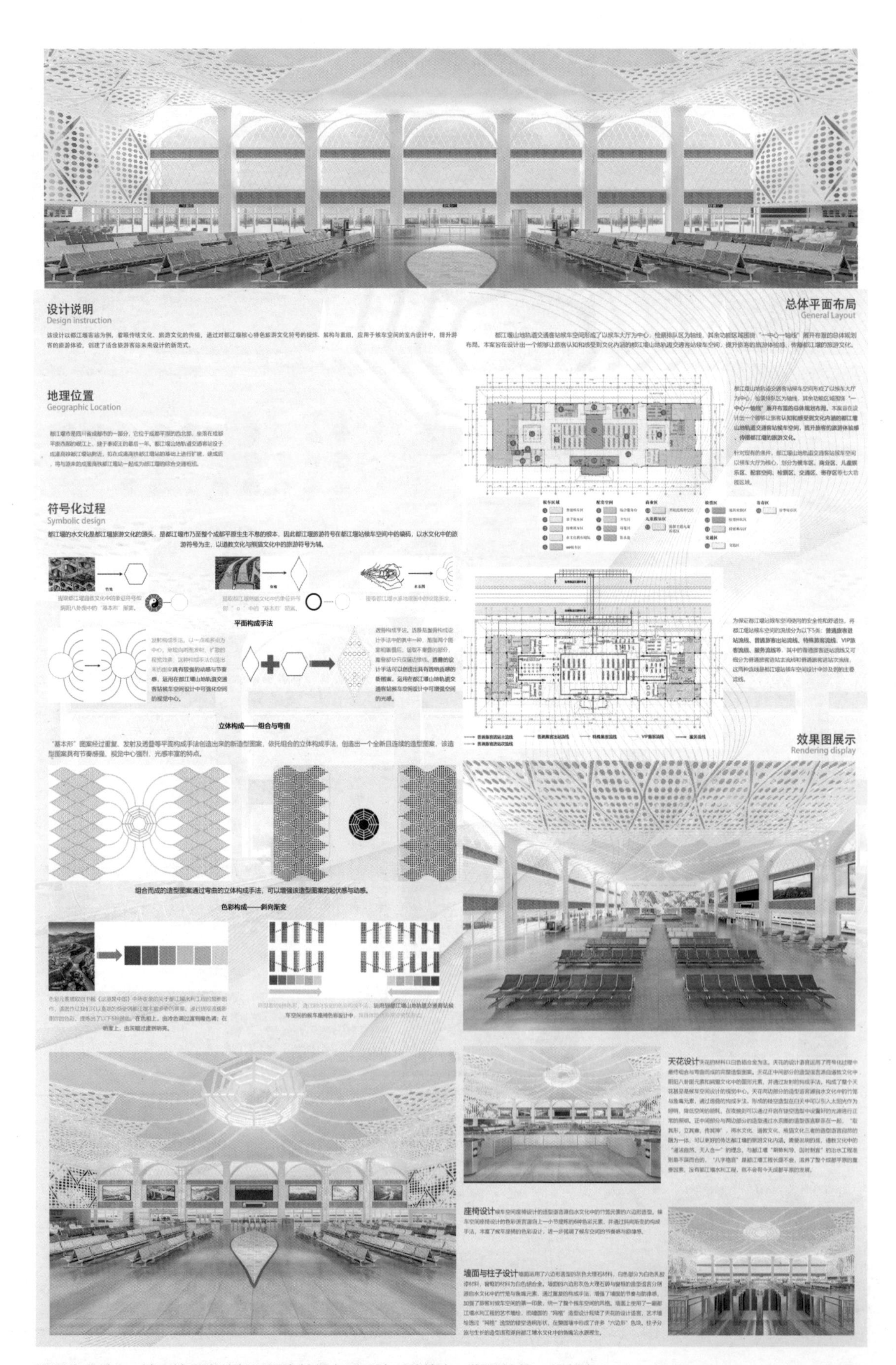

课程作业选3：基于符号学的都江堰客站候车厅设计　欧林杰　指导教师：胡剑忠

课程作业选4：泸沽湖车站旅游餐厅设计　何佳睿　指导教师：胡剑忠

课程作业选5：四川木里藏区旅游民宿酒店设计　唐程璇　指导教师：胡剑忠

课程作业选6：青城山数智化度假民宿酒店设计 殷实 指导教师：胡剑忠

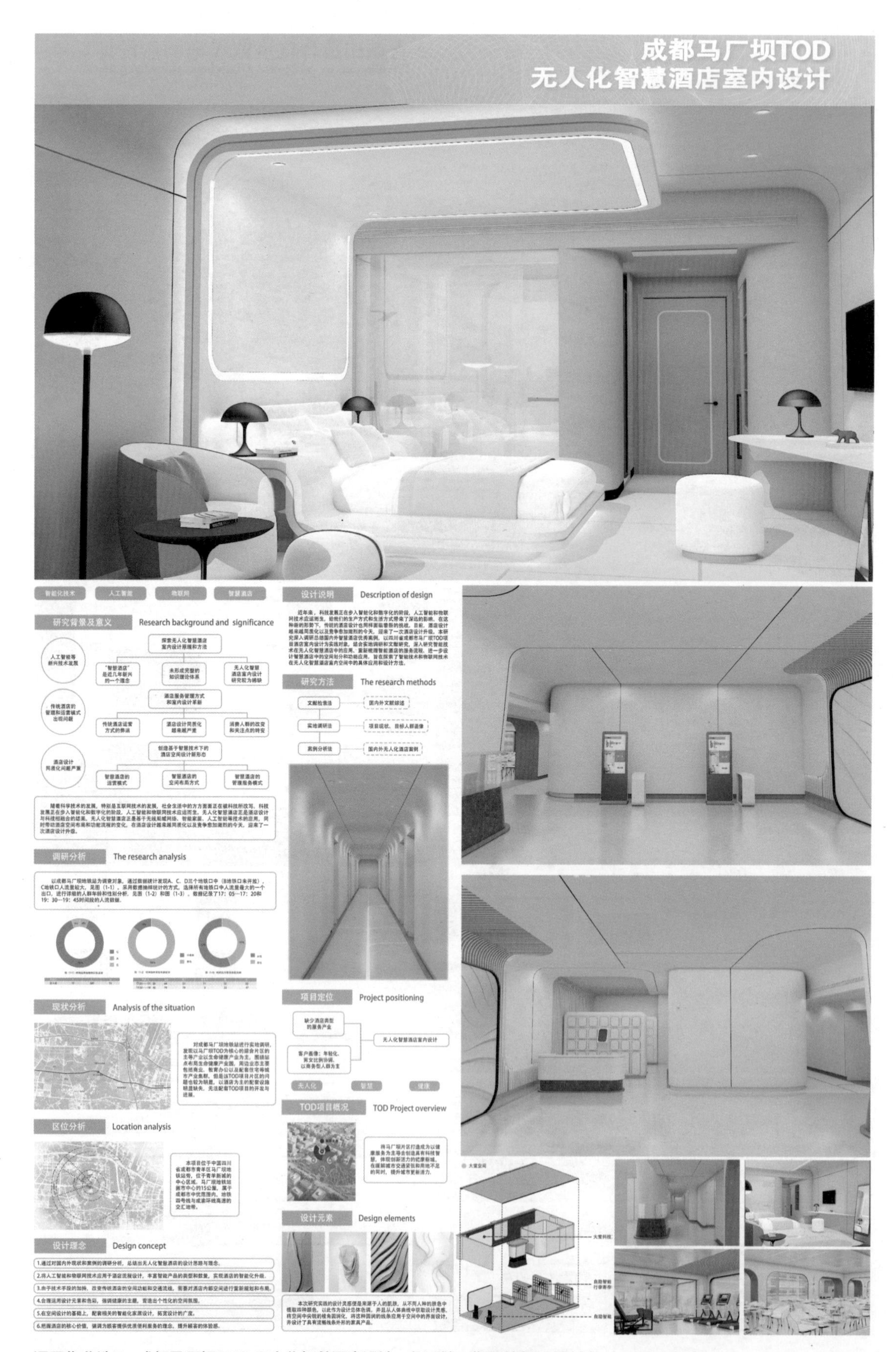

课程作业选7：成都马厂坝TOD无人化智慧酒店设计　任千禧　指导教师：胡剑忠

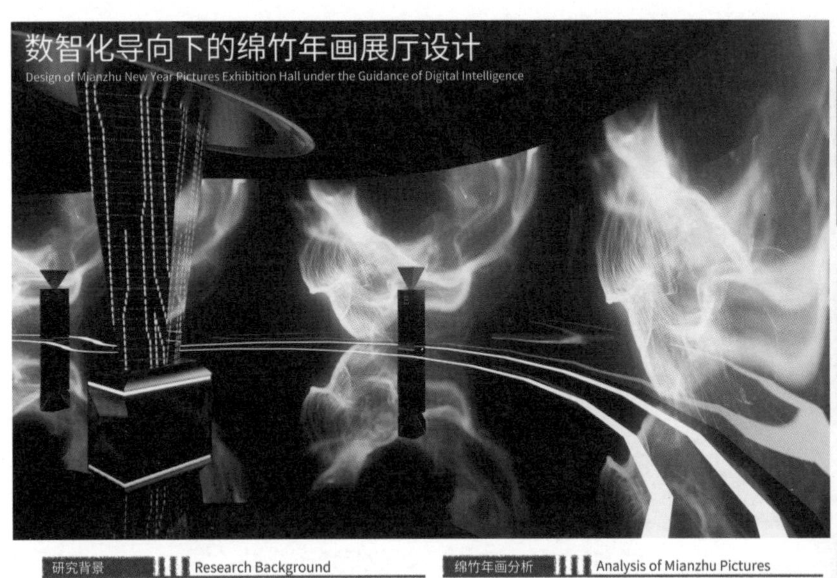

研究背景 Research Background

随着科技的发展,传播方式的更迭,传统的民间艺术因其储存方式单一,传播方式老旧的情况在时代的潮流中被慢慢遗忘。年画这一中国传统民间艺术文化在新媒体,新文化的冲击下逐渐被世人所忽视。在数智化大时代背景下，使用数字手段进行非遗传承，通过数智化手段对年画进行重新解读、展示，改变原有互动方式，为绵竹年画找到新的传承与文化传播方式。

绵竹年画分析 Analysis of Mianzhu Pictures

绵竹年画以彩绘见长，具有浓厚的民族特点和鲜明的地方特色。

构图讲求对称、完整、饱满，主次分明，多样统一；色彩上采用对比手法，设色单纯、艳丽，强烈明快，构成红火、热烈的艺术效果；线条讲求洗炼、流畅，刚柔结合，疏密有致，具有强烈的节奏感。

绵竹年画半印半绘的手法，以木版印刷墨线再填色、开相，其他为手绘着色。绵竹年画可分为“红货”和“黑货”两类。基本色主要是黄丹、佛青、桃红、品绿，配色为金黄、天蓝等。

起稿—落墨—刻板—印线—彩绘—开相

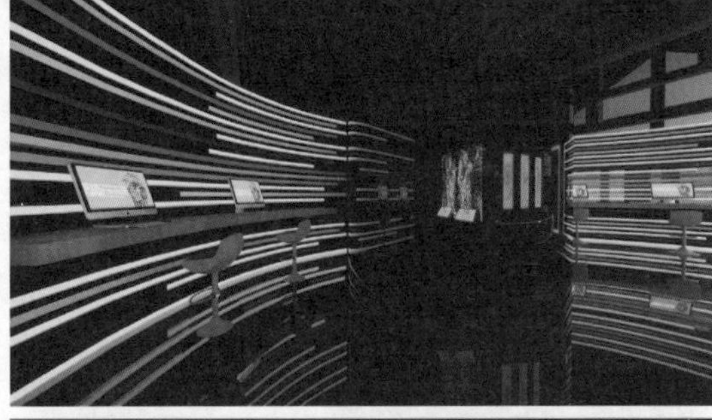

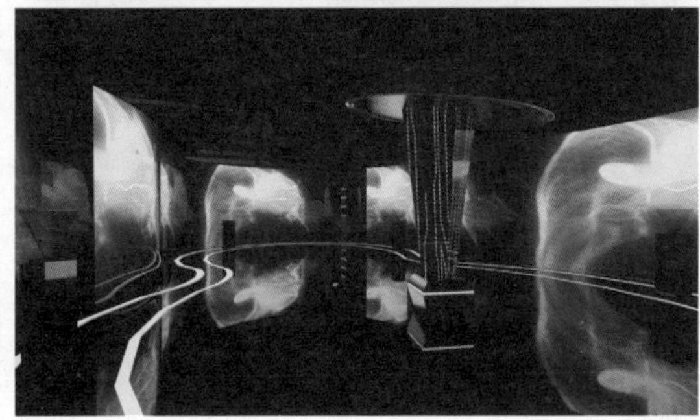

课程作业选8：数智化导向下的绵竹年画展厅设计　秦佳楠　指导教师：胡剑忠

课程作业选9：成都文殊坊非遗文化展厅设计　李荟荟　指导教师：胡剑忠

课程作业选10：基于禅文化的成都文殊院素食餐厅设计　唐惠茁　指导教师：胡剑忠

图表来源

第1章

1-1～1-3、1-23 胡剑忠拍摄；

1-4、1-7 引自《书法大字典》；

1-5 http：//up.deskcity.org/pic_source/00/ad/ed/00aded2528413be4b05bebe4f21b985d.jpg；

1-6 侯兵拍摄；

1-8 http://www.sohu.com/picture/270718124；http://www.sohu.com/a/520904032_100116740；http://k.sina.com.cn/article_2685100763_pa00b62db00100dabc.html?cre=tianyi&mod=pcpager_focus&loc=20&r=9&doct=0&rfunc=77&tj=none&tr=9&wm=；

1-9 李林楷拍摄；

1-10、1-25 课程设计：唐程璇；

1-11、1-14～1-15 胡剑忠绘制；

1-12～1-13、1-22 胡剑忠设计；

1-16 http://www.archcollege.com/archcollege/2018/06/39913.html；

1-17 课程设计：陈欣；

1-18 课程设计：陈泽坤；

1-19 课程设计：顾向前；

1-20 课程设计：何钰卓、余紫燕；

1-21 课程设计：欧林杰；

1-24 课程设计：郁明翔

第2章

2-1～2-4、2-10、2-20～2-21 朱子璇绘制；

2-5 引自《楠溪江中游》；

2-6 引自《江南丘陵传统乡村聚落的生态图示语言—以浙江楠溪江为例》；

2-7、2-9、2-11～2-12、2-14～2-15、2-17、2-19、2-22 朱子璇拍摄；

2-8 http://www.wzxc.gov.cn/system/2018/06/13/013319957.shtml；

2-13 引自《楠溪江中游古村落景观研究初探》；

2-16 叶新仁拍摄；

2-18 http://www.xcar.com.cn/bbs/viewthread.php?tid=96307061；

2-23～2-34 课程设计：朱子璇；

2-35、2-37、2-41～2-42、2-54 胡剑忠拍摄；

2-36 http://www.sohu.com/a/292348165_99914184；

2-38、2-44、2-47 石思明拍摄整理；

2-39 http://www.360doc.com/content/20/1019/07/21750475_941152817.shtml；

2-40 http://www.zcool.com.cn/work/ZMjQ2NTY3NDA=.html；

2-43 http://www.tsingtao.com.cn/product/FashionMuseum.html；

2-45 https://you.ctrip.com/photos/sight/shanghai2/r1832889-498400648.html；

2-46、2-51、2-53、2-55～2-56 课程设计：石思明；

2-48 http://k.sina.com.cn/article_7011642093_p1a1ed2aed00100oxb6.html；

2-49 http://www.jianzhuj.cn/news/43283.html；

2-50 http://www.sohu.com/a/58643323_116263；

2-52 http://www.gooood.cn/jetlag-tea-wine-bar-by-mimosa-architekti.htm?lang=en_US；

2-57 课程设计：刘超

第3章

3-1～3-2、3-7～3-9、3-11～3-12、3-19～3-26 何雪梅绘制；

3-3～3-6、3-10、3-13～3-18 何雪梅拍摄整理；

3-27～3-47 课程设计：何雪梅

第4章

4-1 http://www.jianzhuj.cn/news/46210.html；http://www.sohu.com/na/403895303_267106；

4-2、4-9 http://www.bilibili.com/read/cv1232332；

4-3、4-12 http://www.zhihu.com/question/39167242/answer/426929660；

4-4 胡剑忠拍摄；

4-5 http://www.sohu.com/na/438828650_120951656；

4-6 徐笑非拍摄；http://jz.jzsc.net/bangongjianzhu/39172；

4-7、4-18、4-21~4-22 陈方昊拍摄；

4-8 http://www.zcool.com.cn/work/ZMzY0NjMyNTY%3D.html；

4-10 http://www.douban.com/photos/album/61945340/?start=18；

4-11 李林楷拍摄；

4-13 http://www.shejiben.com/sjs/7513272/case-3402564-1.html；

4-14 http://www.bjnews.com.cn/travel/2019/01/08/537475.html；

4-15 https://baike.baidu.com/pic/%E4%B8%AD%E5%9B%BD2010%E5%B9%B4%E4%B8%8A%E6%B5%B7%E4%B8%96%E5%8D%9A%E4%BC%9A%E4%B8%AD%E5%9B%BD%E5%9B%BD%E5%AE%B6%E9%A6%86/11045959/1/8435e5dde71190ef76c6ae68a6498a16fdfaaf51ca70?fr=lemma#aid=1&pic=8435e5dde71190ef76c6ae68a6498a16fdfaaf51ca70；

4-16 http://www.sohu.com/a/254973645_200550；https://zhuanlan.zhihu.com/p/441083893；

4-17 http://www.sohu.com/a/586456908_676093?scm=1019.e000a.v1.all&spm=smpc.csrpage.news-list.1.1664700500563AK1fEHS；

4-19 http://www.sohu.com/a/197056272_282812；

4-20 https://zhuanlan.zhihu.com/p/57402371；

4-23 http://www.360doc.com/content/17/1208/16/31451509_711295596.shtml；

4-24 http://www.szyyt.com/news/news_201903181151.html；

4-25 http://www.sohu.com/a/117897415_409256；

4-26 http://www.h565.com/case.asp?id=702；http://www.sohu.com/a/518851237_423477；

4-27 http://www.sohu.com/a/141306267_258891；

4-28 http://www.shejiben.com/sjs/7513272/case-3374569-1.html

第5章

5-1、5-5~5-6、5-30~5-31 陈方昊绘制；

5-2~5-4、5-19、5-29、5-37 陈方昊拍摄；

5-7 引自《宋人山水珍藏版》；

5-8 http://www.sohu.com/a/161205808_278882;

5-9、5-11 引自《室内设计史》;

5-10 https://baike.baidu.com/pic/%E5%8C%85%E8%B1%AA%E6%96%AF%E5%9B%BD%E9%99%85%E8%AE%BE%E8%AE%A1%E5%8D%8F%E4%BC%9A/16952584/1/9922720e0cf3d7cabb037722f61fbe096a63a9e9?fr=lemma#aid=1&pic=d62a6059252dd42ad1147bd4093b5bb5c9eab8b4;

5-12~5-13 http://www.sohu.com/a/245498566_99976825; http://www.sohu.com/a/408244006_406804;

5-14 https://new.qq.com/rain/a/20210412A0CRID00;

5-15~5-16. 徐笑非拍摄;

5-17 https://mp.weixin.qq.com/s/hIINrt4czhk7Utb8QfVE2Q;

5-18 http://www.gooood.cn/3d-printed-interiors-by-dus.htm;

5-20 http://www.vectorarchitects.com/projects/32;

5-21、5-23 胡剑忠设计;

5-22 课程设计：李荟荟;

5-24 课程设计：唐惠茁;

5-25 http://www.flyert.com/portal.php?mod=view&aid=410201&page=1;

5-26 引自《王向荣&林箐：文化的自然》;

5-27 http://www.sohu.com/a/127264338_596480;

5-28 http://www.yidianzixun.com/article/0KC3z64R;

5-32 课程设计：何佳睿;

5-33 课程设计：唐程璇;

5-34~5-35 课程设计：沈芳盈;

5-36 http://www.sohu.com/a/141306267_258891;

5-38 课程设计：欧阳乐

第6章

6-1、6-3~6-4、6-15~6-16 祖焱杰拍摄;

6-2 祖焱杰绘制;

6-5 课程设计：赵焱；

6-6 ~ 6-7 http://www.yidianzixun.com/article/0KC3z64R；

6-8 课程设计：欧林杰；

6-9 课程设计：金箫；

6-10 课程设计：李荟荟；

6-11 课程设计：耿婧；

6-12 课程设计：何钰卓；

6-13、6-17、6-20、6-23 课程设计：祖焱杰；

6-14、6-18 课程设计：杜芯雨、唐惠茁；

6-19、6-21 胡剑忠设计；

6-22 课程设计：唐惠茁、赵焱、何佳睿、姜雨芳

参考文献

第1章

[1] 吴良镛. 人居环境科学导论[M]. 北京：中国建筑工业出版社，2001.

[2] 郑曙旸. 室内设计程序[M]. 北京：中国建筑工业出版社，2005.

[3] 梁漱溟. 梁漱溟全集第一卷[M]. 济南：山东人民出版社，1989.

[4] 泰勒. 原始文化[M]. 上海：上海文艺出版社，1992.

[5] 傅铿. 文化：人类的镜子——西方文化理论引导[M]. 上海：上海人民出版社，1990.

[6] 拉尔夫林顿. 文化树——世界文化简史[M]. 重庆：重庆出版社，1989.

[7] 庚萍. 设计与文化[M]. 北京：电子工业出版社，2014.

[8] 书法大字典编委会.书法大字典[M].北京：商务印书馆国际有限公司，2020.

第2章

[1] 江金波. 论文化生态学的理论发展与新构架[J]. 人文地理. 2005,（4）.

[2] 金其铭 杨山 杨雷. 人地关系论[M]. 南京：江苏教育出版社，1993.

[3] 冯天瑜. 文化生态学论纲[J]. 知识工程. 1990,（4）.

[4] 王玉德. 生态文化与文化生态辨析[J]. 生态文化. 2003,（1）.

[5] 方李莉. 文化生态失衡问题的提出[J]. 北京大学学报（哲学社科版）. 2001,（3）.

[6] 孙兆刚. 论文化生态系统[J]. 系统辩证学学报. 2003,（3）.

[7] 黄正泉. 文化生态学[M]. 北京：中国社会科学出版社，2015.

[8] 徐文廷，林建群. 文化生态学视角的文化景观研究[J]. 华南理工大学学报（社会科学版）. 2015，17（3）.

[9] 吴合显. 文化生态视野下的传统村落保护研究[J]. 凯里：原生态民族文化学刊. 2017，9（1）.

[10] 戢斗勇. 文化生态学——珠江三角洲现代化的文化生态研究[M]. 兰州：甘肃人民出版社，2006.

[11] 阮仪三，沈清基. 城市历史环境保护的生态学理念[J]. 同济大学学报. 2003,（6）.

[12] 陈志华. 乡土建筑研究提纲一以聚落研究为例[J]. 建筑师. 1998,（4）.

[13] 费孝通. 乡土中国[M]. 北京：中国社会科学出版社，2006.

[14] 戢斗勇. 文化生态学论纲[J]. 佛山科学技术学院学报（社会科学版）. 2004,（5）.

[15] 费孝通. 乡土中国生育制度[M]. 北京：北京大学出版社，1998.

[16] 永嘉县土地志编撰委员会. 永嘉县土地志，1996.

[17] 徐顺旗. 永嘉县志[M]. 北京：北京方志出版社，2003.

[18] 黄斌全. 江南丘陵传统乡村聚落的生态图示语言——以浙江楠溪江为例[J]. 林业科技开发. 2014，28（3）.

[19] 陈志华. 楠溪江中游乡土建筑[M]. 台北：台湾汉声杂志社，1992.
[20] 林箐，任蓉. 楠溪江流域传统聚落景观研究[J]. 中国园林，2011，27（11）.
[21] 陈志华，楼庆西，李秋香. 楠溪江上游古村落[M]. 石家庄：河北教育出版社，1993.
[22] 胡念望. 楠溪江古村落文化[M]. 北京：文化艺术出版社，1999.
[23] 刘沛林. 景观信息链理论及其在文化旅游地规划中的运用[J]. 经济地理. 2008，（6）.
[24] 彭一刚. 传统村镇聚落景观分析[M]. 北京：中国建筑工业出版社，1992.
[25] 永嘉县苍坡历史文化名村保护规划文本. 同济规划院，2018.
[26] 黄琴诗，朱喜钢，陈楚文. 传统聚落景观基因编码与派生模型研究——以楠溪江风景名胜区为例[J]. 中国园林. 2016，32（10）.
[27] 阙维民. 国际工业遗产的保护与管理[J]. 北京大学学报（自然科学版）. 2007（4）.
[28]（法）罗兰 · 巴特尔. 符号学原理——结构主义文学理文选[M]. 李幼蒸，译. 上海：三联书店，1988.
[29] 郭鸿. 文化符号学评介——文化符号学的符号学分析[J]. 山东外语教学，2006.
[30]（法）皮埃尔 · 吉罗. 符号学概论[M]. 怀宇，译. 成都：四川人民出版社，1988.
[31]（美）Carol Berens. 工业遗址的再开发利用——建筑师 、规划师、开发商和决策者使用指南[M]. 吴小菁，译. 北京：电子工业出版社，2012.
[32] 阙维民. 世界遗产视野中的中国传统工业遗产[J]. 经济地理，2008（6）.
[33] 连甫. 符号与文化[M]. 哈尔滨：黑龙江人民出版社. 2004.
[34] 陈宗明，黄华新. 符号学导论[M]. 郑州：河南人民出版社，2004.
[35]（美）罗兰 · 巴特尔. 符号学美学[M]. 董学文，王葵，译. 沈阳：辽宁人民出版社，1987.
[36] 张宪荣. 设计符号学[M]. 北京：化学工业出版社，2004 .
[37] 王建国. 后工业时代产业建筑遗产保护更新[M]. 北京：中国建筑工业出版社，2008.
[38] 陈志华，李秋香.楠溪江中游[M].北京：清华大学出版社，2010.
[39] 任蓉.楠溪江中游古村落景观研究初探[D].北京：北京林业大学，2010.

第3章

[1]（日）芦原义信. 街道的美学[M]. 尹培桐，译. 天津：百花文艺出版社，2006.
[2]（西）雅各布 · 克劳埃尔 . 装点城市：公共空间景观设施[M]. 高明，刘丹春，译.天津：天津大学出版社，2010.

[3]（美）比尔. 梅恩，盖尔. 格瑞特 · 汉娜. 室外家具及设施[M]. 赵欣，白俊红，译.北京：电子工业出版社，2012.
[4] 于正伦. 城市环境艺术：景观与设施[M]. 天津：天津科学技术出版社，1990.
[5] 洪得娟. 景观建筑[M]. 上海：同济大学出版社，1999.
[6] 于晓亮，吴晓淇. 公共环境艺术设计[M]. 杭州：中国美术学院出版社，2006.
[7] 黄翼，朱小雷. 建成环境使用后评价理论及应用[M]. 北京：中国建筑工艺出版社，2019.
[8]（美）诺曼. 情感化设计[M]. 付秋芳，程进三，译.北京：电子工业出版社，2005.
[9] 周美玉. 工业设计应用人类工程学[M]. 北京：轻工业出版社，2001.

第4章

[1]（美）罗伯特 · 文丘里. 向拉斯维加斯学习[M]. 徐怡芳，王健，译.北京：水利水电出版社，2006.
[2]（法）罗兰 · 巴特. 符号学原理[M]. 李幼蒸，译.上海：三联书店出版社，1999.
[3]（美）罗伯特 · 文丘里. 建筑的复杂性与矛盾性[M]. 周卜颐，译.南京：江苏凤凰科学技术出版社，2017.
[4] 梁思成. 建筑是凝动的音乐[M]. 天津：百花文艺出版社，2006.
[5] 李允鉌. 华夏意匠——中国古典建筑设计原理分析[M]. 天津：天津大学出版社，2006.
[6] 王受之. 世界现代设计史[M]. 北京：中国青年出版社，2012.
[7] 李诫. 营造法式[M]. 北京：人民出版社，2006.
[8]（法）勒 · 柯布西耶. 走向新建筑[M]. 陈志华，译.西安：陕西师范大学出版社，2004.
[9] 刘敦桢. 中国古代建筑史[M]. 北京：中国建筑工业出版社，1984.
[10] 梁思成. 中国建筑史[M]. 天津：百花文艺出版社，2005.
[11] 楼庆西. 中国传统建筑装饰[M]. 北京：中国建筑工业出版社，1999.
[12]（英）查尔斯 · 詹克斯. 后现代建筑语言[M]. 李大厦，译.北京：中国建筑工业出版社，1983.
[13] 杰姆逊. 后现代主义与文化理论（精校本）[M]. 北京：北京大学出版社社，1997.

第5章

[1] 刘敦桢. 中国古代建筑史[M]. 北京：中国建筑工业出版社，1984.
[2] 梁思成. 中国建筑艺术[M]. 北京：北京出版社，2016.
[3] 张长清，周万良，魏小胜. 建筑装饰材料[M]. 武汉：华中科技大学出版社，2011.
[4] 李朝阳. 材质之美：室内材料设计与应用[M]. 武汉：华中科技大学出版社，2014.
[5] 郑小东. 传统材料 当代建构[M]. 北京：清华大学出版社，2014.

[6] 孙德明. 中国传统文化与当代设计[M]. 北京：社会科学文献出版社，2015.
[7] 李允鉌. 华夏艺匠——中国古典建筑设计原理分析[M]. 天津：天津大学出版社，2005.
[8] 王受之. 世界现代建筑史[M]. 北京：中国建筑工业出版社，2012.
[9] 周宏智. 西方现代艺术史[M]. 北京：中国建筑工业出版社，2010.
[10] 周锐，范圣玺，吴端. 设计艺术史[M]. 北京：高等教育出版社，2008.
[11] 王建华. 关于语境的定义和性质[H]. 北京：语言文字应用，2002（2）.
[12] 王建华. 关于语境的构成与分类[J]. 语言文字应用，2002（3）.
[13] 索振羽. 语用学教程[M]. 北京：北京大学出版社，2014.
[14] 张坚. 西方现代美术史[M]. 上海：上海人民美术出版社，2009.
[15] 张贤根. 20世纪的西方美学[M]. 武汉：武汉大学出版社，2009.
[16] 楼庆西. 乡土建筑装饰艺术[M]. 北京：中国建筑工业出版社，2006.
[17] 李晓峰. 乡土建筑：跨学科研究理论与方法[M]. 北京：中国建筑工业出版社，2005.
[18]（美）伊丽莎白. 新乡土建筑：当代天然建造方法[M]. 吴春苑，译.北京：机械工业出版社，2005.
[19] 李鸽. 当代西方先锋主义建筑形态的审美表达[D]. 哈尔滨：哈尔滨工业大学，2011.
[20] 郑小东. 建构语境下当代中国建筑中传统材料的使用策略研究[D]. 北京：清华大学，2012.
[21] 胡剑忠.装饰材料的艺术特征在室内设计中的创新应用研究[J].四川建筑科学研究，2013（6）.
[22]（美）斯坦利 · 阿伯克龙比，谢里尔 · 惠顿. 室内设计史[M].张建平，祝付华，杨至德，译.南京：江苏凤凰科技出版社，2022.
[23] 王向荣，林菁.文化的自然[J].城市环境设计，2019，117（2）.

第6章

[1] 沈珉. 中国传统竹编[M]. 北京：人民美术出版社，2007.
[2] 徐华铛. 中国竹编艺术[M]. 北京：中国林业出版社，2010.
[3] 张应军. 武陵竹编文化研究[M]. 成都：西南交通大学出版社，2015.
[4] 刘天杰等. 隔断设计[M]. 北京：机械工业出版社，2010.
[5] 田宝川著. 再造空间：室内空间的分与隔[M]. 石家庄：河北美术出版社，2004.
[6] 郑曙旸. 室内设计程序[M]. 北京：中国建筑工业出版社. 2005.

后记

环境设计植根于文化，也是文化发展过程中的重要组成部分。通过设计实践与教学实践，思考环境设计与文化的紧密关系，结合当代设计思维与方法，力求探索环境设计更为广泛的应用领域，服务于我国生态建设、城乡人居环境建设、乡村振兴战略等国家发展需要，满足人民日益增长的对美好生活的向往，是环境设计教育的时代使命。在文化自信与中华民族复兴为主旋律的新时代要求之下，在环境设计实践中，融入中华传统优秀文化的魅力，探索传播、继承并创新传统文化的新时代表现艺术是作者的初衷。

本教材内容主要来源于近年来西南交通大学环境设计专业本科与硕士研究生的课程教学实践。感谢我指导的硕士研究生团队对本书写作过程的支持与参与，其中有朱子璇、石思明、何雪梅、何苗、陈方昊、祖焱杰等同学，分别参与了第2章2.1节、2.2节、第3章、第4章、第5章、第6章的研究与课程设计实践等方面的工作。感谢发达的互联网技术的支撑，为编辑案例提供了搜索技术与丰富的图例。

本教材以设计实践为基础，是基于对设计实践的直接体会总结而来，起到抛砖引玉的作用，希望与师生进行交流与探讨。由于作者学识有限，在理论研究的领域和构建知识系统性方面不足，难免会以偏概全，出现疏漏，书中定会有各种问题和偏颇之处，衷心期待各位专家和读者批评指正。

2022年3月

图书在版编目（CIP）数据

基于文化的环境设计 = Culture-based Environmental Design / 胡剑忠著 .—北京：中国建筑工业出版社，2022.9
高等学校风景园林与环境设计专业系列教材
ISBN 978-7-112-27747-6

Ⅰ.①基… Ⅱ.①胡… Ⅲ.①环境设计—高等学校—教材 Ⅳ.① TU-856

中国版本图书馆 CIP 数据核字（2022）第 146885 号

责任编辑：王 惠 陈 桦
责任校对：董 楠

为了更好地支持相应课程的教学，我们向采用本书作为教材的教师提供课件，有需要者可与出版社联系。
建工书院：http://edu.cabplink.com
邮箱：jckj@cabp.com.cn　　电话：（010）58337285

高等学校风景园林与环境设计专业系列教材
基于文化的环境设计
Culture-based Environmental Design
胡剑忠　著
*
中国建筑工业出版社出版、发行（北京海淀三里河路 9 号）
各地新华书店、建筑书店经销
北京方舟正佳图文设计有限公司制版
北京市密东印刷有限公司印刷
*
开本：880 毫米 × 1230 毫米　1/16　印张：12¾　字数：305 千字
2022 年 11 月第一版　2022 年 11 月第一次印刷
定价：**59.00** 元（赠教师课件）
ISBN 978-7-112-27747-6
（39919）